钢-混凝土组合结构

马怀忠　王天贤　编

中国建材工业出版社

图书在版编目(CIP)数据

钢-混凝土组合结构/马怀忠，王天贤编．—北京：
中国建材工业出版社，2006.1（2018.8重印）
ISBN 978-7-80159-989-6

Ⅰ.钢…　Ⅱ.①马…②王　Ⅲ.钢结构：混凝土
结构：组合结构　Ⅳ.TU37

中国版本图书馆 CIP 数据核字（2005）第 132808 号

内容简介

　　本书以现行规范、规程为准则编写，内容有：绪论、组合结构材料、钢与混凝土组合梁、压型钢板混凝土组合板、型钢混凝土梁、型钢混凝土柱、型钢混凝土剪力墙、钢管混凝土组合结构等。

　　本书注重实用，可作为土木工程专业高年级学生选修课的教材，也可作为土木工程技术人员的参考书。

钢-混凝土组合结构

马怀忠　王天贤　编

出版发行：中国建材工业出版社
地　　址：北京市海淀区三里河路 1 号
邮　　编：100044
经　　销：全国各地新华书店
印　　刷：北京雁林吉兆印刷有限公司
开　　本：787mm×1092mm　1/16
印　　张：15.75
字　　数：389 千字
版　　次：2006 年 1 月第 1 版
印　　次：2018 年 8 月第 6 次
定　　价：**36.00 元**

本社网址：www.jccbs.com.cn
本书如出现印装质量问题，由我社发行部负责调换。**联系电话：**(010) 88386906

前　　言

钢－混凝土结构具有承载力高、自重轻、节约材料、截面尺寸小、抗震性能好等突出优点，适应建筑结构的发展，是 21 世纪土木工程结构的发展方向之一。

本书以现行规范、规程为准则编写而成。其内容包括：绪论、组合结构材料、钢与混凝土组合梁、压型钢板混凝土组合板、型钢混凝土组合梁、型钢混凝土组合柱、型钢混凝土剪力墙、钢管混凝土组合结构。

本书以教材的形式编写，内容充实，语言简明，例题完备，实用性强，并照顾到各类土建工程技术人员和学校师生需要，在编写过程中，力求内容的系统性、先进性、适用性。在编写方法上，既考虑了学习规律又兼顾设计工作特点，力求由浅入深，循序渐进。本教材既讲理论又讲构造，并编选了足够的例题，以供参考。

本书编写分工如下：马怀忠：第 1 章～第 4 章，王天贤：第 5 章～第 8 章，全书由马怀忠统编定稿。

本书编写过程中除参考相关的规范、规程，还参考了一些公开出版的各类教材和著作，在此向书中参考引用公开发表文献资料的各位作者，表示衷心的感谢。

由于水平有限，书中难免存在不足的地方，敬请读者批评指正。

编　者

2005 年 8 月

目　　录

第1章 概　　论

1.1　组合结构的分类

由几种不同受力性质的建筑材料组成的构件或结构,在荷载作用下能够共同受力、变形协调的结构称为组合结构。

组合结构具有能发挥不同材料各自优良性能的特点,使得不同材料的力学性能得到充分的发挥,具有较大延性,抗震性能好,造价低,施工方便。由于组合结构具有许多优点,因而在许多国家得到了广泛的应用。

土木工程中采用的组合结构大致可分为以下几类:

1. 钢-混凝土组合梁

钢-混凝土组合梁是由钢梁和楼板通过剪力连接件而组成。混凝土楼板有现浇混凝土板、预制混凝土板、压型钢板组合板。钢梁与楼板间通过栓钉连接件连成整体,保证钢梁与楼板共同工作,如图 1.1.1 所示。

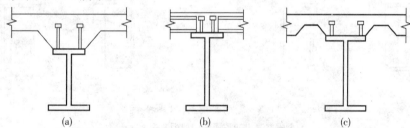

图 1.1.1　组合梁截面构造

(a)现浇混凝土翼缘板组合梁截面;(b)预制混凝土翼缘板组合梁截面;
(c)压型钢板混凝土翼缘板组合梁截面

2. 压型钢板混凝土组合板

压型钢板混凝土组合楼板是在带有各种形式的凹凸肋或各种形式槽纹的钢板上浇混凝土而制成的组合楼板,它是依靠各种凹凸肋或各种形式的槽纹将钢板与混凝土连接在一起,如图 1.1.2 所示。

3. 型钢混凝土组合结构

型钢混凝土组合结构构件是由型钢、纵筋、箍筋及混凝土组合而成,即核心部分有型钢结构构件,其外部则为以箍筋约束并配以适当的纵向受力钢筋的混凝土结构。型钢混凝土组合结构分为以下两类:

(1)全部结构构件均采用型钢混凝土结构;

(2)部分结构采用型钢混凝土结构。

型钢混凝土梁、柱是型钢混凝土结构基本构件,如图 1.1.3 所示。

型钢混凝土组合结构的共同工作则主要依靠箍筋的约束作用,有时也设抗剪连接件。

1

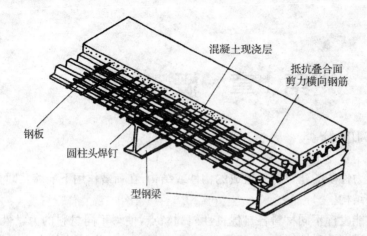

图 1.1.2　压型钢板混凝土组合板

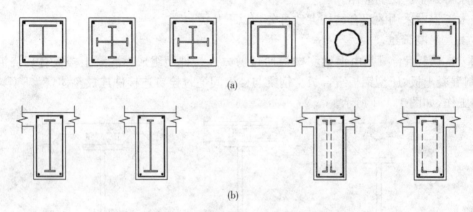

图 1.1.3　型钢混凝土柱和梁截面图
(a)型钢混凝土柱截面；(b)型钢混凝土梁截面

4. 钢管混凝土组合结构

　　钢管混凝土组合结构构件是指用混凝土填入薄钢管内形成的结构构件。钢管混凝土组合结构是指其主要构件采用钢管混凝土杆件所组成的结构。目前，在工程中应用最多的是钢管混凝土柱，其截面形式有圆形、矩形、方形、多边形，用的最多的是圆形，如图 1.1.4 所示。

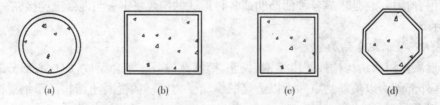

图 1.1.4　钢管混凝土柱的截面形式
(a)圆形钢管截面；(b)长方形钢管截面；(c)正方形钢管截面；(d)多边形钢管截面

　　钢管混凝土组合结构的共同工作则主要是依靠钢管与混凝土的相互约束、层间横隔板等形成。

1.2 组合结构的特点

1. 钢-混凝土组合梁的特点

(1)组合梁能合理地利用材料,充分发挥钢和混凝土各自的材料特性,与钢结构相比,节约钢材 20%～40%。

(2)组合梁比钢筋混凝土梁节约混凝土,减轻自重且截面高度小。

(3)组合梁截面的上翼缘为宽大的混凝土板,增强了组合梁的侧向刚度,可以防止钢梁在使用荷载下发生扭曲失稳。

(4)组合梁的整体性、抗剪性能好,耗能能力强,因而表现出良好的抗震性能。

(5)钢梁在施工阶段可以作为混凝土板支承,可以简化施工工艺。

(6)组合梁的耐火性能差,需要涂耐火性的涂料来提高钢梁的耐火性。

2. 压型钢板混凝土组合板的特点

(1)施工工期短。压型钢板作为混凝土楼板的永久模板,取消了现浇混凝土所需的模板与支撑系统,免除了支模和拆模的施工工序,加快了施工进度。

(2)自重轻,节约钢材。压型钢板不仅可以作为混凝土板的永久型模板,还可以起到组合板中受拉钢筋的作用。这样,只在楼板支撑处设置抵抗负弯矩的钢筋即可,省去了钢筋的敷设和绑扎工作。由于压型钢板自重轻,减小了结构作用效应,从而使梁、柱截面尺寸减小,设计更加经济合理的地基与基础。

(3)增加结构的抗震性能。组合楼板不仅增强了竖向刚度,而且压型钢板组合楼板和钢梁起着加劲肋的作用,因而有很好的抗震和抗风的作用。

(4)防火性能差。压型钢板作为组合楼板的受力钢筋,外表无保护,当遇到火灾时,耐火时间短,所以,应在板底涂防火涂料。

3. 型钢混凝土组合结构特点

型钢混凝土组合结构与钢结构相比具有以下特点:

(1)耐火性能好。包裹在型钢外的钢筋混凝土,可取代型钢外所涂的防锈和防火涂料,由于混凝土的蓄热较大,可以提高构件的耐火性能。

(2)节约钢材。采用型钢混凝土组合结构的高楼可以节约钢材 50%左右。

(3)兼做模板支架。型钢混凝土结构的型钢,在混凝土尚未浇之前即已形成钢架,已具有相当大的承载力,可用作施工模板支架和操作平台。

型钢混凝土组合结构与混凝土结构相比具有以下特点:

(1)整体工作性能好。型钢骨架与外包钢筋混凝土形成整体,共同受力。

(2)截面尺寸小。钢筋混凝土受到配筋率的限制,提高承载力的途径只能是加大截面尺寸,而型钢混凝土组合结构可以设置较大的型钢,在截面尺寸相同的条件下,可以提高构件的承载力。

(3)构件截面延性好。由于构件中型钢的作用,型钢混凝土组合结构的延性远高于钢筋混凝土结构。

4. 钢管混凝土组合结构特点

与钢结构、混凝土结构相比具有以下特点:

（1）构件承载力高。当钢管混凝土构件轴心受压时，由于产生紧箍效应，核心混凝土的强度大大提高，而钢管也能充分发挥强度作用，因而构件的抗压承载力高。

（2）具有良好的塑性和韧性。单纯混凝土受压属于脆性破坏，但管内的核心混凝土在钢管约束下，不但在使用阶段提高了弹性，扩大了弹性工作的阶段，而且破坏时产生很大的塑性变形。

（3）经济效益显著。与钢结构相比，可节约钢材50％左右，造价也可降低。

（4）施工方便，可大大缩短工期。

1.3　组合结构的发展与应用

1. 钢-混凝土组合梁

钢-混凝土组合梁试验研究始于20世纪20年代初，在这一时期，钢-混凝土组合梁按弹性理论进行分析，其基本原理是将组合截面换算成同一材料的截面，然后根据初等弯曲理论进行截面计算和设计。60年代以后，则逐渐转入塑性理论分析，探讨了组合梁的破坏形态、极限承载力、荷载与滑移的关系以及连续组合梁的性能和塑性内力重分布的规律，并建立了相应的计算公式。

在国外，钢-混凝土组合梁最早应用在桥梁结构中，随着理论研究工作的发展，将钢-混凝土组合梁应用到建筑工程中。我国在20世纪60年代，将钢-混凝土组合梁应用到建筑工程及桥梁结构中，并建立了相应的设计和施工规范。

2. 压型钢板混凝土板组合楼盖

20世纪60年代前后，日本等国家大量兴建多层及高层建筑，采用压型钢板作为楼板的永久模板或用作施工作业平台。随后，结构工程师发现在压型钢板表面上做出凸凹不平的齿槽，使它与混凝土粘结成整体共同受力，可以作为楼板的部分纵向受力钢筋使用，之后，各国对此进行大量的试验研究工作。60年代末，美国钢结构学会和国际桥梁结构工程联合会制定了组合结构统一规定。20世纪70年代以来，组合楼盖结构试验和理论研究工作有了新的发展。日本建筑学会于1970年出版了《压型钢板结构设计与施工规范及其说明》，欧洲钢结构协会（ECCS）于1981年制定的《组合结构规程及说明》、欧洲经济共同体（EEC）建筑与土木工程部1985年制定的统一标准规范《钢与混凝土组合结构》，都有组合楼盖的规定。加拿大、美国、德国、前苏联等国家也出版了组合结构的设计计算图表与手册。

20世纪80年代，我国在组合楼板技术方面的研究和应用方面发展迅速。1984年，冶金工业部冶金建筑研究总院对压型钢板的选型、加工工艺、抗剪连接件等配套技术进行了大量的开发、研究与应用，制定了冶金行业标准《钢-混凝土组合结构楼盖设计与施工规程》（YB 9238—92）。国家标准《钢结构设计规范》（GB 50017—2003）、电力行业标准《钢-混凝土组合结构设计规范》（DL/T 5085—1999）等对压型钢板-混凝土组合楼盖设计作了规定。1984年以来，我国兴建的高层钢结构建筑中大部分采用组合楼盖。

3. 型钢混凝土组合结构

日本在1905年建造了第一栋型钢混凝土柱的组合结构，1921年日本采用型钢混凝土结构建成了兴业银行，总面积1500m² 左右，总高为30m，在1923年东京大地震中几乎完整无损。在以后的地震调查中，发现结构变形能力对结构物抗震性能具有重要意义，从此开始对型钢混凝土结构的延性进行研究。日本在 1987 年对《型钢混凝土结构计算标准》进行了第五次修订,欧洲也进行了大量的型钢混凝土结构的研究和应用。欧洲统一规范《组合结构规范》中也包括型钢混凝土结构的设计规定。我国从 20 世纪 50 年代中期应用型钢混凝土结构,进入 80 年代以后,随着经济的发展,我国开始进行型钢混凝土结构的研究和应用,并制定了建设部行业标准《型钢混凝土组合结构技术规程》(JGJ 138—2001),冶金行业标准《钢骨混凝土结构设计规程》(YB 9058—97)等。

4. 钢管混凝土结构

在 1879 年,英国赛文铁路桥的建造中采用了钢管桥墩,在管中灌注了混凝土,以防止钢管内壁腐蚀,并承受压力。拜耳(Burr W. H.)在 1908 年首次在美国纽约对外包混凝土的钢柱进行了试验,发现由于混凝土的存在,柱的承载能力提高了。之后前苏联、日本、英国、美国等对此进行了广泛研究,并相继制定和颁布了钢管混凝土结构设计规程,或将其设计部分纳入国家设计规范。

从 20 世纪 60 年代中期钢管混凝土开始进入我国。它在我国的应用和发展经历了两个阶段,60 年代中期到 80 年代中期为应用推广阶段,从 80 年代中期迄今为提高发展阶段。

应用推广阶段的特点是:从厂房柱开始迅速推广应用到各种工业建筑中,在这一阶段采用钢管混凝土柱单层厂房的有本溪钢铁公司铸锭模车间、大连造船厂的船体车间、太原钢铁公司连铸车间、鞍山钢铁公司新轧炼钢炼铸车间、上海国棉 31 厂的机修车间等工业厂房,还应用于首都地铁 1 号线和北京站、前门站两个站台工程中。

提高发展阶段的特点是:推广应用到高层建筑和公路拱桥领域,发展十分迅速,同时在理论研究方面取得了进展,逐步形成了完整的理论体系和独立的新学科。在这一阶段经历了由局部采用、大部分采用到全部采用钢管混凝土柱的过程。已建成的有北京的世界金融大厦(36 层,高度 120m,1988 年建成)、深圳的赛格广场大厦(76 层,高度 291m,1999 年建成),它是世界目前最高的钢管混凝土高层建筑。钢管混凝土结构在桥梁结构中的应用形式主要是拱式结构,拱式结构跨度很大,拱肋承受很大的轴向压力,采用钢管混凝土结构是十分合理的。而且,在施工时加工成型后的空钢管骨架刚度很大、承载力高、重量轻,可以解决转体结构的承载力、刚度和转体重量的矛盾,解决拱桥材料向高强度发展和无支架施工拱圈轻型化两大问题,因此深受桥梁工程师的青睐。

起初,人们对钢管混凝土的研究和设计采用传统的叠加法,即分别研究钢管和核心混凝土的工作性能和极限承载力。随着研究的深入,人们把钢管混凝土视为一种新的组合材料统一体,并根据统一体的工作性能指标,来建立计算构件的承载力、刚度、变形等关系式。

第2章 组合结构材料

2.1 混凝土

1. 混凝土的强度等级

《混凝土结构设计规范》(GB 50010—2002)规定,混凝土的强度等级分 C15~C80 共 14 级,C15~C40 为普通混凝土,C40~C80 为高强度混凝土。混凝土强度指标按表 2.1.1、表 2.1.2 的规定采用。

表 2.1.1 混凝土强度标准值(N/mm²)

强度种类	混 凝 土 强 度 等 级													
	C15	C20	C25	C30	C35	C40	C45	C50	C55	C60	C65	C70	C75	C80
f_{ck}	10	13.4	16.7	20.1	23.4	26.8	29.6	32.4	35.5	38.5	41.5	44.5	47.4	50.2
f_{tk}	1.27	1.54	1.78	2.01	2.20	2.39	2.51	2.64	2.74	2.85	2.93	2.99	3.05	3.11

表 2.1.2 混凝土强度设计值和弹性模量(N/mm²)

强度种类	混 凝 土 强 度 等 级												
	C15	C20	C25	C30	C35	C40	C45	C50	C55	C60	C65	C70	C75	C80
f_c	7.2	9.6	11.9	14.3	16.7	19.1	21.1	23.1	25.3	27.5	29.7	31.8	33.8	35.9
f_t	0.91	1.10	1.27	1.43	1.57	1.71	1.80	1.89	1.96	2.04	2.09	2.14	2.18	2.22
E_c	2.20	2.55	2.80	3.00	3.15	3.25	3.35	3.45	3.55	3.60	3.65	3.70	3.75	3.80

2. 混凝土受压时的应力-应变关系

混凝土受压时的应力-应变关系是混凝土最基本的力学性能之一。《混凝土结构设计规范》规定,混凝土的受压应力-应变关系曲线按图 2.1.1 所示取用。

当 $\varepsilon_c \leqslant \varepsilon_0$ 时

$$\sigma_c = f_c \left[1 - \left(1 - \frac{\varepsilon_c}{\varepsilon_0} \right)^n \right] \tag{2.1.1}$$

当 $\varepsilon_0 < \varepsilon_c \leqslant \varepsilon_{cu}$ 时

$$\sigma_c = f_c \tag{2.1.2}$$

$$n = 2 - \frac{1}{60}(f_{cu,k} - 50) \tag{2.1.3}$$

$$\varepsilon_0 = 0.002 + 0.5(f_{cu,k} - 50) \times 10^{-5} \tag{2.1.4}$$

$$\varepsilon_{cu} = 0.0033 - (f_{cu,k} - 50) \times 10^{-5} \tag{2.1.5}$$

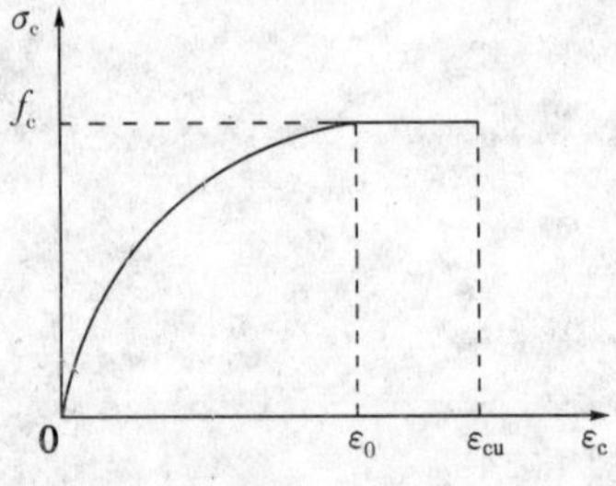

图 2.1.1 混凝土受压时的应力-应变关系曲线

式中 σ_c——混凝土压应变为 ε_c 时的混凝土压应力;

f_c——混凝土的轴心抗压强度;

ε_0——压应力达到 f_c 时的混凝土压应变,当计算的 ε_0 小于 0.002 时,取为 0.002;

ε_{cu}——正截面的混凝土极限压应变,当处于非均匀受压时,按公式(2.1.5)计算,若计算的值大于 0.0033 时,取为 0.0033(型钢混凝土结构中,取 0.003);当处于轴心受压时取为 ε_0;

$f_{cu,k}$——混凝土的立方体抗压强度标准值;

n——系数,当计算的值大于 2.0 时,取为 2.0。

3. 混凝土弹性模量

见表 2.1.2。

4. 混凝土剪变模量 G_c

按表 2.1.2 中弹性模量 E_c 规定的 0.44 倍采用。

2.2 钢筋

1. 钢筋的级别

《混凝土结构设计规范》(GB 50010—2002)规定用于钢筋混凝土结构的国产普通钢筋可使用热轧钢筋。热轧钢筋为软钢,其应力-应变曲线有明显的屈服点和流幅,断裂时有颈缩现象,伸长率比较大,热轧钢筋根据其力学指标的高低,分为 HPB 235 级,HRB 335 级,HRB 400 级和 RRB 400 级四个种类。其强度标准值和设计值分别见表 2.2.1 和表 2.2.2。

表 2.2.1 普通钢筋强度标准值(N/mm²)

种 类		符号	d(mm)	f_{yk}
热轧钢筋	HPB 235(Q235)	Φ	8~20	235
	HRB 335(20MnSi)	Φ	6~50	335
	HRB 400(20MnSiV、20MnSiNb、20MnTi)	Φ	6~50	400
	RRB 400(K20MnSi)	Φ	8~40	400

表 2.2.2 普通钢筋强度设计值(N/mm²)

种 类		符号	d(mm)	f_y	f_y'
热轧钢筋	HPB 235(Q235)	Φ	8~20	210	200
	HRB 335(20MnSi)	Φ	6~50	300	200
	HRB 400(20MnSiV、20MnSiNb、20MnTi)	Φ	6~50	360	360
	RRB 400(K20MnSi)	Φ	8~40	360	360

2. 钢筋应力-应变关系

钢筋应力-应变曲线按下列规定采用,如图 2.2.1 所示。

3. 钢筋的弹性模量 E_s(表 2.2.3)

表 2.2.3 钢筋弹性模量(10⁵ N/mm²)

种 类	E_s
HPB 235 级钢筋	2.1
HRB 335 级钢筋、HRB 400 级钢筋、RRB 400 级钢筋、热处理钢筋	2.0

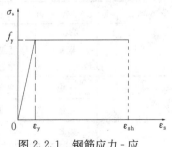

图 2.2.1 钢筋应力-应变关系曲线

2.3 型钢

1. 型钢的种类

型钢按用途分为结构钢、工具钢和特殊钢。结构钢又分为建筑用钢和机械用钢,按脱氧方法不同分为沸腾钢、半镇静钢、镇静钢和特殊镇静钢。按成型方法分为轧制钢、锻钢和铸钢。按化学成分的不同分为碳素钢和低合金钢。在建筑工程中采用的是碳素钢、低合金钢和优质的碳素结构钢。

(1)碳素结构钢

国家标准(碳素结构钢)GB/T 700—88 按质量等级将钢分为 A,B,C,D 四级,A 级只保证抗拉强度、屈服点、伸长率,必要时附加冷弯试验要求,对碳、锰化学成分可以不作为交货条件。B,C,D 级钢均要保证抗拉强度、屈服点、伸长率、冷弯性能和冲击韧性等力学性能。

钢牌号由代表屈服点的字母 Q,屈服点数值,质量等级符号(A,B,C,D),脱氧方法符号等四部分按顺序组成。

根据钢材厚度(直径)≤16mm 时的屈服点数值,分为 Q195,Q215,Q255,Q275。组合结构中的钢构件,一般用 Q235,因此,钢的牌号可根据需要选用 Q235−A,Q235−B,Q235−C,Q235−D 等。

(2)低合金高强度结构钢

国家标准(低合金高强度结构钢)GB/T 1591—94,采用与碳素结构钢相同的钢的牌号表示方法,仍然按钢材的厚度(直径)≤16mm 时的屈服点的大小,分别为 Q295,Q345,Q390,Q420,Q460。

钢的牌号仍有质量等级符号,除与碳素结构钢 A,B,C,D 四个等级相同外,又增加一个等级 E,主要是要求−40℃的冲击韧性。钢的牌号有 Q345−B,Q390−C 等。

A 级钢应进行冷弯试验,其他质量级别的钢如供方能保证弯曲试验结果符合规定要求,可不作检验。

2. 钢材的强度

(1)高层建筑钢结构所采用的钢材,其强度设计值,应根据钢材的厚度或直径,按表 2.3.1 采用。

表 2.3.1 钢材的设计强度(N/mm²)

钢　　　材			极限抗拉强度最小值 f_u	屈服强度(屈服标准值)f_{ay}	强 度 设 计 值		
牌号	组别	厚度或直径(mm)			抗拉、抗压和抗弯 f	抗剪 f_v	端面承压(刨平顶紧)f_{ce}
Q345 钢	一组	≤ 16	470	345	310	180	400
	二组	> 16 ~ 35		325	295	170	
	三组	>35~50		295	265	155	
	四组	>50~100		275	250	145	

8

钢材			极限抗拉强度最小值 f_u	屈服强度（屈服标准值）f_{ay}	强度设计值		
牌号	组别	厚度或直径(mm)			抗拉、抗压和抗弯 f	抗剪 f_v	端面承压（刨平顶紧）f_{ce}
Q390钢	一组	≤16		390	350	205	415
	二组	>16～35		375	335	190	
	三组	>35～50		350	315	180	
	四组	>50～100		330	295	170	
Q420钢	一组	≤16			380	220	440
	二组	>16～35			360	210	
	三组	>35～50			340	195	
	四组	>50～100			325	185	

（2）钢铸件的强度设计值按表 2.3.2 的规定采用。

表 2.3.2　钢铸件的强度设计值（N/mm²）

钢　号	抗拉、抗压和抗弯 f	抗剪 f_v	端面承压（刨平顶紧）f_{ce}
ZG 200～400	155	90	260
ZG 230～450	180	105	290
ZG 270～500	210	120	325
ZG 310～570	240	140	370

3. 钢材的物理性能

钢材和钢铸件的物理性能指标按表 2.3.3 采用。

表 2.3.3　钢材和钢铸件的物理性能指标

弹性模量 E（N/mm²）	剪变模量 G（N/mm²）	线膨胀系数（以每℃计）	质量密度（kg/m³）
$2.06×10^5$	$0.79×10^5$	$12×10^{-6}$	7850

4. 钢材的化学成分

（1）碳素结构钢

根据国家标准《碳素结构钢》（GB 700—88）的规定，碳素结构钢的牌号及其他对应的化学成分应符合表 2.3.4 的要求。

（2）低合金高强度结构钢

根据国家标准《低合金高强度结构钢》（GB/T 1591—94）的规定，低合金高强度结构钢的牌号和化学成分应符合表 2.3.5 的要求。

（3）优质碳素结构钢

优质碳素结构钢有关指标见国家标准（优质碳素结构钢）（GB/T 699—1999）。

表 2.3.4 碳素结构钢的牌号和化学成分

钢的牌号	质量等级	化 学 成 分					脱氧方法
		C	Mn	Si	S	P	
				不大于			
Q235	A	0.14~0.22	0.30~0.65①	0.3	0.050	0.045	F、B、Z
	B	0.12~0.20	0.3~0.70①		0.045		
	C	≤0.18	0.35~0.80		0.040	0.040	Z
	D	≤0.17			0.035	0.035	TZ

①表示 Q235、B 级沸腾钢的锰的含量上限为 60%。

表 2.3.5 低合金高强度钢的牌号和化学成分

牌号	质量等级	化 学 成 分								
		C ≤	Mn	Si ≤	P ≤	S ≤	V	Nb	Ti	Al ≥
≥Q345	A	0.20	1.00~1.60	0.55	0.045	0.045	0.02~0.15	0.015~0.060	0.02~0.20	
	B	0.20	1.00~1.60	0.55	0.040	0.040	0.02~0.15	0.015~0.060	0.02~0.20	
	C	0.20	1.00~1.60	0.55	0.035	0.035	0.02~0.15	0.015~0.060	0.02~0.20	0.015
	D	0.18	1.00~1.60	0.55	0.030	0.030	0.02~0.15	0.015~0.060	0.02~0.20	0.015
	E	0.18	1.00~1.60	0.55	0.025	0.025	0.02~0.15	0.015~0.060	0.02~0.20	0.015

注:表中的 Al 为全铝含量,如化验酸熔铝时,其含量应不小于 0.01%。

5. 钢材的选择

选择钢材时应考虑的因素有:

(1)结构的重要性

对重型工业建筑结构、大跨度结构、高层或超高层的建筑结构等重要的结构,应考虑选用质量好的钢材,对一般工业与民用建筑结构可按工作性能选用普通质量的钢材。

(2)荷载情况

直接承受动态荷载和强烈地震区的结构,应选用综合性能好的钢材;一般承受静载的结构则选用价格较低的 Q235 钢。

(3)连接方法

连接方法有焊接和非焊接两种。由于在焊接过程中,会产生焊接变形、焊接应力及其他焊接缺陷,会导致结构产生裂缝或脆性断裂的危险,因此,焊接结构的材质要求应严格些。

(4)结构所处的环境

钢材处于低温时容易冷脆,此外,露天结构的钢材容易产生时效,有害介质作用的钢材容易腐蚀、疲劳和断裂。应注意区别选择不同的钢材。

(5)钢材的厚度

薄钢材辊轧的次数比较多,轧制的压缩比较大,厚度较大的钢材压缩比较小,所以厚度较大的钢材不但强度低,而且塑性、冲击韧性也较差。因此,厚度较大的焊接结构应采用材质较好的钢材。

6. 钢材的规格

钢材的型材有热成型的钢板和型钢以及冷弯(或冷压)成型的薄壁钢板。

(1)热轧钢板有厚钢板(厚度为4.5~60mm)和薄钢板(厚度为0.35~4mm),还有扁钢(厚度为4~60mm,宽度为30~200mm,此钢板宽度小)。

热扎钢板的国家标准有:

①一般结构用热轧钢板和钢带(GB/T 2517—81);

②碳素和低合金结构钢热轧薄钢板和钢带(GB/912—89);

③碳素和低合金结构钢热轧厚钢板和钢带(GB/T 3274—88);

④厚度方向性能钢板(GB/T 5313—85)。

(2)热轧型钢有角钢、工字钢、槽钢和钢管。其截面尺寸、截面面积、重量和截面特性等参数的确定,分别见以下国家标准和行业标准:

①热轧H型钢和部分T型钢(GB/T 11263—1998);

②结构用无缝钢管(GB/T 81628—87);

③热轧工字钢尺寸、外形、重量及允许偏差(GB 706—88);

④热轧槽钢尺寸、外形、重量及允许偏差(GB 707—88);

⑤热轧等边角钢尺寸、外形、重量及允许偏差(GB 988—88);

⑥热轧不等边角钢尺寸、外形、重量及允许偏差(GB 9788—88);

⑦普通焊接H型钢(YB 3301—92)。

(3)无缝钢管的规格

无缝钢管的外径和壁厚见表2.3.6。

表2.3.6 热轧圆钢管的规格(mm)

外径	299	325	351	377	402	426	450	480	500	530
壁厚	8①、8.5①、9、9.5、10、11、12、13、14、15、16、17、18、19、20、22、25、28、30、32、36、40、50、60、63、70、75									
外径	560			600			630			
壁厚	9、9.5、10、11、12、13、14、15、16、17、18、19、20、22(24)									

注:1. 表中带括号的规格,不推荐使用;

　　2. 钢管长度为3~12m。

　　①仅用于Φ299~Φ351。

(4)H型钢和剖分T型钢的截面特性

①国家标准《热轧H型钢和剖分T型钢》(GB/T 11263—1998)的截面尺寸及标注符号,分别见图2.3.1和图2.3.2。截面尺寸和截面特性见有关设计手册。

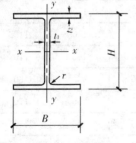

图2.3.1 H型钢截面尺寸

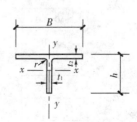

图2.3.2 剖分T型钢截面尺寸

②冶金部行业标准《普通焊接 H 型钢》(YB 3301—92)的规格、截面尺寸及截面特性见有关设计手册。

（5）薄壁型钢

薄壁型钢是用薄钢板经模压或弯曲而制成。建筑用的压型钢板的截面尺寸和截面特性见国家标准《建筑用压型钢板》(GB/12755—91)。压型钢板设计强度按表 2.3.7 采用，弹性模量 $E = 2.06 \times 10^5 \text{N/mm}^2$。

表 2.3.7　压型钢板强度设计值（N/mm²）

钢材牌号	抗拉、抗压、抗弯 f_{sy}	抗剪 f_v
Q215	190	110
Q235	205	120

2.4　连接材料

连接材料有：焊接连接材料、高强度螺栓、圆柱头栓钉、锚栓。

1. 焊接连接材料

（1）焊条的型号及分类

①焊条型号是根据金属力学性能、药皮的类型、焊接方位和焊接电流的种类进行分类的。

②焊条型号：碳素钢焊条有 E43 和 E50 系列；低合金钢焊条有 E50 系列、E55 系列、E60 系列、E70 系列等。

（2）焊丝型号

碳素钢焊丝和低合金钢焊丝的型号有 ER50 系列、ER55 系列、ER62 系列、ER69 系列等。

（3）焊缝强度设计值

按照《钢结构设计规范》(GB 50017—2003)和《高层民用建筑钢结构技术规程》(JGJ 99—98)的规定，焊缝的强度设计值应按表 2.4.1 的规定采用。

表 2.4.1　焊缝的设计强度值（N/mm²）

焊接方法和焊条型号	构件钢材		对接焊缝极限抗拉强度最小值 f_u	对接焊缝强度设计值				角焊缝强度设计值
	牌号	厚度或直径 (mm)		抗压 f_c^w	抗拉 f_t^w		抗剪 f_v^w	抗拉抗压、抗剪 f_f^w
					焊缝质量等级			
					一级、二级	三级		
自动焊、半自动焊、E43 焊型焊条的手工焊	Q235	≤16	375	215	215	185	125	160
		>6~40		205	205	175	120	
		>40~60		20	200	170	115	
		>50~100		190	190	160	110	
自动焊、半自动焊、E50 焊型焊条的手工焊	Q345	≤16	470	310	310	265	180	200
		>6~40		295	295	250	170	
		>40~60		265	265	225	155	
		>50~100		250	250	210	145	

12

焊接方法和焊条型号	构件钢材		对接焊缝极限抗拉强度最小值 f_u	对接焊缝强度设计值				角焊缝强度设计值
	牌号	厚度或直径 (mm)		抗压 f_c^w	抗拉 f_t^w		抗剪 f_v^w	抗拉抗压、抗剪 f_f^w
					焊缝质量等级			
					一级、二级	三级		
自动焊、半自动焊、E55 焊型焊条的手工焊	Q390	≤16		350	350	300	205	220
		>6~40		335	335	285	190	
		>40~60		315	315	270	180	
		>50~100		295	295	250	170	
自动焊、半自动焊、E55 焊型焊条的手工焊	Q420	≤16		380	320	320	220	220
		>6~40		360	305	305	210	
		>40~60		340	290	290	195	
		>50~100		325	275	275	185	

(4)焊接材料的选用原则

①选用的焊条或焊丝的型号应与焊接的主体金属相匹配,即要求焊接的焊缝强度不应低于主体的强度。

②手工焊接用的焊条的质量,应符合现行国家标准《碳素钢焊条》(GB/5117—95)或《低合金钢焊条》(GB/T 5118—95)的规定。

③自动焊接或半自动焊接采用的焊丝和焊剂,应符合下列现行国家标准:

A. 熔化焊用钢焊丝(GB/T 14957—94);

B. 气体保护焊用钢焊丝(GB/T 14958—94);

C. 气体保护电弧焊用碳钢、低合金钢焊丝(GB/T 8110—95);

D. 埋弧焊用碳钢钢丝和焊剂(GB/T 5293);

E. 低合金钢埋弧焊用焊剂(GB/T 12470)。

2. 高强度螺栓

高强度螺栓(栓杆)带有配套的螺母、垫圈和连接副。螺栓的形式除常用的六角头外,还有扭转型,如图 2.4.1 所示。其国家标准分别为:《钢结构用高强度大小角头螺栓、大小角螺母、垫圈与技术条件》(GB/T 1228~1231—91);《钢结构用扭剪型高强螺栓连接副》(GB/T 3632~3633—1995)。

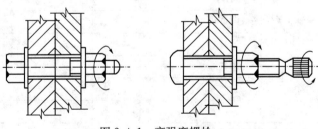

图 2.4.1 高强度螺栓

(1)性能等级

高强度螺栓连接副需进行热处理。螺栓的性能等级按热处理后的强度划分为8.8 级和10.9 级。位于小数点之前的一位或两位数字,表示抗拉强度;小数点以后的数字表示"屈强比"。8.8级的仅用于六角头高强度螺栓，10.9级用于扭剪型高强度螺栓和大小角头高强度螺栓。使用配合的螺母性能等级分别为10H和8H级（10和8表示 f_u 的1/100，H表示螺母）、垫圈为HRC 35～45（HRC表示表面淬火硬度）。

（2）公称应力截面积

高强度螺栓各种螺纹规格 d（螺纹大径）的公称应力截面积 A_e（螺栓小径的有效截面面积），按表2.4.2采用。

表2.4.2　高强度螺栓的有效截面面积 A_e

钢筋直径 d(mm)	M16	M20	(M22)	M24	(M27)	M30
螺栓有效直径 d_e (mm)	14.1	17.7	19.7	21.2	24.2	26.2
螺距 p (mm)	2	2.5	2.5	3	3	3.5
有效截面积 A_e (mm²)	157	245	303	353	459	561

（3）强度设计值

按国家标准《钢结构设计规范》（GB 50017—2003）的规定，高强度螺栓连接强度设计值，应按表2.4.3采用。

表2.4.3　螺栓连接的强度设计值（N/mm²）

部件类型	钢材牌号或螺栓性能等级	普通螺栓						锚栓	承压型螺栓高强度螺栓	
		C级螺栓			A级、B级螺栓					
		抗拉 f_t^b	抗剪 f_v^b	抗压 f_c^b	抗拉 f_t^b	抗剪 f_v^b	抗压 f_c^b	抗拉 f_t^a	抗剪 f_v^b	抗压 f_c^b
普通螺栓	4.6级、4.8级	170	140	—	—	—	—	—	—	—
	5.6级	—	—	—	210	190	—	—	—	—
	8.8级	—	—	—	400	320	—	—	—	—
锚栓	Q235钢	—	—	—	—	—	—	140	—	—
	Q345钢	—	—	—	—	—	—	180	—	—
承压连接高强度螺栓	8.8级	—	—	—	—	—	—	—	250	—
	10.9级	—	—	—	—	—	—	—	310	—
构件	Q235钢	—	—	305	—	—	405	—	—	470
	Q345钢	—	—	385	—	—	405	—	—	590
	Q390钢	—	—	400	—	—	530	—	—	615
	Q420钢	—	—	425	—	—	560	—	—	655

3. 圆柱头栓钉

是一个带圆柱头的实心钢杆，在钉头埋嵌焊丝，起到拉弧的作用。它需用专用焊机焊接，并配置焊接瓷环。

（1）规格

国家标准《圆柱头焊钉》（GB 10433—89）规定了公称直径为6～22mm共7种规格的圆柱

头焊钉。高层建筑钢结构及组合楼盖中常用的圆柱头栓钉规格有三种,其直径为 16mm、19mm、22mm。

（2）用途

①圆柱头栓钉适用于各类钢结构的抗剪件、埋件和锚固件。

②圆柱头栓钉与钢梁焊接时,应在所焊的母材上设置焊接瓷环,以保证焊接质量。

（3）材料质量

圆柱头栓钉钢材的机械性能指标应符合表 2.4.4 要求。

表 2.4.4　栓钉钢材的机械性能

屈服强度 f_y（N/mm²）	极限抗拉强度 f_u（N/mm²）	伸长率 δ_s（%）
240	410～520	≥20

圆柱头栓钉钢材的化学成分应符合表 2.4.5 要求。

表 2.4.5　栓钉钢材的化学成分

材料	C	Mn	Si	S	P	Al
硅镇静钢	0.08～0.28	0.3～0.9	0.15～0.35	0.05 以下	0.04 以下	—
铝镇静钢	0.08～0.2	0.3～0.9	0.1 以下	0.05 以下	0.04 以下	0.02 以下
DL 钢	0.09～0.17	0.25～0.55	0.05	0.04 以下	0.04 以下	—

4. 锚栓

（1）锚栓通常用在钢柱柱角与钢筋混凝土基础之间的锚固连接件,主要承受柱脚拔力和剪力。

（2）锚栓因其直径较大,一般采用未加工的圆钢制成。因为其用钢量较少,其直径和长度随工程而异,是一种非标准件。

（3）锚栓一般采用 Q235 或 Q345 等塑性钢材制作。

（4）锚栓的抗拉强度设计值按表 2.4.5 的规定采用。

第3章 钢-混凝土组合梁

3.1 概述

通过剪力连接件将混凝土板与钢梁连接成整体,形成钢-混凝土组合梁。在这种组合梁中,混凝土与钢梁共同受力,协调变形。这种组合梁能够充分利用钢材所具有的抗拉性能和混凝土所具有的抗压性能,从而使这两种不同性能的材料得到合理的利用。

3.1.1 钢-混凝土组合梁的类型

钢-混凝土组合梁可以分为外包钢混凝土组合梁和钢梁外露的组合梁两种。钢梁外露组合梁也称钢-混凝土组合梁,本章仅研究钢-混凝土组合梁。

钢-混凝土组合梁截面由钢梁、翼板或板托和抗剪连接件等组成,如图3.1.1所示。

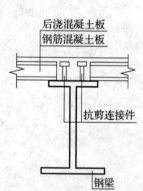

图3.1.1 钢-混凝土组合梁截面

1. 翼缘板

(1)现浇钢筋混凝土翼缘板,如图3.1.2所示。

这种翼缘板整体性好,布置灵活,能满足各种平面形状,适用于各种设备和管道的布置。但是,这种翼缘板现场湿作业量大,影响施工进度。

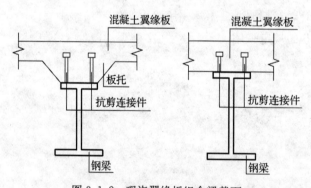

图3.1.2 现浇翼缘板组合梁截面　　　　图3.1.3 预制翼缘板组合梁截面

(2)预制钢筋混凝土翼缘板,如图3.1.3所示。

预制钢筋混凝土翼缘板采用预制混凝土板或预制预应力混凝土板,将其支承在焊有栓钉连接件的钢梁上,在有栓钉处混凝土板缘留有槽口,然后用细石混凝土浇注槽口与板间缝隙。这种翼缘板整体性差,传递水平力的能力差。

(3)压型钢板翼缘板,如图3.1.4所示。

压型钢板翼缘板具有现浇钢筋混凝土翼缘板的优点,而且压型钢板在施工时还起到模板和施工平台的作用,在使用阶段可以像钢筋一样承受拉力,表现出良好的结构性能,综合效益显著。

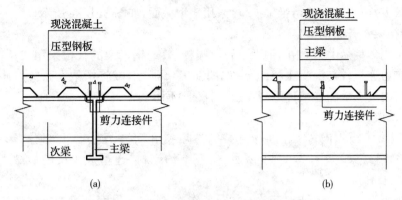

图 3.1.4 压型钢板组合梁截面
(a)压型钢板主肋平行主梁;(b)压型钢板主肋垂直钢梁

2. 板托(图 3.1.2)

当采用现浇翼缘板时,为了加大组合梁截面高度、提高组合梁纵向抗剪能力和增大混凝土板与钢梁之间的中心距,使梁全截面基本处于受拉区,提高梁抗弯能力,需在翼缘板与钢梁之间设置板托。相对而言,不带板托的组合梁施工方便,带板托的组合梁节约材料。

3. 钢梁

组合梁中的钢梁截面一般有以下几种:

(1)工字钢梁

在跨度小、荷载轻的组合梁中,一般采用小型工字钢,如图 3.1.5a 所示;荷载较大时,可在工字钢的下翼缘加焊一块钢板条,形成不对称工字钢,如图 3.1.5b 所示;跨度大时,也可以采用焊接成型的不对称工字钢。工字钢可通过抗剪连接件与混凝土翼板组合,也可将上翼缘埋入混凝土板中,此时不需设抗剪连截件,如图 3.1.5c 所示。带混凝土板托组合梁如图 3.1.5d 所示。

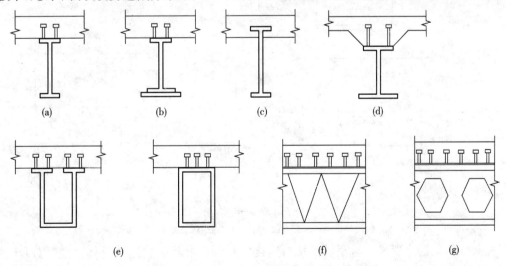

图 3.1.5 钢梁的截面形式
(a)小型工字钢;(b)加焊不对称工字钢;(c)焊接不对称工字钢;(d)带混凝土板托组合梁;
(e)箱型钢梁;(f)轻钢桁架梁;(g)蜂窝式组合梁

17

（2）箱形钢梁

在跨度较大，荷载较大的组合梁中，可采用箱型截面，如图3.1.5e所示。

（3）轻钢桁架及普通钢桁架梁

轻钢桁架用角钢做上弦，用圆钢做下弦及腹杆；普通钢桁架的杆件采用双角钢或单角钢。桁架上弦用抗剪连接件与混凝土板组合，如图3.1.5f所示，或将桁架上弦节点伸入混凝土板中作为桁架与混凝土板的连接件以减小上弦杆的截面尺寸。

（4）蜂窝式梁

将工字钢沿腹板纵向割锯齿形的两半，然后错开对齐焊接凸出部分，形成腹板有六角形开孔的蜂窝式梁，如图3.1.5g所示，不仅节约钢材，还增大了梁的承载力和刚度。

4. 抗剪连接件

为了保证板与钢梁上下结构有效的共同工作，必须在交界面上设置抗剪连接件。抗剪连接件的形状应既能保证抗剪滑移又能抵抗掀起力的作用。

常用的抗剪连接件有栓钉、槽钢、弯筋以及方钢、T型钢连接件，如图3.1.6所示，最常用的是前三种。

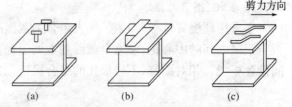

图3.1.6 抗剪连接件
(a)栓钉连接件；(b)槽钢连接件；(c)弯筋连接件

3.1.2 组合梁工作基本原理[17]

由混凝土翼缘板与钢梁组成的组合梁，若两者交界面之间无连接措施时，则在竖向荷载作用下，混凝土翼缘板截面和钢梁的弯曲相互独立，如图3.1.7所示，各自有中和轴。若忽略交界面上的摩擦力，交界面上仅有竖向压力，两者必然发生相对水平滑移错动。所以，其受弯承载力为混凝土板截面受弯承载力和钢梁截面受弯承载力之和。这种梁称为非组合梁。

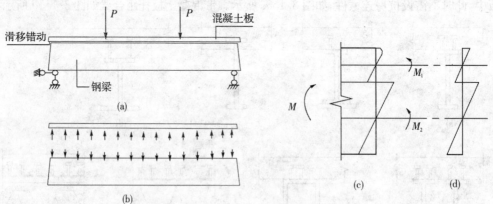

图3.1.7 非组合梁
(a)交界面上的滑移错动；(b)交界面上应力；(c)截面应力分布；(d)截面应变分布

如果在钢梁的上翼缘设置足够的抗剪连接件并深入混凝土板形成整体，阻止混凝土板与钢梁之间产生相对滑移，使两者的弯曲变形协调，共同承担荷载作用。这种梁成为组合梁，如图3.1.8所示的组合梁，在荷载作用下，截面仅有一个中和轴，混凝土板主要承受压力，钢梁主要承受拉力。与非组合梁相比，组合梁的中和轴高度和内力臂增大，其抗弯承载力显著提高。

18

组合梁的截面高度大,因而刚度也大。

　　一般情况下,混凝土板与梁的交界面上的竖向分布力为压力,当荷载作用在钢梁上时,交界面上的竖向分布力为拉力,将引起混凝土板与钢梁分离。在组合梁中,这种引起上下分离趋势的力称为掀起力。由于掀起力远小于交界面上的剪切力,而且抗剪连接件的形状具有一定的抗掀起作用,在设计中一般不进行抗掀起力计算。

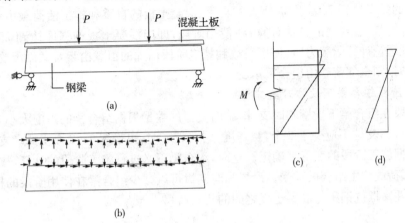

图 3.1.8　组合梁

(a)交界面上无滑移错动;(b)交界面上应力;(c)截面应力分布;(d)截面应变分布

　　承受横向荷载的梁,在荷载作用下,发生弯曲,截面上的应力分布不均匀,上部受压而下部受拉,如果将混凝土板搁置在钢梁上,在荷载作用下发生弯曲变形时,板与钢梁之间发生相对滑移,各自受弯,如图3.1.7所示。如果将混凝土板与钢梁紧密地连接在一起,在荷载作用下弯曲时,板与钢梁之间不发生相对位移,两者成为一体共同工作,如图3.1.8所示。这样的梁称为组合梁。在组合梁中,中和轴以上的截面受压,中和轴以下的截面受拉,混凝土板除承受横向弯曲外,与钢梁上翼缘相连,作为钢梁的上翼缘的支承可以消除上翼缘的局部屈曲。同时,还可以保证组合梁的整体稳定。

　　由以上分析可知,在组合梁中,关键在于板与钢梁之间的连接件,连接件必须保证在组合梁受弯时,板与钢梁的交界面上相对滑移量不大。根据滑移量的大小,将组合梁分为以下两种:

　　(1)当受弯时,板与钢梁交界面上无相对滑移时,称完全抗剪连接组合梁。

　　(2)当受弯时,板与钢梁交界面上的纵向水平抗剪能力不能保证无相对滑移,称为部分抗剪连接组合梁。

3.1.3　组合梁截面分析方法

　　组合梁截面分析方法有弹性理论方法和考虑截面塑性变形发展的塑性理论计算方法。

1. 弹性理论计算方法

弹性理论计算方法就是工程力学方法。

2. 塑性理论计算方法

弹性理论进行截面计算时,由于未考虑塑性变形带来强度的潜力,计算结果偏于保守。因此,对于能出现全截面塑性化的组合梁,计算时应考虑构件截面上的应力重分布。

3.1.4 组合梁的施工方法

组合梁的施工方法主要有以下两种：

1. 施工阶段组合梁下不设临时支撑

对施工阶段组合梁下不设临时支撑的组合梁，计算分析时应按两阶段考虑：在施工阶段，即混凝土板的强度达到 75% 以前，钢梁的自重、混凝土板的自重和施工活荷载由钢梁承受，并按《钢结构设计规范》规定的方法计算；在使用阶段，即当混凝土板的强度达到 75% 的设计强度后，用弹性理论计算承载力时，使用荷载和第二阶段增加的恒载由组合截面承受。用塑性理论方法计算时，则全部荷载由组合梁承受。

2. 施工阶段组合梁下设临时支撑

施工阶段在组合梁下设置临时支撑，临时支撑的数量根据组合梁的跨度大小来确定，当跨度 l 大于 7m 时，支撑不应少于 3 个，当跨度 l 小于 7m 时，可设置 1～2 个支撑。支撑设置的精确数量应根据施工阶段的变形来确定。这时，组合梁不必进行施工阶段的计算，按使用阶段进行计算，全部荷载均由组合梁承受。设置临时支撑可以减少组合梁在使用阶段的挠度，但需要较多的连接件来抵抗钢梁与混凝土板之间的相对滑移。

3.2 构造要求

3.2.1 材料

1. 混凝土

混凝土翼缘板所用混凝土，当采用现浇板时其强度等级不应低于 C20，采用预制板时，不应低于 C30。

2. 钢筋

混凝土板中的钢筋采用 HPB 235、HRB 335。

3. 钢材

组合梁中钢梁宜选用 Q235、Q345。

4. 连接件

(1) 弯起钢筋连接件，一般用 HPB 235、HRB 335 钢筋。

(2) 槽钢连接件，一般为小型号的槽钢，一般用 Q235 钢材。

(3) 焊钉连接件宜选用普通碳素钢。

3.2.2 截面尺寸

1. 组合梁的截面高度

简支梁组合梁的高跨比为 1/18～1/12，一般取 1/15。

2. 混凝土楼板的厚度

当楼板采用压型钢板组合板时，压型钢板凸肋顶面至混凝土板顶混凝土板厚度不应小于 50mm。

当楼板采用普通钢筋混凝土板时，混凝土板的厚度不应小于 100mm。

组合梁混凝土板厚一般以 10mm 为模数，经常采用的板厚为 100mm、120mm、140mm、160mm。

3. 混凝土板的有效宽度

组合梁截面中,混凝土翼缘板内的压力是通过抗剪连接件传递的。所以,受弯时沿翼缘板宽度方向板内的压应力分布并非均匀,在钢梁强轴轴线附近较大,距离轴线远的板中压应力较小。为了计算方便,计算时取计算宽度为 b_e,并假定在 b_e 范围内压应力均匀分布。计算宽度 b_e 值与梁的高跨比、荷载的形式、翼缘板厚度与梁高的比值、钢梁间距有关,根据弹性力学理论分析,上翼缘的计算宽度 b_e(图 3.2.1)按下式计算:

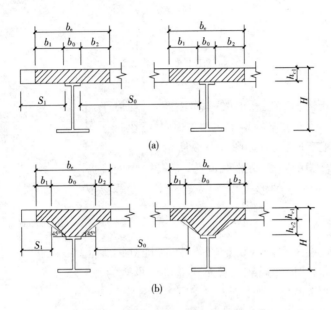

图 3.2.1 钢筋混凝土翼缘板的计算宽度
(a)无托板组合梁;(b)有托板组合梁

$$b_e = b_0 + b_1 + b_2 \tag{3.2.1}$$

式中 b_0——钢梁上翼缘或板托顶部的宽度;当板托倾角 $\alpha < 45°$ 时,应按 $\alpha = 45°$ 计算板托顶部宽度;

b_1、b_2——梁外侧及内侧翼缘板计算宽度,各取梁跨度 l 的 1/6 和钢筋混凝土板厚度 h_{c1} 的 6 倍中的较小值。同时,b_1 不应大于钢筋混凝土翼缘板的实际外伸长度 S_1,b_2 不应大于相邻梁板托之间的净距 S_0 的 1/2。

4. 板托尺寸

板托顶部的宽度与板托高度 h_{c2} 之比应不小于 1.5,且板托的高度不应大于混凝土板厚度 h_{c1} 的 1.5 倍,如图 3.2.2 所示。为了保证混凝土板托中抗剪连接件基本上能与标准推荐试验中的抗剪连接件一样工作,板托的外形应满足图 3.2.2 所示的构造要求,板托边缘距离连接件外侧的距离不得小于 40mm,板托外形轮廓应在至连接线根部的 45° 仰角之外。

5. 钢梁

(1)截面尺寸

组合梁中的钢梁,其截面高度 h 不应小于组合梁截面高度 H(包括板托)的 1/2.5,即 $h \geqslant 0.4H$。

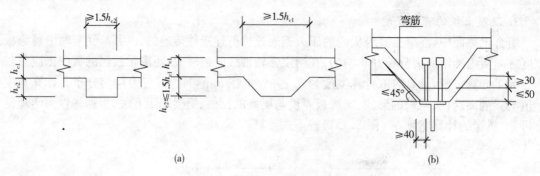

图 3.2.2　板托

(a)板托尺寸；(b)构造要求

（2）截面形状和加劲肋

①采用组合梁结构的次梁和主梁，其钢梁部件均可采用热轧的工字钢或 H 型钢；主梁的钢梁也可采用由三块钢板焊接成的上窄下宽的工字形截面，如图 3.2.3 所示。

②为了确保组合梁的腹板局部稳定性，应根据腹板高厚比的大小，按图 3.2.3 所示的形式在其钢梁部件中设置必要的横向加劲肋。

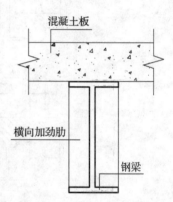

图 3.2.3　组合梁的横向加劲肋

（3）板件宽厚比

①为了满足组合梁进行塑性设计的条件，保证其钢梁能够形成塑性铰，避免因其板件局部失稳而降低构件承载力，需要控制钢梁各板件的宽厚比。

②组合梁截面的塑性中和轴通过其钢梁的截面时，钢梁翼缘和腹板的板件宽厚比，应满足表 3.2.1 的要求。

表 3.2.1　塑性设计时钢梁翼缘和腹板的板件宽厚比

截面形式	翼　缘	腹　板
	$\dfrac{b}{t} \leqslant 9\sqrt{235/f_y}$	当 $\dfrac{N}{Af} < 0.37$ 时 $\dfrac{h_0}{t_w}(\dfrac{h_1}{t_w}、\dfrac{h_2}{t_w}) \leqslant \left(72-100\dfrac{N}{Af}\right)\sqrt{\dfrac{235}{f_y}}$ 当 $\dfrac{N}{Af} \geqslant 0.37$ 时 $\dfrac{h_0}{t_w}(\dfrac{h_1}{t_w}、\dfrac{h_0}{t_e}) \leqslant 35\sqrt{\dfrac{235}{f_y}}$
	$\dfrac{b_0}{t} \leqslant 30\sqrt{235/f_y}$	与工字形截面的腹板相同

注：A、f_y——组合梁中钢梁的截面面积和钢材屈服强度；

　　f——塑性设计时钢梁钢材的抗拉、抗压、抗弯强度设计值，根据《钢结构设计规范》（GB 50017—2003）第 11.1.6 条规定，直接采用第 2 章表 2.3.1 表中的数值，不再乘以折减系数 0.9。

22

3.2.3 主、次梁的连接

1. 对于组合梁结构的次梁和主梁的连接,两者的钢梁部件,可采用平接方式,如图 3.2.4a、b 所示,也可以采用上、下叠连方式,如图 3.2.4c 所示。

2. 图 3.2.4a 为连接次梁与主梁的平接,图 3.2.4b 为简支次梁与主梁的平接,图 3.2.4c 为连续次梁与主梁的上、下叠接。

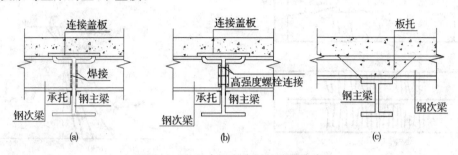

图 3.2.4　组合梁主次梁的连接方式
(a)连续次梁平接;(b)简支次梁平接;(c)上下叠接

3. 支座连接构造

在梁的支座处,应对钢梁采取必要的构造措施,以防止施工期间梁端截面可能发生的扭转。

3.3　组合梁试验结果分析

3.3.1　组合梁正截面受力性能[17]

由试验结果可知:从加荷到破坏,组合梁正截面经历弹性、弹塑性和塑性三个受力阶段,如图 3.3.1 所示。

1. 弹性阶段

在荷载作用初期,组合梁整体工作性能良好,荷载－变形曲线基本上呈线性增长,当荷载达极限荷载的 50% 左右时,钢梁的下翼缘开始屈服,而钢梁其他部分还处于弹性工作状态,随着荷载的增加,混凝土翼缘板板底的应变已接近极限值,但尚未开裂,混凝土翼缘顶面的应变很小,可以认为混凝土板处在弹性状态,此时,组合梁的工作处在弹性工作阶段。该阶段可以作为组合梁弹性分析的依据。

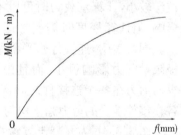

图 3.3.1　组合梁荷载－变形曲线

2. 弹塑性阶段

加荷至混凝土翼缘板板底开裂后,钢梁的应变速率加快,组合梁的变形增长速度大于荷载的增长速度,荷载－变形曲线开始偏离原来的直线。当钢梁下翼缘达到屈服后,组合梁的挠度变形显著增大,组合梁的工作进入弹塑性阶段。随着荷载的增加,钢梁自下而上逐渐屈服。混凝土翼缘板板底的裂缝宽度发展加快,受压区高度进一步减小,组合梁的抗弯刚度已有削弱。

3. 塑性阶段

加荷至破坏荷载的 90% 以上时,组合梁跨中的挠度变形大幅度增长,荷载－变形曲线基本呈水平趋势发展,此时组合梁的工作已进入塑性工作阶段。随着荷载的增加,受压区的混凝土塑性变形的特征也越来越明显,连接件的水平变形增大,但组合梁并没有突然破坏的迹象,在荷载继续增加的条件下,组合梁变形继续增长,混凝土受压应变也达到极限抗压应变值,最后,混凝土压碎或组合梁产生塑性转动,组合梁破坏,如图 3.3.2 所示[11]。

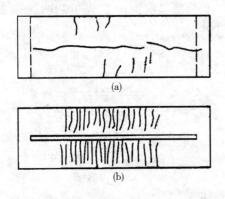

图 3.3.2　组合梁的破坏裂缝

(a)板顶面的裂缝;(b)板底面的裂缝

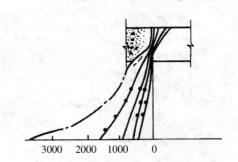

图 3.3.3　组合梁截面实测应变图

组合梁正截面受力的实测应变分布如图 3.3.3 所示[11],可以看出,在钢梁下翼缘达到屈服之前,截面应变分布基本上符合平截面假定。

3.3.2　组合梁交接面上滑移特征[11]

1. 组合梁交接面上滑移特征

图 3.3.4a 为实测混凝土翼缘板相对于钢梁的纵向水平滑移,表明在钢梁的下翼缘屈服之前,钢梁与混凝土翼缘板之间的相对位移较小,计算承载力时可以不考虑滑移的影响,但计算挠度时需要考虑滑移的影响。试验同时表明,连接件水平滑移对组合梁的极限承载力影响很小,而且由于水平滑移,纵向剪力在各个连接件之间产生重分布,使各连接件承受的剪力趋于均匀。

图 3.3.4b 为混凝土翼缘板在沿梁的长度方向的实测的掀起变形。在跨中加载点附近,掀起值很小;由跨中向支座延伸,掀起值不断增大。

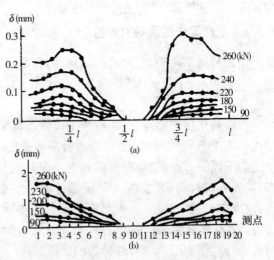

图 3.3.4　交界面上纵向水平滑移和竖向掀起位移

(a)交界面上纵向水平滑移;(b)交界面上竖向掀起位移

2. 影响组合梁交接面上滑移的因素

(1)由图 3.3.4 可以看出,在荷载作用初期,荷载 - 滑移曲线明显呈线性关系,当荷载达到极限荷载的 70% 时,滑移增长速度明显大于荷载的增长速度。

(2)连接件的刚度对滑移分布有着重要的影响。连接件较多时,滑移分布较为均匀,但进入塑性状态后,梁端滑移增长较慢,而在加荷点与支座点之间区段上的滑移增长的速度较快。

24

同时发现,连接件多的组合梁滑移小于连接件少的组合梁的滑移,说明在其他条件相同的情况下,交界面上滑移随着连接件刚度的增大而减小。

（3）混凝土的强度对组合梁交接面上的滑移有一定的影响。与普通混凝土组合梁相比,高强度混凝土组合梁梁端滑移明显减小。混凝土强度高,粘结力强,有利于减小交接面上的滑移。

3.4 组合梁按弹性理论分析

3.4.1 截面几何特征值

1. 换算截面

组合梁在正弯矩作用下按弹性理论进行截面分析时,应根据截面应变相同且总内力不变的原则,将受压混凝土板的有效宽度 b_e 折算成与钢材等效的换算截面宽度,如图3.4.1所示。

（1）荷载短期效应组合时

$$b_{eq} = b_e/\alpha_E \tag{3.4.1}$$

（2）荷期长期效应组合时

$$b_{eq} = b_e/2\alpha_E \tag{3.4.2}$$

式中　b_{eq}——混凝土翼板换算为钢材的等效宽度;

　　　b_e——混凝土翼板的有效宽度;

　　　α_E——钢材弹性模量 E 与混凝土弹性模量 E_c 的比值,即

$$\alpha_E = E/E_c$$

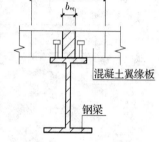

图3.4.1　组合梁的单一材质换算截面

2. 换算截面重心轴(中和轴)的位置

若取组合梁的顶边为底线,则在短期荷载作用下,按式(3.4.1)将混凝土板换成钢梁截面,可得组合截面重心轴距组合截面顶边的距离 y_0:

$$y_0 = \frac{\sum A_i y_i}{\sum A_i} \tag{3.4.3}$$

式中　A_i——第 i 个单元的截面面积,对混凝土单元需将其换算成钢材单元进行计算;

　　　y_i——第 i 个单元重心轴距截面顶边的距离。

当考虑混凝土的徐变影响时,应将公式(3.4.2)代入公式(3.4.3)进行计算,即可求得考虑混凝土徐变影响的组合截面的重心轴距组合截面顶边的距离,并用 y_0^c 表示。

$$y_0^c = \frac{\sum A_i y_i}{\sum A_i} \tag{3.4.4}$$

3. 荷载短期效应组合下截面弹性抵抗矩

组合梁在荷载短期效应组合的正弯矩作用下,混凝土翼缘板换算为钢材后的组合截面特征值,按下列规定计算:

（1）中和轴在板内(图3.4.2)

换算后的组合截面面积为 A_0 ,惯性矩为 I_0 ,对钢梁上翼缘、下翼缘的抵抗矩为 W_0^t 、 W_0^b ,对组合截面顶的抵抗矩为 W_0^s ,并按下式计算:

$$A_0 = b_{eq} h_{c1} + A \tag{3.4.5}$$

$$I_0 = \frac{b_{eq}h_{cl}^3}{12} + b_{eq}h_{el}(y_0 - 0.5h_{cl})^2 + I + A(y - y_0)^2 \qquad (3.4.6)$$

$$W_0^t = \frac{I_0}{h_{cl} - y_0} \qquad (3.4.7)$$

$$W_0^b = \frac{I_0}{H - y_0} \qquad (3.4.8)$$

$$W_0^c = \frac{I_0}{y_0} \qquad (3.4.9)$$

式中　h_{cl} ——混凝土翼缘板的厚度；

　　　A ——钢梁的截面面积；

　　　I ——钢梁的截面惯性矩；

　　　y ——钢梁形心位置至组合截面顶面的距离；

　　　H ——组合截面的高度。

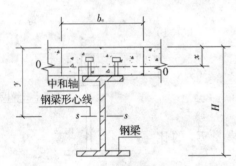 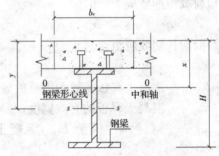

图 3.4.2　组合梁截面中和轴　　　　图 3.4.3　组合梁截面中和轴位于混
　　　位于混凝土翼缘板内　　　　　　　凝土翼缘板下钢梁截面内

(2)中和轴在板下(图 3.4.3)

换算后的组合截面面积为 A_0，惯性矩为 I_0，对钢梁上翼缘、下翼缘的抵抗矩为 W_0^t、W_0^b，对组合梁顶面的抵抗拒为 W_0^c，并按下式计算：

$$A_0 = b_{eq} \cdot h_{cl} + A \qquad (3.4.10)$$

$$I_0 = \frac{b_{eq}h_{cl}^3}{12} + b_{eq}h_{cl}(y_0 - 0.5h_{cl})^2 + I + A(y - y_0)^2 \qquad (3.4.11)$$

$$W_0^t = \frac{I_0}{y_0 - h_{cl}} \qquad (3.4.12)$$

$$W_0^b = \frac{I_0}{H - y_0} \qquad (3.4.13)$$

$$W_0^c = \frac{I_0}{y_0} \qquad (3.4.14)$$

(3)组合楼板

当楼板采用压型钢板为底模的组合板或非组合板，若压型钢板底肋与组合梁平行时，混凝土翼缘板的有效截面面积应包含压型钢板肋的混凝土截面面积。

4. 考虑混凝土徐变的截面抵抗矩

组合梁在永久荷载的长期作用下，受压翼缘混凝土发生徐变，将使混凝土翼缘的应力减小，钢梁的应力增大。为了在计算中反映这一效应，可将混凝土翼缘板有效宽度内的截面面积

26

除以 $2\alpha_E$ 换算成钢截面面积。

此情况下,组合截面的中和轴一般位于钢梁的截面内,如图 3.4.3 所示。换算后的组合截面面积为 A_0^c,惯性矩为 I_0^c,对钢梁上翼缘、下翼缘的抵抗矩,分别 W_0^{tc} 和 W_0^{bc},对组合梁顶面的抵抗矩为 W_0^{cc} 按下式计算:

$$A_0^c = b_{eq} h_{c1} + A \tag{3.4.15}$$

$$I_0^c = \frac{b_{eq} h_{c1}^3}{12} + b_{eq} h_{c1} (y_0^c - 0.5 h_{c1})^2 + I + A(y - y_0^c)^2 \tag{3.4.16}$$

$$W_0^{tc} = \frac{I_0^c}{y_0^c - h_{c1}} \tag{3.4.17}$$

$$W_0^{bc} = \frac{I_0^c}{H - y_0^c} \tag{3.4.18}$$

$$W_0^{cc} = \frac{I_0^c}{y_0^c} \tag{3.4.19}$$

3.4.2 施工阶段组合梁计算

在楼板的混凝土未达到强度设计值以前,全部荷载由钢梁组合梁中的钢梁承受,所以,施工阶段只需对钢梁进行计算,其计算内容为:钢梁的正应力计算、剪应力计算、整体稳定计算和钢梁挠度计算。此时称为组合梁的第一受力阶段。

在施工阶段,当钢梁受压翼缘的自由长度 l 与其宽度之比不超过表 3.4.1 规定数值时,可不进行整体稳定验算。

表 3.4.1 工字形简支梁不需计算整体稳定的最大的 l/b_t 值

钢　号	跨中无侧向支点		跨中受压翼缘有侧向支点的梁,不论荷载作用在何处
	荷载作用在上翼缘	荷载作用在下翼缘	
Q235	13.0	20.0	16.0
Q345	10.5	16.5	13.0
Q390	10.0	15.5	12.5

1. 荷载计算

(1)永久荷载

混凝土板、模板及钢梁的自重。

(2)可变荷载

①施工活荷载:工人、施工机具、设备等自重。

②附加活荷载:内容包括附加管线、混凝土堆放、混凝土泵等以及过量冲击效应,适当地增加荷载。

2. 钢梁正应力计算

(1)单向弯曲

钢梁在单向弯矩 M_x 的作用下,其截面的正应力应满足下式要求:

$$\frac{M_x}{\gamma_x W_{nx}} \leqslant f \tag{3.4.20}$$

（2）双向弯曲

钢梁在双向弯矩 M_x 和 M_y 的共同作用下，其截面正应力应满足下式要求：

$$\frac{M_x}{\gamma_x W_{nx}} + \frac{M_y}{\gamma_y W_{ny}} \leqslant f \tag{3.4.21}$$

式中　M_x、M_y ——绕 x 轴和 y 轴的弯矩设计值，对工字形截面，x 轴为强轴，y 轴弱轴；

W_{nx}、W_{ny} ——对 x 轴和 y 轴的净截面抵抗矩；

γ_x、γ_y ——截面塑性发展系数，工字形截面：$\gamma_x = 1.05$，$\gamma_y = 1.2$；箱形截面：$\gamma_x = \gamma_y = 1.05$；

f ——钢材的抗弯强度设计值。

当钢梁受压翼缘的自由外伸宽度 b 与其厚度 t 的比值（图 3.4.4）$b/t > 13\sqrt{235/f_y}$，但能满足下列公式要求时，应取 $\gamma_x = 1.0$。

工字形截面梁　　$\dfrac{b}{t} \leqslant 15\sqrt{\dfrac{235}{f_y}}$　　$\gamma_x = 1.0$

$$\tag{3.4.22}$$

箱形截面梁　　$\dfrac{b_0}{t} \leqslant 40\sqrt{\dfrac{235}{f_y}}$　　$\gamma_x = 1.0$

$$\tag{3.4.23}$$

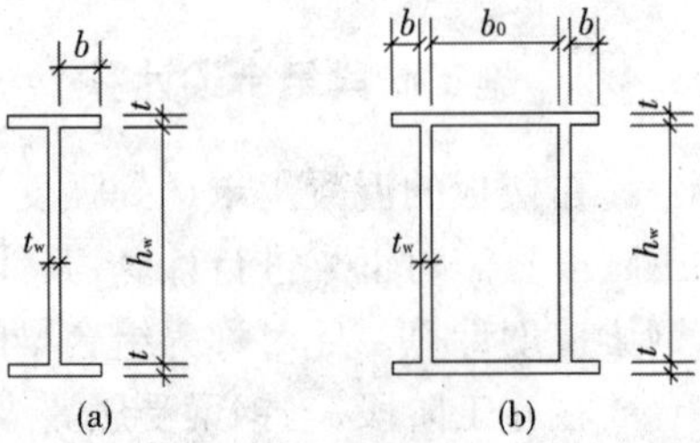

图 3.4.4　钢梁剖面
（a）工字形截面；（b）箱形截面

式中　b_0 ——箱形截面梁受压翼缘板在两腹板之间的宽度；当受压翼缘板设置纵向加劲肋时，则为腹板与纵向加劲肋之间的翼缘板宽度；

f_y ——钢材的屈服强度。

3. 钢梁剪应力计算

在主平面内受弯的实腹式钢梁，其腹板的剪应力 τ_1 应满足下列条件：

$$\tau_1 = \frac{V_1 S_0}{I t_w} \leqslant f_v \tag{3.4.24}$$

式中　V_1 ——组合梁第一受力阶段（施工阶段）荷载，在钢梁部件中所产生的竖向剪力；

S_0 ——验算剪应力的水平截面以上的腹板毛截面对中和轴的面积矩；

I ——钢梁毛截面的惯性矩；

t_w ——钢梁腹板的厚度；

f_v ——钢材的抗剪强度设计值。

4. 钢梁的整体稳定性

组合梁中的钢梁部件，当其受压翼缘的自由长度与宽度比值超过表 3.4.1 中规定的限值时，应按下式验算楼板混凝土未凝固前的钢梁整体稳定性：

$$\frac{M_x}{\varphi_b W_x} \leqslant f \tag{3.4.25}$$

式中　M_x ——绕钢梁强轴作用的最大弯矩设计值；

W_x ——按受压翼缘确定的钢梁毛截面抵抗矩；

φ_b ——钢梁的整体稳定系数，按按《钢结构设计规范》（GB 50017—2003）附录 B 确定。

5. 钢梁挠度

组合梁施工阶段荷载短期效应组合，简支钢梁在均布荷载作用下的挠度，按下式计算：

$$\frac{5gl^4}{384EI} \leqslant \frac{1}{250}$$ (3.4.26)

式中　g——施工阶段作用于钢梁上的均布荷载值；

　　　l、I——钢梁的跨度和截面惯性矩；

　　　E——钢材的弹性模量。

3.4.3　使用阶段计算

在使用阶段，混凝土翼缘板强度达到强度的设计值，混凝土翼缘板与钢梁形成了整体，此时，应按组合梁进行计算。采用弹性计算理论计算时，要根据计算要求采用换算截面。使用阶段后加的荷载由组合梁来承受（称为第二受力阶段），此时，钢梁的应力计算应考虑两阶段的应力叠加，组合梁混凝土翼缘板的应力则只考虑使用阶段所加的应力影响。

1. 适用范围

符合下列情况之一的组合梁，应按弹性理论进行截面分析和截面应力计算。

（1）组合梁内钢梁翼缘或腹板板件的宽厚比值大于表3.4.1规定的限值，且其组合梁截面的中和轴位于钢梁腹板内。

（2）在设计荷载作用下，可能因交替发生受拉、受压屈服，使材料产生低周期疲劳破坏的构件。

2. 适用条件

（1）当钢梁部件拉应力小于钢材的屈服强度，混凝土最大压应力小于0.5倍轴心抗压强度。

（2）若钢梁宽厚比较大，钢梁受力后，截面尚未出现塑性化以前，受压翼缘和腹板有可能发生局部屈曲，这时不应按塑性理论计算，而应按弹性理论进行截面计算。

3. 组合梁正应力计算

（1）计算假定

①钢材和混凝土均为理想的弹性材料；

②钢梁和混凝土板之间的相对滑移很小，可以忽略不计，截面在弯曲后仍保持平面；

③截面应变符合平截面假定；

④不考虑组合梁混凝土翼缘板内钢筋；

⑤不考虑混凝土开裂影响；

⑥当钢筋混凝土楼板下边设置板托时，截面计算时不考虑混凝土板托影响。

（2）组合梁正应力计算

当将组合梁中混凝土等效换算成钢材以后，即可认为组合梁的截面是由单一材料钢材组成，组合截面的正应力可以用材料力学的公式计算。

①当组合梁下设置临时支撑时，按一阶段受力设计，梁上的荷载全部由组合截面承担。不考虑混凝土徐变的影响时，其截面应力可按下式计算：

A. 中和轴在板内

对钢梁上翼缘

$$\sigma_0^t = \frac{M}{W_0^t} \leqslant f$$ (3.4.27)

对钢梁下翼缘

$$\sigma_0^b = \frac{M}{W_0^b} \leqslant f \qquad (3.4.28)$$

对组合梁顶部混凝土

$$\sigma_0^c = -\frac{M}{\alpha_E W_0^c} \leqslant f_c \qquad (3.4.29)$$

B. 中和轴在板下

对钢梁上翼缘

$$\sigma_0^t = \pm \frac{M}{W_0^t} \leqslant f \qquad (3.4.30)$$

对钢梁下翼缘

$$\sigma_0^b = \frac{M}{W_0^b} \leqslant f \qquad (3.4.31)$$

对组合梁顶部混凝土

$$\sigma_0^c = -\frac{M}{\alpha_E W_0^c} \leqslant f_c \qquad (3.4.32)$$

式中　　　　M——全部荷载对组合梁产生的正弯矩;

f——钢材的抗拉和抗弯强度设计值;

f_c——混凝土抗压强度设计值;

W_0^t、W_0^b、W_0^c——组合梁的组合截面对钢梁上翼缘、下翼缘和混凝土顶的抵抗矩。

②当组合梁下设置临时支撑时,按一阶段受力设计,梁上的荷载全部由组合截面承担。考虑混凝土徐变的影响时,其截面应力可按下式计算:

A. 中和轴板内

对钢梁下翼缘

$$\sigma_0^{bc} = \frac{M_g}{W_0^{bc}} + \frac{M_q}{W_0^b} \leqslant f \qquad (3.4.33)$$

对组合梁顶部混凝土

$$\sigma_0^{cc} = -\frac{M_g}{2\alpha_E W_0^{cc}} - \frac{M_q}{\alpha_E W_0^c} \leqslant f_c \qquad (3.4.34)$$

B. 中和轴在板下

对钢梁下翼缘

$$\sigma_0^{bc} = \frac{M_g}{W_0^{bc}} + \frac{M_q}{W_0^c} \leqslant f \qquad (3.4.35)$$

对组合梁顶部混凝土

$$\sigma_0^{cc} = -\frac{M_g}{2\alpha_E W_0^{cc}} - \frac{M_q}{\alpha_E W_0^c} \leqslant f_c \qquad (3.4.36)$$

式中　　M_g——永久荷载对组合梁产生的弯矩设计值;

M_q——扣除永久荷载后的可变荷载对组合梁产生的弯矩设计值。

③当组合梁下不设置临时支撑时,按两个阶段受力设计,这时不考虑长期荷载作用下混凝土徐变的影响,其截面应力可按下式计算:

对钢梁下翼缘

$$\sigma_0^b = \frac{M_1}{\gamma_x W_{nx}} + \frac{M_2}{W_0^b} \leqslant f \qquad (3.4.37)$$

对组合梁顶部混凝土

$$\sigma_0^c = -\frac{M_2}{\alpha_E W_0^c} \leqslant f_c \qquad (3.4.38)$$

式中　　M_1——施工阶段的永久荷载对组合梁产生的弯矩设计值;

M_2——使用阶段的永久荷载与可变荷载对组合梁产生的弯矩设计值。

【例3.4.1】 某简支组合梁的截面尺寸如图3.4.5所示,组合梁的跨度 $l = 6\text{m}$,施工时钢梁下设支撑;混凝土板的计算宽度 $b_e = 1316\text{mm}$,混凝土板的厚度 $h_{c1} = 100\text{mm}$,混凝土的强度等级为C25,钢梁采用I25a工字形钢,钢号为Q235,钢梁的截面面积 $A = 4.85 \times 10^3 \text{mm}^2$,钢梁的截面惯性矩 $I_s = 50.2 \times 10^3 \text{mm}^4$,在使用阶段作用在组合梁上的永久均布荷载设计值 $g = $

10.36kN/m，可变均布荷载设计值 $q = 15.6$kN/m，不考虑混凝土徐变的影响，试验算该组合梁截面在使用阶段的受弯承载力。

【解】 1. 截面几何特征值计算

钢材和混凝土的弹性模量之比

$$\alpha_E = E/E_c = 206 \times 10^3 / 280 \times 10^2 = 7.4$$

混凝土板的换算宽度

$$b_{eq} = b_e / \alpha_E = 1316 / 7.4 = 178 (\text{mm})$$

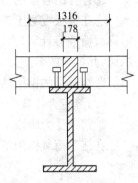

组合梁的总高度

$$H = h + h_{cl} = 250 + 100 = 350 (\text{mm})$$

混凝土板截面重心到组合截面顶边的距离

$$y_1 = h_{cl}/2 = 100/2 = 50 (\text{mm})$$

钢梁截面重心到组合截面顶边的距离

$$y_2 = h/2 + h_{cl} = 125 + 100 = 225 (\text{mm})$$

图 3.4.5 组合梁截面

组合截面中和轴至组合截面顶的距离

$$y_0 = \frac{\sum A_i y_i}{\sum A_I} = \frac{178 \times 100 \times 50 + 4.85 \times 10^3 \times 225}{178 \times 100 + 4.85 \times 10^3} = 87.5 (\text{mm}) < 100 (\text{mm})$$

中和轴在混凝土板内

换算截面惯性矩

$$I_0 = \frac{b_{eq} h_{cl}^3}{12} + b_{eq} h_{cl} (y_0 - 0.5 h_{cl})^2 + I + A(y - y_0)^2$$

$$= \frac{178 \times 100^3}{12} + 178 \times 100 \times (87.5 - 50)^2 + 50.2 \times 10^6 + 4.85 \times 10^3 \times (225 - 87.5)^2$$

$$= 181.76 \times 10^6 (\text{mm}^4)$$

换算截面对钢梁截面下边缘的抵抗矩

$$W_0^b = \frac{I_0}{H - y_0} = \frac{181.76 \times 10^6}{350 - 87.5} = 6.92 \times 10^5 (\text{mm}^3)$$

换算截面对组合截面顶的抵抗矩

$$W_0^c = \frac{I_0}{y_0} = \frac{181.76 \times 10^6}{87.5} = 2.08 \times 10^6 (\text{mm}^3)$$

2. 作用在组合梁上弯矩设计值

$$M = \frac{1}{8}(g + q)l^2 = \frac{1}{8}(10.36 + 15.6) \times 6^2 = 116.82 (\text{kN} \cdot \text{m})$$

3. 正应力验算

对组合梁钢梁的下边缘

$$\sigma_0^b = \frac{M}{W_0^b} = \frac{116.82 \times 10^6}{6.92 \times 10^5} = 168.8 (\text{N/mm}^2) < f = 210 (\text{N/mm}^2)(\text{拉})$$

对组合截面顶面

$$\sigma_0^c = \frac{M}{\alpha_E W_0^c} = \frac{116.82 \times 10^6}{7.4 \times 2.08 \times 10^6} = 7.59 (\text{N/mm}^2) < f_c = 11.9 (\text{N/mm}^2)(\text{压})$$

上述验算表明，该组合梁的受弯承载力满足要求。

4. 组合梁竖向受剪承载力计算

(1)计算原则

①计算组合梁的剪应力时,应考虑施工阶段和使用阶段不同工作截面和受力特点;

②在楼板混凝土未硬化之前,施工阶段的全部荷载由组合梁的钢梁承担,钢梁的剪应力按钢梁截面进行计算,当楼板的强度达到混凝土的设计强度后,后加的使用阶段荷载由组合梁来承担,其钢梁的剪应力按组合截面计算;

③组合梁的钢梁的实际剪应力,等于钢梁分别按两阶段产生的剪应力之和。

(2)剪应力计算公式

①第一受力阶段

在施工荷载作用下,钢梁截面剪应力分布如图 3.4.6b 所示,剪应力按下式计算:

$$\tau_1 = \frac{V_1 S_1}{I_w t_w} \tag{3.4.39}$$

式中　V_1——施工阶段的可变荷载和永久荷载在钢梁上产生的剪应力设计值;

　　　S_1——剪应力验算截面以上的钢梁截面面积对钢梁中和轴 S—S 的面积矩;

　　　t_w、I_w——钢梁的腹板、厚度的毛截面和惯性矩。

②第二受力阶段

组合梁在使用阶段增加的荷载作用下,其钢梁的剪应力按下式计算:

$$\tau_2 = \frac{V_2 S_0}{I_0 t_w} \tag{3.4.40}$$

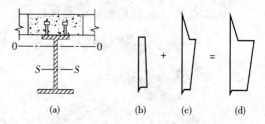

图 3.4.6　组合梁的剪应力图形
(a)组合梁截面;(b)施工阶段钢梁的剪应力;
(c)使用阶段钢梁的附加应力;(d)钢梁的总剪力

式中　V_2——使用阶段总荷载(可变加永久)减去施工阶段总荷载对组合梁产生的剪力设计值;

　　　S_0——剪应力计算截面以上的钢梁截面面积对组合截面(组合梁换算截面)中和轴 0—0 的面积矩;

　　　I_0——组合梁换算截面的惯性矩。

③总的剪应力

A. 当组合截面的中和轴 0—0 位于钢梁截面内时,钢梁总剪应力按 $\tau = \tau_1 + \tau_2$,如图 3.4.6d 所示;

B. 当组合截面的中和轴 0—0 位于混凝土翼缘或板托内时,钢梁剪应力的验算截面,取钢梁腹板与翼缘的交接面,此处,钢梁的剪应力最大。

(3)抗剪强度验算

$$\tau \leqslant f_v \tag{3.4.41}$$

式中　f_v——钢材的抗剪强度设计值。

5. 主应力计算

在梁腹板与翼缘交接处同时作用有很大的法向应力和剪应力,为此,必须验算其主应力,钢梁的主应力、主剪应力分别为:

$$\sigma_{\max} = \frac{\sigma}{2} + \sqrt{\left(\frac{\sigma}{2}\right)^2 + \tau^2} \leqslant f \tag{3.4.42}$$

$$\tau_{\max} = \sqrt{\left(\frac{\sigma}{2}\right)^2 + \tau^2} \leqslant f_v \qquad (3.4.43)$$

3.5 组合梁按塑性计算理论分析

由于混凝土为非弹性材料,组合梁按弹性理论分析时,只是混凝土的最大压应力小于 $0.5f_c$,钢材的最大拉应力小于屈服强度 f_y 时才能认为是正确的,因此弹性理论方法仅在计算使用阶段组合梁截面应力及刚度计算才是正确的。在决定组合梁承载力时,由于未考虑塑性变形发展带来的刚度的潜力,计算偏于保守,而且也不符合组合梁的实际工作情况,基于这种情况,除直接承受动力荷载作用的组合梁以及钢梁板件宽厚比较大的组合梁外,一般均应用塑性分析法来计算组合梁的承载力。

由于组合梁在塑性工作阶段,不存在应力叠加的问题,这样,温度应力及混凝土的收缩应力在计算承载力时也不必考虑。初始应力的存在也不影响组合梁的最终承载力,因而作用效应计算也比较简单。施工阶段是否在组合梁下加临时支撑对其最终的承载力无影响。

组合梁按其中和轴的位置,可将组合梁分为两类:第一类组合截面为塑性中和轴位于混凝土翼缘内(包括板托);第二类组合梁截面为中和轴位于钢梁内。在第一类截面中,钢梁截面全部处于受拉状态,它的板件无局部失稳问题;在第二类截面中,钢梁部分受拉,部分受压,为了保证钢梁受压屈服塑性变形能充分发展,钢梁宽厚比应满足表 3.4.1 的要求。

1. 适用范围

符合下列条件且混凝土翼板与钢梁部件之间实现完全抗剪连接的组合梁,其使用阶段应按塑性理论进行截面分析和承载力计算。

(1)在设计荷载作用下,不会因交替发生受拉屈服和受压屈服,使材料低周期疲劳破坏的构件。

(2)组合梁的中和轴位于混凝土受压翼缘板面内。

(3)组合梁的塑性中和轴虽位于其钢梁部件的截面内,但钢梁翼缘和腹板的板件宽厚比均满足表 3.4.1 的要求。

2. 适用条件

(1)塑性设计的前提条件是,组合梁截面应全截面塑性。因此,其钢材的力学性能应满足以下条件:

①强屈比:$f_u / f_y \geqslant 1.2$;

②伸长率:$\delta_5 \geqslant 15\%$;

③$\varepsilon_u \geqslant 20\varepsilon_y$。

ε_y 和 ε_u 分别为钢材的屈服点应变和对应于抗拉强度 f_u 的应变。

(2)组合梁中钢梁,在出现全截面塑性化之前,受压翼缘和腹板不发生板件的局部屈曲。

(3)应设置侧向支承杆,以控制钢梁的侧向变形和弯扭变形。

3.5.1 组合梁受弯承载力计算

1. 计算假定

(1)塑性中和轴以下的型钢截面,其压应力全部达到钢材抗压强度设计值 f;

(2)塑性中和轴以上的型钢截面,其压应力也全部达到钢材的抗压设计强度 f;

(3)塑性中和轴以上的混凝土截面均匀受压,其压应力全部达到混凝土的抗压强度设计值 f_c;

(4)塑性中和轴以下的混凝土截面,假定全部开裂而不再受力;

(5)组合梁受到负弯矩作用时,混凝土翼缘板有效宽度内的纵向钢筋,其拉应力全部达到钢筋的抗拉强度设计值 f_{st};

(6)若钢筋混凝土板的支座处设置了混凝土板托,确定组合梁截面尺寸时,混凝土板托的截面不计。

2. 正弯矩作用区段承载力计算公式

(1)塑性中轴位于混凝土受压翼板内(图 3.5.1),即 $Af \leqslant b_e h_{c1} f_c$ 时,

$$M \leqslant b_e x f_c y \tag{3.5.1}$$

$$x = \frac{Af}{b_e f_c} \tag{3.5.2}$$

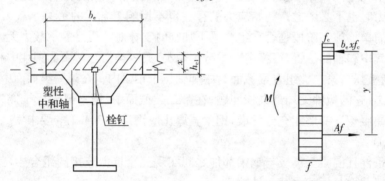

图 3.5.1　塑性中和轴在混凝土翼板内时的组合梁截面及应力图形

式中　　M——正弯矩设计值;

　　　　x——混凝土翼缘板受压区高度;

　　　　y——钢梁截面应力合力至混凝土受压区截面应力合力间的距离;

　　　　A——钢梁的截面面积;

　　　　f——钢材的抗拉、抗压、抗弯强度设计值;

　　　　f_c——混凝土抗压强度设计值。

(2)塑性中和轴在钢梁腹板内(图 3.5.2),即 $Af > b_e h_{c1} f_c$ 时,

$$M \leqslant b_e h_{c1} f_c y_1 + A_c f y_2 \tag{3.5.3}$$

$$A_c = 0.5\left(A - b_e h_{c1} \frac{f_c}{f}\right) \tag{3.5.4}$$

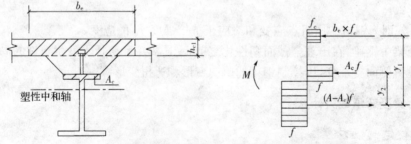

图 3.5.2　塑性中和轴在钢梁内时组合梁截面应力图形

34

式中 A_c——钢梁的受压区截面面积；

y_1——钢梁受拉区截面形心至混凝土翼板受压区截面形心的距离；

y_2——钢梁受拉区截面形心至钢梁受压区截面形心的距离。

3. 负弯矩区段承载力计算(图 3.5.3)

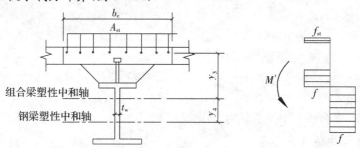

图 3.5.3 负弯矩作用时组合梁截面及应力图形

$$M' = M_s + A_{st}f_{st}(y_3 + y_4/2) \tag{3.5.5}$$

$$M_s = (S_1 + S_2)f \tag{3.5.6}$$

式中 M'——负弯矩设计值；

S_1、S_2——钢梁塑性中和轴(平分钢梁截面积的轴线)以上和以下截面对该轴的面积矩；

A_{st}——负弯矩区混凝土翼板有效宽度范围内的纵向钢筋截面面积；

f_{st}——钢筋抗拉强度设计值；

y_3——纵向钢筋截面形心至组合梁塑性中和轴之间的距离；

y_4——组合梁塑性中和轴至钢梁塑性中和轴的距离，当组合梁塑性中和轴在钢梁腹板内时，可取 $y_4 = A_{st}f_{st}/(2t_w f)$；当该中和轴在钢梁翼缘内时，可取 y_4 为钢梁塑性中和轴至腹板上边缘的距离。

3.5.2 组合梁受剪承载力计算

1. 采用塑性设计法计算组合梁的承载力时，对于受正弯矩作用的组合梁截面，可不计入弯矩与剪力的相互影响。对负弯矩作用的组合梁截面，当满足 $A_{st}f_{st} \geqslant 0.15Af$ 时，不考虑弯矩和剪力的相互影响。

2. 简支组合梁若按塑性设计方法分析时，不考虑混凝土翼缘板及其板托参与承担剪力。

3. 组合梁截面的全部剪力，假定仅由其钢梁部件的腹板承担，其受剪承载力按下式计算：

$$V \leqslant h_w t_w f_v \tag{3.5.7}$$

式中 h_w——组合梁内钢梁部件截面高度；

t_w——组合梁内钢梁部件截面的厚度；

f_v——钢材的抗剪强度设计值。

【例 3.5.1】 压型钢板简支组合梁截面如图 3.5.4 所示，压型钢板组合板的混凝土强度等级为 C25，钢梁采用用 Q235 钢，试计算该组合梁的塑性承载力。

【解】 1. 材料强度设计值

混凝土抗压强度设计值

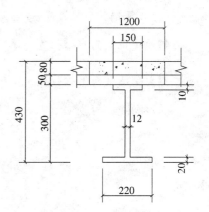

图 3.5.4 组合梁截面

$$f_c = 11.9 (\text{N/mm}^2)$$

钢材抗压、抗拉强度设计值

$$f = 210 (\text{N/mm}^2)$$

2. 判断塑性中和轴位置

$$
\begin{aligned}
Af &= (150 \times 10 + 270 \times 12 + 220 \times 20) \times 210 \\
&= 9140 \times 210 \\
&= 1919400 (\text{N}) \\
&= 1919.4 (\text{kN})
\end{aligned}
$$

$$b_e h_{c1} f_c = 1200 \times 80 \times 11.9 = 1142400 (\text{N}) = 1142.4 (\text{kN})$$

$Af > b_e h_{c1} f_c$，中和轴在钢梁腹板内。

3. 验算钢梁受压板件宽厚比

上翼缘宽厚比验算

$$b/t = 69/10 = 6.9 < 9 \times \sqrt{235/f} = 9 \times \sqrt{235/210} = 9.52$$

腹板宽厚比验算

$$h_0/t_w = 270/12 = 22.5 < 72 \times \sqrt{235/f} = 72 \times \sqrt{235/210} = 76.2$$

可以采用塑性设计方法计算。

4. 计算 y_1 和 y_2

(1)计算钢梁受压区截面面积

$$
\begin{aligned}
A_c &= 0.5 \left(A - b_e h_{c1} \frac{f_c}{f} \right) \\
&= 0.5 \left(9140 - 1200 \times 80 \times \frac{11.9}{210} \right) \\
&= 1850 (\text{mm}^2)
\end{aligned}
$$

(2)计算钢梁受拉截面面积

$$A - A_c = 9140 - 1850 = 7290 (\text{mm}^2)$$

(3)计算受拉、受压腹板高度

受拉腹板的高度 $\dfrac{7290 - 220 \times 20}{12} = 241 (\text{mm})$

受压腹板的高度 $(300 - 30) - 241 = 29 (\text{mm})$

(4)计算钢梁受拉截面、受压截面的形心位置(以受拉翼缘下边缘为基线)

钢梁受拉截面形心位置 $\dfrac{220 \times 20 \times 10 + 241 \times 12 \times 140.5}{4400 + 241 \times 12} = 61.8 (\text{mm})$

钢梁受压截面形心位置 $\dfrac{150 \times 10 \times 295 + 12 \times 29 \times (290 - 14.5)}{150 \times 10 + 12 \times 29} = 291.3 (\text{mm})$

(5)计算 y_1 和 y_2

$$y_1 = 430 - 0.5 \times (61.8 + 80) = 359.1 (\text{mm})$$

$$y_2 = 291.3 - 0.5 \times 61.8 = 260.4 (\text{mm})$$

5. 塑性承载力

$$
\begin{aligned}
M_u &= b_e h_c f_c y_1 + A_c f y_2 \\
&= 1200 \times 80 \times 11.9 \times 359.1 + 1850 \times 210 \times 260.4
\end{aligned}
$$

$$=511.4 \times 10^6 (\text{N} \cdot \text{mm})$$
$$=511.4 (\text{kN} \cdot \text{m})$$

3.6 抗剪连接件的设计

3.6.1 构造要求

1. 一般构造要求

抗剪连接件的作用是抵抗水平剪力和竖向掀起力,其设置应符合以下规定:

(1)栓钉连接件钉头下表面或槽钢连接件上翼缘下表面应高出(不宜小于)翼缘板底部钢筋顶面30mm;

(2)连接件沿梁跨度方向的最大间距不应大于混凝土翼板(包括板托)厚度的4倍,且不应大于400mm;

(3)连接件的外侧边缘与钢梁翼缘板边缘的距离不应小于20mm;

(4)连接件的外侧边缘至混凝土翼缘板边缘的距离不应小于100mm;

(5)连接件的顶面混凝土保护层的厚度不应小于15mm。

2. 各种抗剪连接件的构造要求

(1)栓钉连接件

栓钉是采用自动焊接机焊于钢梁翼缘上,焊接时使用配件瓷环,在自动拉弧焊接的过程中能隔气保温、挡光,防止溶液飞溅。

①栓钉的公称直径有8mm,10mm,13mm,16mm,19mm及22mm,常用的为后4种。

②栓钉的长度不应小于杆径的4倍。

③当栓钉的位置不正对钢梁腹板时,如钢梁上翼缘承受拉力,则栓钉杆直径不应大于钢梁上翼缘厚度的1.5倍;如钢梁的上翼缘不承受拉力,则栓钉杆直径不应大于钢梁上翼缘厚度的2.5倍。

④栓钉沿梁跨方向间距不应小于杆径6倍,垂直于梁跨方向的间距不应小于杆径4倍,如图3.6.1所示。

⑤用压型钢板作底模的组合梁,栓钉杆直径不宜大于19mm,混凝土凸肋宽度不应小于栓钉直径的2.5倍;栓钉高度 h_d 应符合 $(h_e + 30) \leqslant h_d \leqslant (h_e + 75)$ 的要求。如图3.6.2所示。

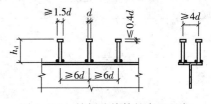

图3.6.1 栓钉连接件的布置要求

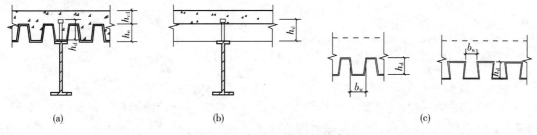

(a)　　　　　　　　(b)　　　　　　　　(c)

图3.6.2 采用压形钢板的组合梁

(a)压型钢板板肋平行于钢梁;(b)压型钢板肋垂直钢梁;(c)压型钢板组合板剖面

(2)弯筋连接件

①弯起钢筋应成对称布置，直径不应小于 12mm，弯起角一般为 45°，弯折方向应与混凝土翼板对钢梁的水平剪力方向相一致，如图 3.6.3 所示。

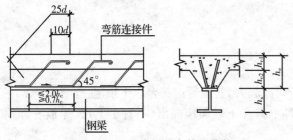

图 3.6.3　组合梁的弯筋连接件

②在梁的跨中区段可能发生纵向水平剪应力变号处，应在两个方向均设置弯起钢筋。

③每根弯起钢筋从弯起点算起的总长度不应小于 $25d$，其中水平段长度不应小于 $10d$。

④弯起钢筋连接件沿梁长方向的间距 S 应小于混凝土翼缘板（包括板托）0.7 倍。

⑤弯起钢筋与钢梁连接的双侧焊缝的长度应不小于 $4d$（HPB235 钢筋）或 $5d$（变形钢筋），d 为钢筋直径。

(3)槽钢连接件

①槽钢连接件一般采用 Q235 钢轧制的小型槽钢。

②槽钢连接件的开口方向应与板梁叠合面纵向水平剪力方向一致，如图 3.6.4 所示。

③槽钢连接件沿梁跨度方向的间距 S 不应大于混凝土翼板（包括板托）厚度的 4 倍，且不应大于 400mm。

3. 钢梁顶面不得涂刷油漆，并应在浇混凝土楼板之前清除铁锈、焊渣及其他杂质

4. 梁端连接件

(1)组合梁的端部，应在钢梁顶面焊接两端连接件，以承受因混凝土干缩所引起的应力。

(2)梁端连接件一般采用工字钢上加焊水平锚筋，如图 3.6.5 所示。

(3)梁端连接件的工字钢上的锚筋，其直径和根数根据计算确定。

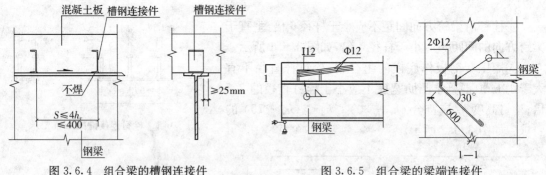

图 3.6.4　组合梁的槽钢连接件　　　　　图 3.6.5　组合梁的梁端连接件

3.6.2　抗剪连接件受力性能[11][17]

1. 栓钉连接件的受力性能

当荷载作用时，栓钉同钢梁一起移动，外荷载通过栓钉焊缝传给栓钉的根部，并产生较大的变形，迫使栓钉上部变形，整个栓钉将受到弯矩、剪力和拉力的联合作用，由于这种作用，使得栓钉根部承受压力最大，沿高度逐渐减小，当接近栓钉的顶部时承受的压力反向，如图 3.6.6 所示。当混凝土强度等级较高时，而连接件本身尺寸较小时，栓钉连接件达到极限抗剪强度而被剪坏,这时连接件的抗剪强度与混凝土的强度等级无关,仅取决栓钉连接件的类型及材质。当混凝土的强度较低,栓钉直径较大,抗剪强度较高,外荷载较大时,栓钉作用周围的混凝土被压碎或出现劈裂。在轻集料混凝土中栓杆几乎仍然是直的,如果栓钉埋置深度不够,栓钉往往被拔出并带出一块楔形混凝土。

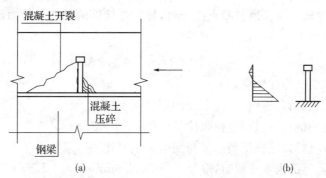

图 3.6.6　栓钉连接件及周围混凝土的受力状态
(a)混凝土的破坏;(b)栓钉的承压应力

2. 弯筋连接件的受力性能

当荷载作用时,作用力通过焊缝传递到弯筋上,通过弯筋与混凝土间的粘结力将力传递到混凝土中。这时弯筋处于受拉状态,随着荷载的增加,弯筋与混凝土之间的粘结力逐渐丧失,结果造成混凝土被压碎或劈裂。

3. 槽钢连接件的受力性能

当荷载作用时,荷载通过槽钢的肢背和肢尖两条焊缝传给槽钢,槽钢的内翼缘又将槽钢与工字钢的作用力传给周围的混凝土和槽钢的腹板,槽钢连接件上面的混凝土受拉,下面的混凝土受压。槽钢连接件的翼缘及腹板包裹的槽钢下面的混凝土形成"套箍强化作用"。从槽钢连接件沿其高度的承压应力的分布规律可以看出(图3.6.7a),承压应力主要分布在距下端1/5高度的范围,而大部分区域内承受很小的压应力或拉应力作用。由于槽钢连接件属于刚性连接件,槽钢连接件与混凝土之间的相互作用主要是局部承压作用。槽钢连接件的破坏形态以混凝土板劈裂最为常见,如图3.6.7b所示,混凝土板中在槽钢连接件受力方向形成宏观纵向裂缝,在垂直方向形成宏观横向裂缝。此类破坏,连接件的承载力取决于混凝土的强度等级。

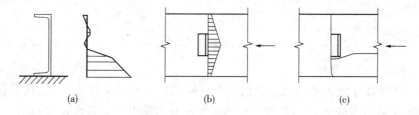

(a)　　　　　　　　(b)　　　　　　　　(c)

图 3.6.7　槽钢连接件及周围混凝土的受力状态
(a)槽钢的应力;(b)混凝土板内的压应力;(c)混凝土板的纵向裂缝

3.6.3　单个抗剪连接件承载力

1. 圆柱头焊钉连接件承载力

组合梁中栓钉连接件主要承受侧压力,一般情况下,承担的掀起力很小,可以忽略不计,因此,栓钉承载力可按纯剪模型计算。当栓钉中拉应力不可忽略时,按拉、弯、剪组合作用计算。

栓钉的承载力随其长度的增加而增加,但当栓径的长度与直径之比大于 4 之后,承载力的增长有限。这时,栓径长度增加对承载力的影响可以不计。

（1）普通混凝土翼缘板

当组合梁的翼缘板采用普通混凝土楼板时,栓钉连接件的受剪承载力设计值 N_v^c,按下式公式计算,或查表 3.6.1。

$$N_v^c = 0.43 A_s \sqrt{E_c f_c} \leqslant 0.7 A_s \gamma f \quad (3.6.1)$$

式中　E_c——混凝土的弹性模量;

　　　A_s——圆柱头焊钉（栓钉）钉杆截面面积;

　　　f——圆柱头焊钉（栓钉）抗拉强度设计值;

　　　γ——栓钉材料抗拉强度最小值与屈服强度之比。

当栓钉材料性能等级为 4.6 级时,取 $f = 215 (\text{N/mm}^2)$, $\gamma = 1.67$ 。

表 3.6.1　圆柱头栓钉的受剪承载力设计值 N_v^c

栓钉直径 (mm)	杆截面面积 A_s (mm²)	混凝土强度等级	一个圆柱头栓钉受剪承载力设计值 (kN)		在下列间距(mm)沿每米的单排圆柱头栓钉的受剪承载力设计值（kN）									
			$0.7\gamma A_s f_s$	$0.43 A_s \sqrt{E_c f_c}$	150	175	200	250	300	350	400	450	500	600
13	132.7	C20	31.0	28.8	133	114	100	80	67	57	50	44	40	33
		C30		38.3										
		C40		45.4										
16	201.1	C20	47.2	43.7	202	173	151	121	101	87	76	67	61	50
		C30		58.0										
		C40		68.8										
19	283.5	C20	66.3	61.6	284	244	213	171	142	122	107	95	85	71
		C30		81.8										
		C40		97.0										
22	380.1	C20	88.9	82.5	381	327	286	229	191	163	143	127	114	95
		C30		109.6										
		C40		130.1										

（2）压型钢板混凝土翼板

当组合梁的混凝土翼板采用以压型钢板为底模的组合板或非组合板时,其叠合面上的栓钉连接件受剪承载力设计值 N_v^c,应按下列两种情况分别乘以折减系数 β_v 。

①型钢板底凸肋平行于钢梁,如图 3.6.2a 所示,且 $b_w / h_e < 1.5$ 时

$$\beta_v = 0.6 \frac{b_w}{h_e} \left(\frac{h_d - h_e}{h_e} \right) \leqslant 1 \quad (3.6.2)$$

②压型钢板底凸肋垂直于钢梁,如图 3.6.2b 所示,

$$\beta_v = \frac{0.85}{\sqrt{n_0}} \frac{b_w}{h_e} \left(\frac{h_d - h_e}{h_e} \right) \leqslant 1 \quad (3.6.3)$$

式中 b_w ——混凝土凸肋底平均宽度,肋底上部宽度小于下部宽度时,如图 3.6.2c 所示,取上部宽度;

h_e ——混凝土凸肋高度;

h_d ——栓钉高度;

n_0 ——在梁某截面处一个肋中布置的栓钉数,当多于 3 个时,按 3 个计算。

2. 槽钢连接件的承载力

(1)受剪承载力计算

一个槽钢连接件的受剪承载力设计值 N_v^c,可按下式计算,也可查表 3.6.2。

$$N_v^c = 0.26(t + 0.5t_w)l_c \sqrt{E_c f_c} \tag{3.6.4}$$

式中 t ——槽钢翼缘的平均厚度;

t_w ——槽钢腹板的厚度;

l_c ——槽钢的长度;

f_c ——混凝土的抗压强度设计值。

表 3.6.2 槽钢连接件受剪承载力设计值 N_v^c(kN)

槽钢的型号	混凝土强度等级	一个槽钢的抗剪设计承载力	在下列间距沿梁长每米槽钢受剪承载力设计值									
			150	175	200	250	300	350	400	450	500	600
6.3	C20	130	817	743	650	520	443	371	325	289	260	217
	C30	173	1151	987	863	691	576	493	432	384	345	288
	C40	205	1366	1171	1025	820	683	585	512	455	410	342
8	C20	138	919	993	689	551	460	393	345	306	276	230
	C30	183	1221	1046	916	732	610	523	458	407	366	305
	C40	217	1449	1242	1087	869	724	621	543	483	435	362
10	C20	146	976	837	732	586	488	418	366	325	293	244
	C30	194	1296	1111	972	778	648	556	486	432	389	324
	C40	231	1539	1319	1154	923	769	659	577	513	462	385
12 12.6	C20	154	1028	882	771	617	514	441	386	343	309	257
	C30	205	1366	1171	1025	820	683	586	512	455	410	342
	C40	243	1621	1389	1216	973	811	695	608	540	486	405

注:表中槽钢的长度按 100mm 计算。当槽钢长度不为 100mm 时,其抗剪设计承载力按比例增减。

(2)焊缝计算

槽钢连接件通过肢尖、肢背两条角焊缝与钢梁相连,角焊缝高度按该连接件的抗剪承载力 N_v^c 计算。

3. 弯筋连接件承载力

一根弯筋连接件的受剪承载力设计值 N_v^c 可按下式计算,也可查表 3.6.3。

$$N_v^c = A_{st} f_{st} \tag{3.6.5}$$

式中 A_{st} ——一根弯起钢筋连接件的截面面积;

f_{st} ——钢筋的抗拉强度设计。

41

表 3.6.3 弯起钢筋连接件的受剪承载力设计值

直径 (mm)	截面面积 (mm²)	钢筋强度设计值 (N/mm²)	一根弯起钢筋的受剪设计承载力(kN)	在下列间距(mm)沿梁长的单排弯起钢筋的受剪设计值(kN)									
				150	175	200	250	300	350	400	450	500	600
12	113.1	210	23.8	158	136	119	95	79	68	59	53	48	40
		300	33.9	234	200	175	140	117	100	88	78	70	58
14	153.9	210	32.3	215	185	162	129	108	92	81	72	65	54
		300	46.2	318	273	239	191	159	136	119	106	95	80
16	201.1	210	42.2	282	241	211	169	141	121	106	94	84	70
		300	60.3	416	356	312	249	208	178	156	139	125	104
18	254.5	210	53.4	356	305	267	214	178	153	134	119	169	89
		300	76.4	526	451	395	316	263	225	197	175	158	131
20	314.2	210	66.0	440	377	330	264	220	180	165	147	132	110
		300	94.3	649	557	487	390	325	278	244	216	195	162
22	380.1	210	79.8	532	456	399	319	266	228	200	177	160	133
		300	114.0	786	673	589	471	393	337	295	262	236	196

注:表中 210N/mm² 及 300N/mm² 的钢筋强度设计值分别为 HPB235、HRB335 级钢筋强度设计值。

3.6.4 连接件的计算和配置

1. 抗剪连接件数量的确定

完全抗剪连接组合梁的抗剪设计应保证梁截面在达到受弯承载力之前交界面不发生连接件的受弯破坏,因此,最大弯矩截面至零弯矩截面之间区段(剪跨区)内的抗剪连接件数量按下式算:

$$n_f = \frac{V_S}{N_v^c} \tag{3.6.6}$$

式中 N_v^c ——单个连接件的受剪承载力;

V_S ——剪跨区内混凝土翼缘板和交界面上的纵向剪力值。

2. 剪跨区段的划分

对组合梁进行抗剪连接计算时,应根据梁的弯矩图形,以支座点、弯矩绝对值最大点和零弯矩点划界,将梁划分为若干个剪力段,如图 3.6.8 所示,并逐段进行计算。

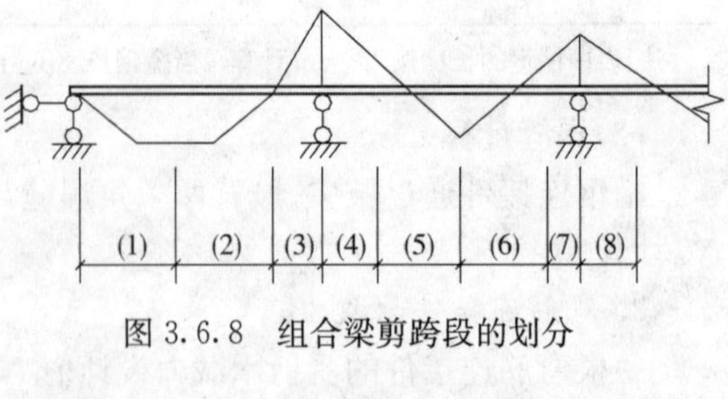

3. 剪跨区纵向剪力值的计算

剪跨区纵向剪力值与梁设计方法相对应,分别采用塑性计算方法和弹性计算方法。

(1)抗剪连接件的弹性计算方法

如图 3.6.9 所示,设在组合梁上第 i 个连接件处,连接件间距为 u_i,荷载引起的竖向剪力为 V_i,由材料力学知,在混凝土翼缘板与钢梁叠合面上,该处的单位长度的纵向剪力 V_{is},按下面两种情况考虑:

图 3.6.8 组合梁剪跨段的划分

①当不考虑混凝土翼缘板的混凝土徐变,按下式计算:

$$V_{is} = \frac{V_i S_0}{I_0} \qquad (3.6.7)$$

式中 S_0 ——混凝土翼缘板的换算截面绕整
个换算截面重心轴的面积矩;

I_0 ——整个截面绕换算截面自身重心
轴的惯性矩。

由于 I_0/S_0 为常量,所以单位长度的纵向剪
力 V_{is} 与该处的竖向剪力 V_i 成正比。设该处连接
件的间距为 u_i ,所以,该连接件所承受的纵向剪
力 V_S 为(即一个抗剪连接件所承受的纵向剪力):

$$V_S = V_{is} u_i = \frac{V_i S_0 u_i}{I_0} \qquad (3.6.8)$$

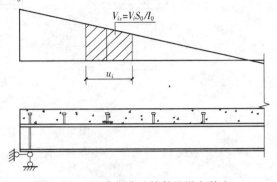

图 3.6.9 组合梁中连接件的纵向剪力

②当考虑混凝土翼缘板的混凝土徐变,按下式计算:

$$V_S = \frac{V_G S_0^c u_i}{I_0^c} + \frac{V_Q S_0 u_i}{I_0} \qquad (3.6.9)$$

式中 V_G ——永久荷载及准永久荷载设计值引起的剪力;

V_Q ——可变荷载中短期作用设计值引起的剪力;

S_0^c ——混凝土翼板的考虑混凝土徐变的换算截面绕整个截面重心轴的惯性矩;

I_0^c ——整个截面绕考虑混凝土徐变换算截面自身重心轴的惯性矩。

(2)抗剪连接件的塑性计算方法

由于连接件的工作并不是绝对刚性,当受载超过 $0.9 N_v^c$,就会发生滑移变位,引起叠合面
上各个连接件之间发生内力重分配。在极限状态时,叠合面上各个连接件受力几乎均匀相等,
与连接件所在的位置无关。基于这样的原理,组合梁连接件的塑性设计应按极限状态来设计。

①位于正弯矩区段的剪跨段

按塑性中和轴的位置不同,可按以下两种情况来计算:

A. 塑性中和轴位于混凝土翼板内,如图 3.6.10 所示。

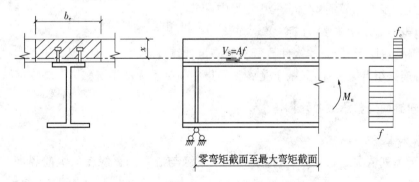

图 3.6.10 塑性中和轴位于混凝土翼板内

根据图 3.6.10 所示的平衡条件,有:

$$V_S = Af \qquad (3.6.10)$$

B. 塑性中和轴位于钢梁内,如图 3.6.11 所示。

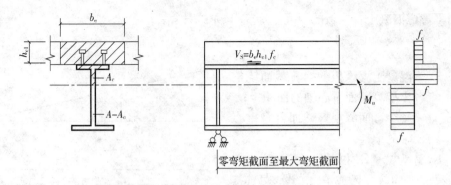

图 3.6.11 塑性中和轴位于钢梁内

根据图 3.6.11 所示的平衡条件,有

$$V_S = b_e h_{c1} f_c \tag{3.6.11}$$

C. 位于负弯矩区段的剪跨段

$$V_S = A_{st} f_{st} \tag{3.6.12}$$

式中 A_{st}——负弯矩区段混凝土翼板有效宽度范围内的纵向钢筋总截面面积;

f_{st}——钢筋的抗拉强度设计值。

4. 抗剪连接件的布置

根据公式(3.6.6)可以计算出剪力连接件的数量。在进行剪力连接件布置时,要注意以下问题:

(1)剪力连接件的布置要与计算方法相对应,当采用弹性计算方法时,剪力连接件的布置应按在一个剪跨区段内剪力大小不同的分区相应采用疏密不同的间距布置。例如,在均布荷载作用下连接件的布置可采用作图法。如图 3.6.12 所示,把剪力图分成几个大小相等的面积,在各个面积重心处布置连接件。当采用塑性方法计算时,在一个剪跨区段内连续均匀布置。

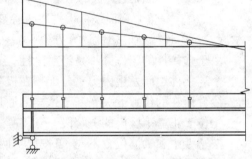

图 3.6.12 按弹性理论布置连接件

(2)剪力连接件布置时,在同一组合梁中配置的连接件间距一般不多于 2~3 种。

(3)当因构造原因,所需连接件数量不能满足计算要求时,也可配置少于总数的连接件,而按部分抗剪连接组合梁计算,只限于受静载且集中荷载不大的情况。

3.6.5 纵向界面受剪承载力计算

1. 验算对象

(1)属于下列情况之一,应对组合梁的钢梁翼缘与混凝土翼缘板的纵向界面,进行受剪承载力验算:

①组合梁的翼缘板采用普通钢筋混凝土楼板;

②组合梁的翼缘板采用以型钢板作底模的组合板,且压型钢板底凸肋平行于钢梁。

(2)压型钢板为底模的组合板或非组合板,用作组合梁的翼缘板,且压型钢板底凸肋垂直

44

钢梁,可不进行纵向界面受剪承载力验算。

2. 纵向界面

进行组合梁钢梁翼缘与混凝土翼缘板的纵向界面的受剪承载力验算时,应分别对下列界面进行验算:

(1)钢梁上翼缘两侧的混凝土翼缘板纵向界面,如图 3.6.13 中的 a—a 界面。

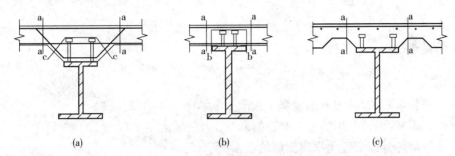

图 3.6.13　组合梁翼板的纵向受剪界面
(a)有托板;(b)无托板;(c)压型钢板凸肋平行于钢梁

(2)包络板梁叠合面抗剪连接件的纵向界面,如图 3.6.13 中的 b—b、c—c 界面。

3. 界面受剪计算

混凝土翼缘板纵向界面受剪计算公式表述如下:

$$V_S \leqslant V_{us} \tag{3.6.13}$$

式中　V_S——荷载作用引起的单位界面长度上的纵向剪力;

　　　V_{us}——单位界面长度上的纵向界面抗剪强度。

4. 荷载作用下单位界面长度上的纵向剪力计算

对于界面上纵向剪力值,分为弹性分析方法计算和塑性分析方法计算两种。

(1)对于混凝土翼板的纵向界面,如图 3.6.13 中所示的 a—a 界面。

当采用弹性分析方法计算时,有:

$$V_S = \frac{VS_0}{I_0} \times \frac{b_1}{b_e} \tag{3.6.14}$$

$$V_S = \frac{VS_0}{I_0} \times \frac{b_2}{b_e} \tag{3.6.15}$$

取其中较大者。

当采用塑性分析方法计算时,有:

$$V_S = \frac{V_l}{l_c} \times \frac{b_1}{b_e} \tag{3.6.16}$$

$$V_S = \frac{V_l}{l_c} \times \frac{b_2}{b_e} \tag{3.6.17}$$

取其中较大者。

式中　l_c——剪跨,等于最大弯矩截面至零弯矩截面之间的距离;

　　　V_S——剪跨长度上总纵向剪力;

　　b_1、b_2——混凝土翼缘板左、右两侧的挑出长度。

(2)对于包络连接界面,如图 3.6.13 中所示的 b—b 和 c—c 界面。

当采用弹性分析方法计算时,有:

$$V_S = \frac{VS_0}{I_0} \tag{3.6.18}$$

当采用塑性分析方法计算时,有:

$$V_S = \frac{V_l}{l_c} \tag{3.6.19}$$

5. 单位界面上界面抗剪强度的计算

按下式计算:

$$V_{us} = \alpha b_s + 0.7 A_e f_{st} \tag{3.6.20}$$

且

$$V_{us} \leqslant \beta b_s f_c \tag{3.6.21}$$

式中　α——折减系数,采用普通混凝土板取 0.9,轻质混凝土取 0.7;

　　　β——折减系数,采用普通混凝土时取 0.19,轻质混凝土取 0.15;

　　　A_e——单位界面长度上横向钢筋的截面面积;

　　　f_{st}——钢筋的抗拉强度设计值;

　　　b_s——纵向受剪界面的周边长度。

6. 横向钢筋的面积

(1)计算面积

组合梁的钢梁翼缘与混凝土翼缘板的纵向界面,单位长度上横向钢筋的计算面积,依界面所在的部位,按下式计算:

①界面 a—a

$$A_e = A_b + A_l \tag{3.6.22}$$

式中　A_b——单位梁的长度上翼缘板中底部钢筋截面面积;

　　　A_l——同上,但为上部钢筋截面面积。

②界面 b—b

$$A_e = 2A_b \tag{3.6.23}$$

③界面 c—c

当连接件抗掀起端底面(如栓钉端头底面、方钢环内径最高点和槽钢上翼缘底面)高出翼板部钢筋底距离 $e < 30mm$ 时:

$$A_e = 2A_h \tag{3.6.24}$$

当 $e \geqslant 30mm$ 时:

$$A_e = 2(A_h + A_b) \tag{3.6.25}$$

式中　A_h——单位梁长度上板托横向钢筋的截面面积。

(2)横向钢筋最小配筋量

横向钢筋的最小用量应符合以下条件:

$$A_e f_{st} \geqslant 0.75 b_s \tag{3.6.26}$$

7. 板托的构造

板托构造尺寸除满足前面的构造要求外,还应注意以下几个方面:

(1)板托边缘距连接件外侧的距离不得小于 40mm。

(2)板托中配置横向钢筋的下部水平段应设置在距钢梁上翼缘 500mm 的范围以内。连接件端底面应高出横向钢筋下部水平段的距离不得小于30mm,横向间距应不大于600mm。

【例3.6.1】 某工程组合梁,跨度为6m,半跨内选用了13个Φ19的栓钉连接件,栓钉的抗剪设计承载力 N_v^c =66.3kN,截面尺寸如图3.6.14所示,进行纵向抗剪承载力计算。

【解】 1.确定板托的外形尺寸

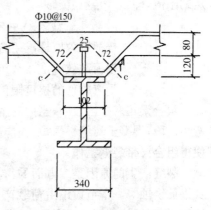

由图3.6.14知,组合梁钢梁采用I20b,其上翼缘宽度 b =102(mm),扣除栓钉钉杆直径后,板托边距栓钉外侧的距离 $=1/2(102-19)=41.5(mm)>40(mm)$,符合规定。

托板上宽 $=102+2\times120=342(mm)$ 取340(mm)

2. 板托中横向钢筋的设计

栓钉的间距 $u_i=3000/13=230(mm)$

连接件包络界面c—c

$$V_S=\frac{n_iN_v^c}{u_i}=\frac{1\times66300}{230}=288.3(N/mm)$$

图3.6.14 托板的构造图

连接件包络界面c—c的幅宽

$$V_S=288.3(N/mm^2)<\beta b_sf_c=0.19\times169\times9.6=308.3(N/mm^2)$$

板托界面尺寸符合设计规定。

单位长度界面抗剪设计强度

$$V_{us}=\alpha b_s+0.7A_ef_{st}$$
$$=0.9\times169+0.7\times A_e\times210$$
$$=152+147A_e$$

根据公式(3.6.13)

$$V_S=V_{us}$$
$$288.3=152+147A_e$$
$$A_e=0.927(mm^2/mm)$$

因栓钉高度为72mm(4倍栓钉直径),小于板托高度120mm,整个栓钉位于板托之内,混凝土翼板内的下部钢筋 A_b 不能计入 A_e 内,故有:

$$A_h=A_e/2=0.927/2=0.464(mm^2/mm)=464(mm^2/m)$$

选Φ10@150, $A_h=523mm^2/m$

栓钉钉头底面高出板托横向钢筋水平段距离 $e=45mm$,选用横向钢筋间距170mm $<4\times e=4\times45=180mm<600mm$,符合构造规定。

3.7 组合梁的挠度和裂缝宽度验算

3.7.1 概述

为了保证安全可靠,组合梁均需进行承载力计算。此外,还可能由于变形和裂缝超过容许值而影响正常使用。因此,应根据具体使用要求,进行变形和裂缝宽度验算,使变形和裂缝宽度不超过规定的限值。

组合结构构件不满足正常使用对生命财产的危害性比不满足承载力的要小,因此,在验算时采用荷载标准值、荷载的准永久值和材料的强度标准值。

对于组合梁的挠度验算,要求分别按荷载效应标准组合值、荷载效应准永久组合值(考虑长期荷载作用下混凝土徐变、收缩的影响)计算,其中的较大者不应大于《钢结构设计规范》规定的限值,即:

$$\max(f_{\mathrm{k}}, f_{\mathrm{q}}) \leqslant f_{\lim} \tag{3.7.1}$$

式中 f_{k} ——按荷载效应标准组合与相应截面折减刚度计算的挠度值;

  f_{q} ——按荷载效应准永久组合值与相应截面折减刚度计算的挠度值;

  $f_{\lim}$ ——受弯构件的挠度限值。

组合梁正弯矩区段内,当中和轴位于混凝土翼缘板内,使中和轴以下的混凝土受拉,在负弯矩区段,混凝土翼缘板受拉,当应力值超过混凝土的抗拉强度时而发生垂直拉力方向裂缝,使得组合梁带裂缝工作。

裂缝产生的原因是多方面的:有荷载作用、施工养护不良、温度变化、地基的不均匀沉降以及钢筋锈蚀等。本节讨论由荷载产生裂缝控制的问题,《混凝土结构设计规范》(GB 50010—2002)将裂缝控制划分为三级,见表 3.7.1。对允许出现裂缝的构件,在标准荷载标准组合下,并考虑长期作用的影响下的最大裂缝宽度应满足:

$$w_{\max} \leqslant w_{\lim} \tag{3.7.2}$$

式中 $w_{\max}$ ——在荷载效应标准组合下,并考虑长期作用影响下最大裂缝宽度;

  $w_{\lim}$ ——构件的裂缝宽度限值,见表 3.7.1。

表 3.7.1 结构构件的裂缝控制等级及最大裂缝宽度限值

环境类别	钢筋混凝土结构		预应力混凝土结构	
	裂缝控制等级	$w_{\lim}$(mm)	裂缝控制等级	$w_{\lim}$(mm)
一	三	0.3(0.4)	三	0.2
二	三	0.2	二	——
三	三	0.2	二	——

3.7.2 挠度验算

材料力学中给出了单一材料受弯构件的挠度计算方法,即:

$$f = C\frac{Ml^{2}}{EI} \tag{3.7.3}$$

式中 C ——与荷载类型和支承条件有关的系数。

公式适用条件:

(1)梁变形后仍满足平截面假定;

(2)梁截面抗弯刚度为常数。

与钢筋混凝土梁一样,组合梁的挠度计算运用等刚度原则。组合梁的挠度计算公式如下作:

$$f = C\frac{Ml^{2}}{B} \tag{3.7.4}$$

式中 B——组合梁等刚度。

以 B_1 表示按荷载的标准效应组合并考虑组合梁滑移效应影响后截面的抗弯刚度,用 B_2 表示按荷载的准永久效应组合并考虑组合梁滑移效应影响后截面的抗弯刚度。

1. 计算原则

(1)确定组合梁的截面刚度时,不考虑混凝土翼板的板托截面参与工作;

(2)组合梁施工时,若钢梁下未设置临时支撑,则混凝土结硬前材料自重和施工荷载产生的挠度,应与使用阶段续加的荷载产生的挠度相叠加。

2. 截面刚度

(1)荷载的标准效应组合并考虑组合梁滑移效应后截面抗弯刚度 B_1

当按荷载效应的标准组合计算组合梁挠度时,考虑混凝土翼缘板与钢梁翼滑移效应对组合梁刚度的影响,取刚度 B_1,按下式计算:

$$B_1 = \frac{EI_{eq}}{1 + \zeta} \tag{3.7.5}$$

$$\zeta = \eta\left[0.4 - \frac{3}{(jl)^2}\right] \tag{3.7.6}$$

$$\eta = \frac{36Ed_c pA_0}{n_s kHl^2} \tag{3.7.7}$$

$$j = 0.81\sqrt{\frac{n_s kA_1}{EI_0 p}} \ (\text{mm}^{-1}) \tag{3.7.8}$$

$$A_0 = \frac{A_{cf}A}{\alpha_E A + A_{cf}} \tag{3.7.9}$$

$$A_1 = \frac{I_0 + A_0 d_c^2}{A_0} \tag{3.7.10}$$

$$I_0 = I + \frac{I_{cf}}{\alpha_E} \tag{3.7.11}$$

式中 E——钢梁的弹性模量;

I_{eq}——组合梁的换算截面惯性矩;对荷载的标准组合,可将截面中混凝土翼缘板有效宽度除以钢材与混凝土弹性模量的比值 α_E,换算为钢截面后,计算整个截面惯性矩,对钢梁与压型钢板混凝土组合板构成的组合梁,取其较弱截面的换算截面进行计算,且不计压型钢板的作用;

ζ——刚度折减系数;

A_{cf}——混凝土翼缘板截面面积;对压型钢板混凝土组合板的翼缘板,取其较弱截面的面积,且不考虑压型钢板;

A——钢梁截面面积;

I——钢梁截面惯性矩;

I_{cf}——混凝土翼缘板的截面惯性矩;对压型钢板混凝土组合板翼缘板,取其较弱截面的惯性矩,且不考虑压型钢板;

d_c——钢梁截面形心到混凝土翼缘板截面(对压型钢板混凝土组合板为较弱截面)形心的距离;

H——组合梁截面高度;

l ——组合梁的跨度;

k ——抗剪连接件刚度系数,$k = N_v^c$(N/mm);

p ——抗剪连接件的纵向平均间距(mm);

n_s ——抗剪连接件在一根梁上的列数;

α_E ——钢材与混凝土弹性模量的比值。

（2）荷载的准永久效应组合并考虑组合梁滑移效应影响后截面的抗弯 B_2

当按荷载效应的准永久组合计算组合梁挠度时,要考虑混凝土的徐变影响,计算组合梁的刚度 B_2 时,将钢梁弹性模量与混凝土翼缘板的弹性模量比值 α_E 乘以 2 后,按前述公式计算。

3.7.3 裂缝宽度验算

对于连续组合梁,负弯矩区段混凝土翼板受拉,产生裂缝。混凝土翼板的受力状态近似于轴心受拉混凝土杆件,其裂缝宽度的计算公式,按混凝土轴心受拉构件计算。

$$w_{cra} = 2.7\psi \frac{\sigma_s}{E_{st}} \left(2.7c + 0.1 \frac{d}{\rho_{ce}} \right) \nu \tag{3.7.12}$$

$$\psi = 1.1 - \frac{0.65 f_{tk}}{\rho_{ce}\sigma_s} \tag{3.7.13}$$

$$\rho_{ce} = \frac{A_s}{A_{ce}} \tag{3.7.14}$$

$$\sigma_s = \frac{M_k y_s}{I} = \frac{(1 - \alpha_a) M_{sc} y_s}{I} \tag{3.7.15}$$

$$\alpha_a = 0.13 \left(1 + \frac{1}{8r_f} \right)^2 \left(\frac{M_{se}}{M} \right)^{0.8} \tag{3.7.16}$$

$$r_f = \frac{A_{st} f_{rp}}{A f_p} \tag{3.7.17}$$

式中　ψ ——裂缝间纵向受拉钢筋应变不均匀系数,当 $\psi < 0.3$ 时,取 $\psi = 0.3$;当 $\psi > 1.0$ 时,取 $\psi = 1.0$;

M ——计算截面塑性弯矩;

M_k ——按荷载短期效应组合计算的负弯矩标准值;

M_{sc} ——标准荷载作用下按弹性分析方法计算的连续组合梁中间支座负弯矩值;

σ_s ——荷载标准值短期效应作用下,负弯矩区段混凝土翼板内纵向受拉钢筋的应力;

E_{st} ——钢筋的弹性模量;

A_{ce} ——混凝土翼缘板的有效截面面积;

d、c ——纵向钢筋得直径和混凝土保护层厚度,均以 mm 计,当 $c < 20mm$ 时,取 $c = 20mm$;当 $c > 50mm$ 时,取 $c = 50mm$;

ρ_{ce} ——按有效受拉混凝土截面面积计算的纵向受拉钢筋配筋率,当 $\rho_{ce} \leqslant 0.8\%$ 时,取 $\rho_{ce} = 0.8\%$;

ν ——纵向受拉钢筋表面特征系数,对光面和变形钢筋,分别取 1.0 和 0.7;

f_{tk} ——混凝土的轴心抗拉强度设计值;

I ——由钢梁与混凝土翼缘有效宽度内纵向钢筋形成的"组合钢截面"的惯性矩;

α_a —— 连续组合梁中间支座负弯矩调整系数；

y_s —— 钢筋重心至"钢梁与钢筋组合钢截面"塑性中和轴的距离，如图 3.7.1 所示；

A_{st} —— 组合梁负弯矩区段混凝土翼板有效宽度范围内纵向钢筋的截面面积；

f_{rp} —— 钢筋的塑性抗拉强度设计值，取 $f_{rp} = 0.9 f_y$；

A —— 钢梁的截面面积；

f_p —— 钢梁的塑性抗拉、抗压强度设计值，取 $f_p = f$。

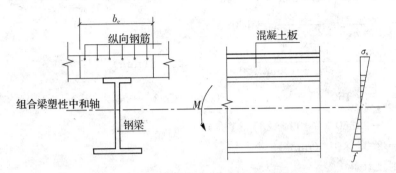

图 3.7.1 连续组合梁负弯矩区段计算简图

【例 3.7.1】 一工程工作平台组合梁的截面尺寸如图 3.7.2 所示，梁的计算跨度 12m，承受均布荷载。混凝土采用 C30，钢梁采用 Q235，栓钉按等间距布置，间距为 75mm，单个栓钉连接件受剪承载力为 $N_v^c = 56.63$kN，作用在组合梁上的永久荷载标准值 $g_k = 26$kN/m，活载标准值 $q_k = 28$kN/m，准永久系数 $\psi_q = 0.80$，组合梁施工时钢梁下加临时支撑，自重和使用阶段活载全部由组合梁承担，验算该组合梁的挠度是否满足要求。

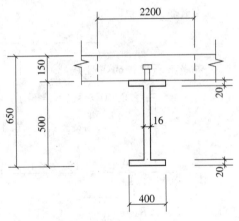

图 3.7.2 组合梁的截面

【解】 C30 混凝土：

$f_{ck} = 20.1$N/mm²，$E_c = 3.0 \times 10^4$ N/mm²

Q235 钢：$E = 206 \times 10^3$ N/mm²

1. 截面几何特征值计算

(1) 钢梁的截面面积和惯性矩

$$A = 20 \times 400 \times 2 + 16 \times (500 - 40) = 23360(\text{mm}^2)$$

$$I = \frac{1}{12} \times 16(500 - 40)^3 + 2 \times \frac{1}{12} \times 400 \times 20^3 + 2 \times 400 \times 20 \times (250 - 10)^2$$

$$= 1.05 \times 10^9 (\text{mm}^4)$$

(2) 按荷载的标准效应组合值要求计算

$$\alpha_E = \frac{E}{E_c} = \frac{206 \times 10^3}{3.0 \times 10^4} = 6.87$$

$$b_{eq} = \frac{b_e}{\alpha_E} = \frac{2200}{6.87} = 320(\text{mm})$$

$$y_0 = \frac{23360 \times 400 + 320 \times 150 \times 75}{23360 + 320 \times 150} = 181.4(\text{mm})$$

$$I_{eq} = \frac{1}{12}b_{eq}h_{c1}^3 + b_{eq}h_{c1}(y_0 - 0.5 \times h_{c1})^2 + I + A(y - y_0)^2$$

$$= \frac{320}{12} \times 150^3 + 320 \times 150 \times (181.4 - 0.5 \times 150)^2 + 1.05 \times 10^9$$

$$\times 23360 \times (400 - 181.4)^2$$

$$= 2.80 \times 10^9 (\text{mm}^4)$$

(3)按荷载效应准永久组合值要求计算

$$b_{eq} = \frac{b_e}{2 \times \alpha_E} = \frac{2200}{2 \times 6.87} = 160(\text{mm}^2)$$

$$y_0 = \frac{23360 \times 400 + 160 \times 150 \times 75}{23360 + 160 \times 150} = 235.3(\text{mm})$$

$$I_{eq} = \frac{1}{12} \times 160 \times 150^3 + 160 \times 150 \times (235.3 - 0.5 \times 150)^2 + 1.05 \times 10^9$$

$$+ 23360 \times (400 - 235.3)^2$$

$$= 2.35 \times 10^9 (\text{mm}^4)$$

2. 抗弯刚度计算

(1)按荷载的标准效应组合值要求计算

$$A_{cf} = 2200 \times 150 = 330000(\text{mm}^2)$$

有效折算面积

$$A_0 = \frac{A_{cf}A}{\alpha_E A + A_{cf}} = \frac{330000 \times 23360}{6.87 \times 23360 + 330000} = 15717(\text{mm}^2)$$

混凝土翼缘板的惯性矩

$$I_{cf} = \frac{1}{12} \times 2200 \times 150^3 = 6.19 \times 10^8 (\text{mm}^4)$$

$$I_0 = I + \frac{I_{cf}}{\alpha_E} = 1.05 \times 10^9 + \frac{6.19 \times 10^8}{6.87} = 1.14 \times 10^9 (\text{mm}^4)$$

$$A_1 = \frac{I_0 + A_0 d_c^2}{A_0} = \frac{1.14 \times 10^9 + 15717 \times (250 + 75)^2}{15717} = 1.78 \times 10^5 (\text{mm}^2)$$

$$j = 0.81\sqrt{\frac{n_s k A_1}{EI_0 p}} = 0.81 \times \sqrt{\frac{1 \times 5.6630 \times 10^4 \times 1.78 \times 10^5}{206 \times 10^3 \times 1.14 \times 10^9 \times 75}} = 6.13 \times 10^{-4}$$

$$\eta = \frac{36 E d_c p A_0}{n_s k h l^2} = \frac{36 \times 206 \times 10^3 \times 325 \times 75 \times 15717}{1 \times 56630 \times 650 \times 12000^2} = 0.54$$

$$\zeta = \eta\left[0.4 - \frac{3}{(jl)^2}\right] = 0.54\left[0.4 - \frac{3}{(6.13 \times 10^{-4} \times 12000)^2}\right] = 0.19$$

$$B_1 = \frac{EI_{eq}}{1 + \zeta} = \frac{206 \times 10^3 \times 2.8 \times 10^9}{1 + 0.19} = 484.7 \times 10^{12} (\text{mm}^2)$$

(2)按荷载的准永久组合值计算

$$A_0 = \frac{A_{cf}A}{2 \times \alpha_E A + A_{cf}} = \frac{330000 \times 23360}{2 \times 6.87 \times 23360 + 330000} = 11842(\text{mm}^2)$$

$$I_0 = I + \frac{I_{cf}}{2 \times \alpha_E} = 1.05 \times 10^9 + \frac{6.19 \times 10^8}{2 \times 6.87} = 1.1 \times 10^9 (\text{mm}^4)$$

$$A_1 = \frac{I_0 + A_0 d_c^2}{A_0} = \frac{1.1 \times 10^9 + 11842 \times (250 + 75)^2}{11842} = 1.99 \times 10^5 (\text{mm}^2)$$

$$j = 0.81\sqrt{\frac{n_s k A_1}{EI_0 p}} = 0.81 \times \sqrt{\frac{1 \times 5.6630 \times 10^4 \times 1.99 \times 10^5}{206 \times 10^3 \times 1.1 \times 10^9 \times 75}} = 6.6 \times 10^{-4}(\text{mm}^{-1})$$

$$\eta = \frac{36 E d_c p A_0}{n_s k h l^2} = \frac{36 \times 206 \times 10^3 \times 325 \times 75 \times 11842}{1 \times 56630 \times 650 \times 12000^2} = 0.404$$

$$\zeta = \eta\left[0.4 - \frac{3}{(jl)^2}\right] = 0.404\left[0.4 - \frac{3}{(6.6 \times 10^{-4} \times 12000)^2}\right] = 0.142$$

$$B_2 = \frac{EI_{eq}}{1 + \zeta} = \frac{206 \times 10^3 \times 2.35 \times 10^9}{1 + 0.142} = 423.91 \times 10^{12}(\text{mm}^2)$$

3. 挠度验算

(1)按荷载效应标准组合值要求计算

$$p_k = g_k + q_k = 26 + 28 = 54(\text{kN/m})$$

$$f_k = \frac{5 p_k l_0^4}{384B} = \frac{5 \times 54 \times 12000^4}{384 \times 423.91 \times 10^{12}} = 30.09(\text{mm})$$

(2)按荷载效应准永久组合值要求计算

$$p_q = g_k + \psi_q p_k = 16 + 0.80 \times 28 = 36.4(\text{kN/m})$$

$$f_q = \frac{5 p_q l_0^4}{384B} = \frac{5 \times 36.4 \times 12000^4}{384 \times 423.91 \times 10^{12}} = 23.13(\text{mm})$$

(3)挠度验算

$$f_k = 30.09\text{mm} > f_q = 23.13\text{mm}$$

$$\frac{f_k}{l_0} = \frac{30.09}{12000} = \frac{1}{399} \approx \frac{1}{400}$$

组合梁的挠度符合要求。

3.8 组合梁稳定验算

3.8.1 概述

1. 不需要验算整体稳定的条件
(1)单跨简支组合梁的使用阶段;
(2)连续组合梁的钢梁采用工字形截面时,且板件宽厚比满足表 3.2.1 的要求。

2. 需要验算整体稳定的情况
下列情况之一,需要验算钢梁的整体稳定:
(1)施工阶段
组合梁的钢梁部件受压翼缘的自由长度 l_1 与其宽度 b_1 的比值,超过表 3.2.1 所示最大值。

(2)使用阶段
连续组合梁在较大可变荷载不利分布的作用下,某一跨度的全跨产生负弯矩,且该跨的钢梁部件受压翼缘的 l_1/b_1 值超过表 3.2.1 所规定的最大值。

3.8.2 整体稳定性验算

1. 单向受弯
组合梁在其钢梁最大刚度主平面内受弯时,钢梁的整体稳定性应按下式验算:

$$\sigma = \frac{M_x}{\varphi_b W_x} \leqslant f \tag{3.8.1}$$

式中 σ——钢梁受压翼缘的压应力；

M_x——绕强轴作用的最大弯矩设计值；

W_x——按钢梁受压纤维确定的钢梁毛截面的抵抗矩；

φ_b——钢梁的整体稳定系数。

2. 双向受弯

组合梁工字形截面钢梁，在其两个主平面受弯时，其整体稳定按下式计算：

$$\sigma = \frac{M_x}{\varphi_b W_x} + \frac{M_y}{\gamma_y W_y} \leqslant f \tag{3.8.2}$$

式中 γ_y——截面塑性发展系数，对工字形截面，$\gamma_y = 1/2$；对箱型截面，$\gamma_y = 1.05$；

M_y——绕 y 轴作用的最大弯矩设计值；

W_y——按钢梁受压纤维对 y 轴，确定的钢梁毛截面的抵抗矩；

W_x——按钢梁受压纤维对 x 轴，确定的钢梁毛截面的抵抗矩。

3.9 部分抗剪连接组合梁

在完全抗剪连接组合梁设计中，抗剪连接件的数量是按混凝土翼板与钢梁上翼缘交界面纵向剪力来确定的，即要满足计算要求。若不满足时，则称为部分抗剪连接。当组合梁的截面尺寸不是取决于其塑性受弯承载力，而是由使用阶段的变形或施工条件等其他因素确定时，没有必要按完全抗剪连接件确定连接件的数量，可以设计成部分抗剪连接组合梁。

部分抗剪连接组合梁的使用范围

1. 部分抗剪连接组合梁适用于承受静载且集中力不大的、跨度 $l \leqslant 20\text{m}$ 组合梁；

2. 采用压型钢板作为混凝土翼板底模的组合梁，也应按部分组合梁设计；

3. 抗剪连接梁所配置的抗剪连接件数量 n_1 不得小于完全抗剪连接时的抗剪数量 n_f 的 50%。

3.9.1 部分抗剪连接组合梁承载力计算

1. 抗弯承载力（图 3.9.1）

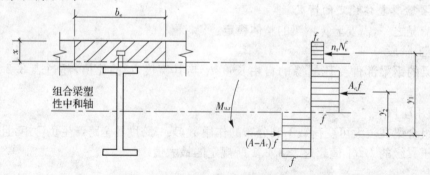

图 3.9.1 部分抗剪连接组合梁的计算简图

试验分析表明，部分抗剪连接组合梁处于极限状态时，最大弯矩及截面混凝土翼缘板中的压应力合力取决于交界面上的抗剪连接件所能提供的纵向剪力，所以，定义在最大弯矩点与零弯矩之间交界面上抗剪连接件总纵向抗剪承载力 nN_v^c 与和极限弯矩相应的纵向水平剪力 V_l 之比为抗剪连接程度,计作 γ。

$$\gamma = \frac{nN_v^c}{V_l} \tag{3.9.1}$$

式中 n——抗剪连接件个数;

N_v^c——单根连接件受剪承载力。

当抗剪连接件的连接程度不高时,抗剪连接件能够承受一定程度的纵向剪力,提供一定的组合作用,但相对滑移较大,以致在组合梁受弯破坏之前发生连接件受剪的破坏,受弯承载力没有达到抗弯极限承载力。若抗剪连接 γ 程度提高,组合梁的共同作用程度随之提高,交界面相对滑移减小,构件由受剪破坏逐渐过渡到以混凝土翼缘板压碎为标志的弯曲破坏。

部分抗剪连接组合梁的受弯承载力,按下式计算:

$$x = n_r N_v^c / (b_e f_c) \tag{3.9.2}$$

$$A_c = (Af - n_r N_v^c)/(2f) \tag{3.9.3}$$

$$M_{u,r} = n_r N_v^c y + 0.5(Af - n_r N_v^r)y_2 \tag{3.9.4}$$

式中 $M_{u,r}$——部分抗剪连接时组合梁截面抗弯承载力;

n_r——部分抗剪连接时一个剪跨区的抗剪连接件数目;

N_v^c——每个抗剪连接件的纵向抗剪承载力;

A——钢梁的截面面积;

f——钢梁钢材的抗拉强度设计值;

f_c——混凝土的抗压强度设计值;

x——混凝土翼缘板的受压区高度;

b_e——混凝土翼缘板的有效高度。

2. 受剪承载力

组合梁截面上的全部剪力,假定仅由钢梁腹板承受,按下式计算:

$$V \leqslant h_w t_w f_v \tag{3.9.5}$$

式中 h_w、t_w——腹板的高度和厚度;

f_v——钢材抗剪强度设计值。

3.9.2 部分抗剪组合梁挠度计算

抗剪连接件数量不足使交界面存在滑移,组合梁的挠度增大,根据研究分析,组合梁中挠度与抗剪连接件数量的关系如图 3.9.2 中的曲线 EFG 所示。设计时,可以近似用直线代替 HJ 代替曲线 EFG。

部分抗剪连接组合梁的挠度,按下式计算:

$$f_1 = f_{com} + 0.5(f - f_{com})\left(1 - \frac{n_r}{n_f}\right) \tag{3.9.6}$$

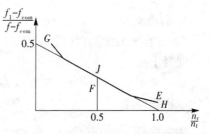

图 3.9.2 部分抗剪连接组合梁跨中挠度与抗剪连接件数量的关系

式中 f_{com}——完全抗剪连接组合梁的挠度;

f——全部荷载由钢梁承受时的挠度;

n_f——完全抗剪连接组合梁所配置的抗剪连接件数量;

n_r ——部分抗剪连接组合梁所配置的抗剪连接件数量。

上述挠度计算,只与组合截面梁承受的荷载有关,无支撑施工时,组合梁的挠度不受组合作用程度的影响。

3.10 设计例题

某高层建筑裙房,平面尺寸为 9.9m×10.8m,楼层结构平面布置见图 3.10.1,采用钢 - 混凝土组合楼盖。试进行楼盖的主、次梁设计。施工阶段不加临时支撑,按弹性方法计算,使用阶段按塑性方法设计。

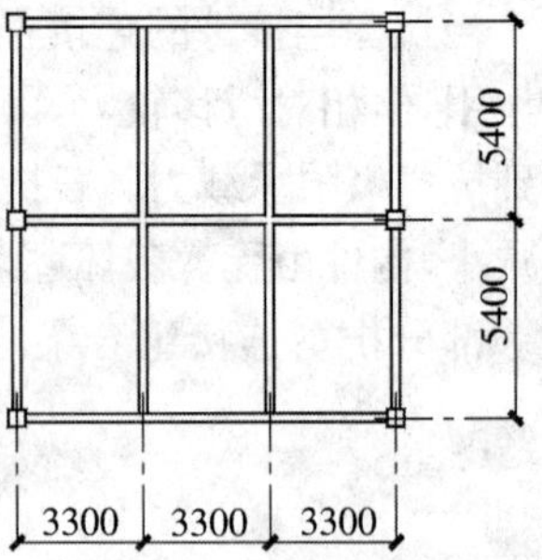

3.10.1 设计资料

1. 楼面建筑构造做法从上向下依次为 30mm 厚水磨石面层,100mm 钢筋混凝土现浇板,三夹板吊顶,吊顶荷载按 0.18kN/m² 取用。

2. 楼面活荷载标准值 3.5kN/m²。

3. 混凝土强度等级为 C20,钢梁采用 Q235 钢材。

图 3.10.1 结构平面布置图

3.10.2 次梁设计

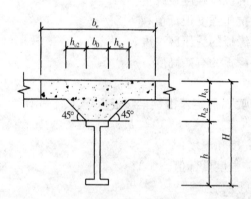

图 3.10.2 组合梁截面

1. 初选截面

(1)组合梁截面高度(图 3.10.2)

混凝土板 $\qquad h_{c1} = 100mm$

板托高度 $\qquad h_{c2} \leqslant h_{c1}$,取 $h_{c2} = 1.5 \times 100 = 150(mm)$

取板托倾角 $\qquad \alpha = 45°$

钢梁梁高 $\qquad h \geqslant \dfrac{1}{2.5}H = \dfrac{1}{2.5}(h_{c1} + h_{c2} + h)$

$$h = \frac{1}{1.5}(h_{c1} + h_{c2}) = \frac{100 + 150}{1.5} = 167(mm),取\ h = 170(mm)$$

$$H = h_{c1} + h_{c2} + h = 100 + 150 + 170 = 420(mm)$$

(2)板托尺寸

暂取钢梁上翼缘宽度　　　$b = \dfrac{1}{2}h = \dfrac{1}{2} \times 170 = 85(\text{mm})$

板托顶面宽度

$b_0 = b + 2h_{c2} = 85 + 2 \times 150 = 385(\text{mm}) > 1.5h_{c2} = 1.5 \times 150 = 225(\text{mm})$

(3)组合梁混凝土翼缘板的有效宽度 b_e（图 3.10.3）

根据规范要求,翼缘板的有效宽度 b_e 取下述三个数值中的最小值。

①按梁跨度

$$b_e = b_0 + \frac{l}{6} + \frac{l}{6} = 385 + \frac{1}{6} \times 5700 \times 2 = 385 + 1900 = 2285(\text{mm})$$

②按相邻梁板托间净跨

$$b_e = b_0 = (3300 - b_0) = 385 + (3300 - 385) = 3300(\text{mm})$$

③按翼板厚度

$$b_e = b_0 + 12h_{c1} = 385 + 12 \times 100 = 1585(\text{mm})$$

取　　　　　　　　　　　　$b_e = 1585(\text{mm})$

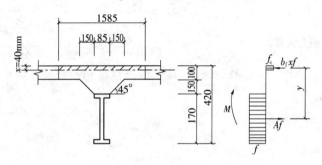

图 3.10.3　组合梁截面及应力图形

(4)钢梁截面

①荷载计算

楼面永久荷载

水磨石面层	$3.3 \times 0.68 = 2.24$
钢筋混凝土翼缘板	$3.3 \times 0.1 \times 25 = 8.25$
混凝土板托	$\dfrac{0.085 + 0.385}{2} \times 0.15 \times 25 = 0.88$
三夹板吊顶	$3.3 \times 0.18 = 0.59$
钢梁自重(暂定)	$= 0.25$

$$g_k = 12.21(\text{kN/m})$$

$$g = 1.2 \times g_k = 1.2 \times 12.21 = 14.65(\text{kN/m})$$

楼面活载

$$p_k = 3.3 \times 3.5 = 11.55(\text{kN/m})$$

$$p = 1.4 \times p_k = 1.4 \times 11.55 = 16.17(\text{kN/m})$$

$$q = g + p = 14.65 + 16.17 = 30.82(\text{kN/m})$$

②内力计算

$$M = \frac{1}{8}ql^2 = \frac{1}{8} \times 30.82 \times 5.4^2 = 122.34(\text{kN} \cdot \text{m})$$

③确定钢梁截面尺寸

假定塑性中和轴通过翼板,并取 $x = 0.4, h_{c1} = 0.4 \times 100 = 40(\text{mm})$

$$A = \frac{M}{f \times y} = \frac{122.34 \times 10^6}{215 \times (420 - 0.5 \times 40 - 0.5 \times 85)}$$

$$= \frac{12.34 \times 10^6}{873.8 \times 10^2} = 146.16(\text{mm}^2) \approx 15(\text{cm}^2)$$

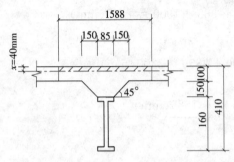

图 3.10.4 组合梁截面尺寸

根据前要求 $h = 167\text{mm}$ 和 $A \geqslant 15\text{cm}^2$ 从型钢表中选用钢梁截面为热轧普通工字钢 I 16,其截面几何特征值为:

$A = 26.13\text{cm}^2$ 自重 0.205kN/m

$b = 88\text{mm}$ $h = 160\text{mm}$ $t_w = 6.0\text{mm}$

$t = 9.9\text{mm}$ $I_x = 1130\text{cm}^4$ $W_x = 141\text{cm}^3$

$S_x = 81.9\text{cm}^3$ $r = 8.0\text{mm}$

所选截面高度 $h = 160\text{mm}$ 与前假定基本相同, $b = 88\text{mm}$,因翼板的有效宽度应修改为 $b_e = (88 + 2 \times 150) + 12 \times 100 = 1588(\text{mm})$,其余板托自重和钢梁自重均与假定相差无几,不需要修改(图 3.10.4)。

2. 施工阶段钢梁的验算

(1)荷载计算

①永久荷载

翼板混凝土 $3.3 \times 1.0 \times 0.1 \times 25 = 8.25$

板托 0.9

钢梁 0.205

$g_k = 9.355(\text{kN/m})$

取 $g_k = 9.36(\text{kN/m})$

$$g = 1.2 \times 9.36 = 11.23(\text{kN/m})$$

②施工活载

$$p_k = 3.3 \times 1.0 = 3.3(\text{kN/m})$$

$$p = 1.4 \times 3.3 = 4.62(\text{kN/m})$$

$$q_k = 9.36 + 3.3 = 12.66(\text{kN/m})$$

$$q = 11.23 + 4.62 = 15.85(\text{kN/m})$$

(2)内力计算

$$M_x = \frac{1}{8} \times 15.85 \times 5.4^2 = 57.77(\text{kN} \cdot \text{m})$$

$$V_x = \frac{1}{2} \times 15.85 \times 5.4 = 42.80 (\text{kN})$$

（3）承载力验算

①抗弯承载力

$$\sigma = \frac{M_x}{\gamma_x W_x} = \frac{57.77 \times 10^6}{1.05 \times 141 \times 10^3} = 390.02 (\text{N/mm}^2) > f = 215 (\text{N/mm}^2)$$

抗弯强度不满足，施工时，应在梁跨度中点设置临时竖向支撑，则钢梁为两跨连梁。

$$M_x = \frac{1}{8} \times 15.85 \times \left(\frac{1}{2} \times 5.4 \right)^2 = 14.44 (\text{kN} \cdot \text{m})$$

$$V_x = \frac{5}{8} \times 15.85 \times \left(\frac{1}{2} \times 5.4 \right) = 26.75 (\text{kN})$$

$$\sigma = \frac{14.44 \times 10^6}{1.05 \times 141 \times 10^3} = 97.54 (\text{N/mm}^2) < f = 215 (\text{N/mm}^2)，满足要求。$$

②抗剪承载力

$$\tau_x = \frac{V_x S_x}{I_x t_w} = \frac{26.75 \times 10^3 \times 81.9 \times 10^3}{1130 \times 10^4 \times 6.0} = 32.3 (\text{N/mm}^2) < f_v = 125 (\text{N/mm}^2)$$

满足要求。

（4）整体稳定性验算

$$\frac{l_1}{b} = \frac{5400}{88} = 61.36 > 13，需验算钢梁的整体稳定性。$$

按《钢结构设计规范》取整体稳定系数 $\varphi_b = 0.636 > 0.6$

$$\varphi'_b = 1.07 - \frac{0.282}{\varphi_b} = 1.07 - \frac{0.282}{0.636} = 0.63$$

$$\frac{M_x}{\varphi'_b W_x} = \frac{14.44 \times 10^6}{0.63 \times 141 \times 10^3} = 162 (\text{N/mm}^2) < f = 215 (\text{N/mm}^2)$$

满足要求。

（5）挠度验算

$$v_T = \frac{1 \times q_k \times \left(\frac{1}{2} l \right)^4}{185 \times E \times I_x} = \frac{1 \times 12.66 \times 2700^2}{185 \times 206 \times 10^3 \times 1130 \times 10^4} = 2.14 (\text{mm})$$

$$\frac{v_T}{l/2} = \frac{2.14}{2700} = \frac{1}{1262} < \left[\frac{1}{250} \right] \quad 满足要求。$$

3. 使用阶段组合梁验算

（1）荷载计算

①永久荷载

$$g_k = 12.21 - 0.25 + 0.205 = 12.17 (\text{kN/m})$$

$$g = 1.2 \times 12.17 = 14.60 (\text{kN/m})$$

②楼面荷载

$$p_k = 3.5 \times 3.3 = 11.55 (\text{kN/m})$$

$$p = 1.4 \times 11.55 = 16.17 (\text{kN/m})$$

$$q_k = 12.17 + 11.55 = 23.72 (\text{kN/m})$$

$$q = 14.60 + 16.17 = 30.77 (\text{kN/m})$$

（2）内力计算

$$M = \frac{1}{8} \times 30.77 \times 5.4^2 = 112.16 (\text{kN} \cdot \text{m})$$

$$V = \frac{1}{2} \times 30.77 \times 5.4 = 83.08 (\text{kN})$$

（3）承载力验算

①抗弯承载力验算

塑性中和轴的位置

$$Af = 26.13 \times 10^2 \times 215 = 561795 (\text{N}) = 561.80 (\text{kN})$$

$$b_e \times h_{c1} \times f_c = 1588 \times 100 \times 9.6 = 1524480 (\text{N}) = 1524.48 (\text{kN})$$

$Af < b_e h_{c1} f_c$ 塑性中和轴位于翼板范围内，应力图形如图 3.10.5 所示。

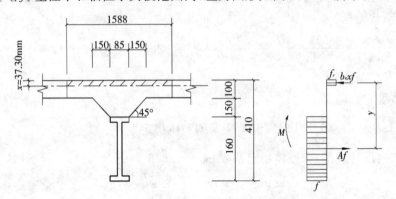

图 3.10.5　截面应力图

翼板内混凝土受压区高度

$$x = \frac{Af}{b_e f_c} = \frac{26.13 \times 10^2 \times 215}{1588 \times 9.6} = 36.85 (\text{mm})$$

截面抵抗矩

$$Afy = 2613 \times 215 \times \left(410 - \frac{36.85}{2} - \frac{160}{2}\right) = 175044086 (\text{N} \cdot \text{mm}) = 175.05 (\text{kN} \cdot \text{m})$$

$$> M = 112.16 (\text{kN} \cdot \text{m})$$

②斜截面承载力验算

考虑次梁与主梁中钢梁同为连接，次梁钢梁的上翼缘需局部切除，取切除高度为 40mm，剩下的腹板高度为：

$$h_w = 160 - 40 = 120 (\text{mm})$$

$$h_w t_w f_v = 120 \times 6.0 \times 125 = 90000 (\text{N}) = 90 (\text{kN})$$

$$> V = 83.08 (\text{kN})$$

（4）抗剪连接件设计

采用弯起钢筋抗剪连接件。

①弯起钢筋的数量及配置

塑性中和轴在使用阶段位于翼缘板内，组合梁上最大弯矩点至梁段区段内混凝土翼缘板与钢梁间的纵向剪力为：
$$V_s = Af = 26.13 \times 10^2 \times 215 = 561795(N)$$

HPB235 钢筋抗拉强度设计值为 $f_{st} = 210N/mm^2$，采用钢筋直径 $d = 16mm$，截面面积为 $A_{sb} = 201.1mm^2$，每个弯起钢筋的受剪承载力设计值为：
$$N_v^c = A_{sb} \times f_y = 201.10 \times 210 = 42231(N)$$

半跨范围内所需连接件总数为：
$$n_f = \frac{V_s}{N_v^c} = \frac{561795}{42231} = 13.3(个)，取 14 个$$

分成 7 对半跨内均匀配置，沿跨度方向平均间距为：
$$p = \frac{2700}{7} = 385.7(mm) < 4 \times (100 + 150) = 1000(mm)$$

②每个弯起钢筋的尺寸

组合梁左半跨的弯起钢筋连接件尺寸，如图 3.10.6 所示。

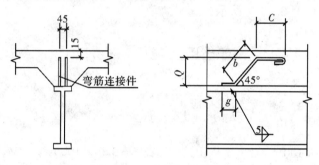

图 3.10.6 弯起钢筋的尺寸

弯起钢筋的高度：
$$a = h_{c1} + h_{c2} - c = 100 + 150 - 20 = 230(mm)$$

弯起钢筋斜段的高度：
$$b = \frac{a - d}{\sin\alpha} = \frac{230 - 16}{0.707} = 303(mm)$$

弯起钢筋水平段的长度
$$c = 10d = 10 \times 16 = 160(mm)$$
$$c + b = 160 + 303 = 463(mm) > 25d = 25 \times 16 = 400(mm)，满足要求。$$

③弯起钢筋与钢梁顶面的焊缝连接

每条角焊缝与钢梁的连接长度不小于 $4d$。
$$g = 4d + 10 = 4 \times 16 + 10 = 74(mm)，取 75mm$$

每个弯起钢筋承受的水平剪力为：
$$V_1 = \frac{V_s}{n_f} = \frac{561795}{14} = 40128(N)$$

需要的焊缝有效厚度为：
$$h_e = \frac{V_1}{\sum L_w f_f^w} = \frac{40128}{2(75 - 10) \times 160 \times 0.95} = 2.03(mm) < 0.2d = 0.2 \times 16 = 3.2(mm)$$
$$< 3mm$$

取
$$h_e = 3.2(mm)$$

焊脚尺寸为:

$$h_f = \frac{h_e}{0.7} = \frac{3.2}{0.7} = 4.6(mm)$$

取
$$h_f = 5.0(mm)$$

（5）挠度验算

①按荷载效应标准组合计算

A. 计算组合梁换算截面惯性矩

$$\alpha_E = \frac{E}{E_c} = \frac{206 \times 10^3}{25.5 \times 10^3} = 8.08$$

翼缘板换算截面宽度

$$b_{eq} = \frac{b_e}{\alpha_E} = \frac{1588}{8.08} = 196.5(mm)$$

组合梁换算截面如图 3.10.7 所示。

换算截面形心轴的位置

$$y_0 = \frac{196.5 \times 100 \times 50 + 2613 \times (100 + 150 + 80)}{196.5 \times 100 + 2613} = 82.9(mm)$$

换算截面惯性矩:

$$I_{eq} = \frac{1}{12} b_{eq} h_{c1}^3 + b_{eq} h_{c1} (y_0 - 0.5 h_{c1})^2 + I_x + A(y - y_0)^2$$

$$= \frac{1}{12} \times 196.5 \times 100^3 + 196.5 \times 100 \times (82.9 - 0.5 \times 100)$$

$$+ 1130 \times 10^4 + 2613 \times (330 - 82.9)^2$$

$$= 209 \times 10^6 (mm^4)$$

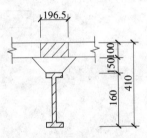

图 3.10.7 组合梁换算截面

B. 计算刚度折减系数

$$A_{cf} = 1588 \times 100 = 158800(mm^2)$$

$$A_0 = \frac{A_{cf} A}{\alpha_E A + A_{cf}} = \frac{158800 \times 2613}{8.08 \times 2613 + 158800} = 2306(mm^2)$$

$$I_{cf} = \frac{1}{12} \times 1588 \times 100^3 = 1.32 \times 10^8 (mm^4)$$

$$I_0 = I_x + \frac{I_{cf}}{\alpha_E} = 1130 \times 10^4 + \frac{1.32 \times 10^8}{8.08} = 2.76 \times 10^7 (mm^4)$$

$$A_1 = \frac{I_0 + A_0 d_c^2}{A_0} = \frac{2.76 \times 10^7 + 2306 \times (80 + 150 + 50)^2}{2306} = 9.05 \times 10^4 (mm^2)$$

$$j = 0.81 \sqrt{\frac{n_s k A_1}{EI_0 p}} = 0.81 \sqrt{\frac{2 \times 42231 \times 9.05 \times 10^4}{206 \times 10^3 \times 2.76 \times 10^7 \times 385.7}} = 0.0015(mm^{-1})$$

$$\eta = \frac{36 E d_c p A_0}{n_s k h l^2} = \frac{36 \times 206 \times 10^3 \times 280 \times 385.7 \times 2306}{2 \times 42331 \times 410 \times 5400^2} = 1.83$$

$$\zeta = \eta \left[0.4 - \frac{3}{(jl)^2} \right] = 1.83 \left[0.4 - \frac{3}{(0.0015 \times 5400)^2} \right] = 0.65$$

C. 计算刚度

62

$$B_1 = \frac{EI_{eq}}{1+\zeta} = \frac{206 \times 10^3 \times 209 \times 10^6}{1+0.65} = 2.61 \times 10^{13} \, (\text{mm}^2)$$

D. 挠度计算

$$f_k = \frac{5q_k l^4}{384B_1} = \frac{5 \times 23.72 \times 5400^4}{384 \times 2.61 \times 10^{13}} = 10.80 \, (\text{mm})$$

②按荷载效应准永久组合计算

A. 组合梁换算截面惯性矩

翼缘板换算宽度

$$b_{eq} = \frac{b_e}{2\alpha_E} = \frac{1588}{16.16} = 98.3 \, (\text{mm})$$

换算后的截面如图 3.10.8 所示。

换算截面形心轴的位置

$$y_0 = \frac{98.3 \times 100 \times 50 + 2613 \times (100+150+80)}{98.3 \times 100 + 2613}$$

$$= 108.80 \, (\text{mm})$$

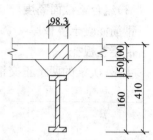

图 3.10.8 组合梁换算截面

换算截面惯性矩:

$$I_{eq} = \frac{1}{12}b_{eq}h_{c1}^3 + b_{eq}h_{c1}(y_0 - 0.5h_{c1})^2 + I_x + A(y - y_0)^2$$

$$= \frac{1}{12} \times 98.3 \times 100^3 + 98.3 \times 100 \times (108.8 - 0.5 \times 100)^2$$

$$+ 1130 \times 10^4 + 2613 \times (330 - 108.8)^2$$

$$= 1.81 \times 10^8 \, (\text{mm}^4)$$

B. 计算刚度折减系数

$$A_{cf} = 1588 \times 100 = 158800 \, (\text{mm}^2)$$

$$A_0 = \frac{A_{cf}A}{2\alpha_E A + A_{cf}} = \frac{158800 \times 2613}{16.16 \times 2613 + 158800} = 2064 \, (\text{mm}^2)$$

$$I_{cf} = \frac{1}{12} \times 1588 \times 100^3 = 1.32 \times 10^8 \, (\text{mm}^4)$$

$$I_0 = I_x + \frac{I_{cf}}{2\alpha_E} = 1130 \times 10^4 + \frac{1.32 \times 10^8}{16.16} = 1.95 \times 10^7 \, (\text{mm}^4)$$

$$A_1 = \frac{I_0 + A_0 d_c^2}{A_0} = \frac{1.95 \times 10^7 + 2064 \times (80 + 150 + 50)^2}{2064} = 8.78 \times 10^4 \, (\text{mm}^2)$$

$$j = 0.81\sqrt{\frac{n_s k A_1}{EI_0 p}} = 0.81\sqrt{\frac{2 \times 42231 \times 8.78 \times 10^4}{206 \times 10^6 \times 1.95 \times 10^7 \times 385.7}} = 0.0018 \, (\text{mm}^{-1})$$

$$\eta = \frac{36Ed_c pA_0}{n_s khl^2} = \frac{36 \times 206 \times 10^3 \times 280 \times 385.7 \times 2064}{2 \times 42331 \times 410 \times 5400^2} = 1.63$$

$$\zeta = \eta\left[0.4 - \frac{3}{(jl)^2}\right] = 1.63 \times \left[0.4 - \frac{3}{(0.0018 \times 5400)^2}\right] = 0.60$$

C. 计算刚度

$$B_2 = \frac{EI_{eq}}{1+\zeta} = \frac{206 \times 10^3 \times 1.81 \times 10^8}{1+0.60} = 2.33 \times 10^{13} \, (\text{mm}^2)$$

D. 挠度计算

$$f_q = \frac{5 \times (12.17 + 11.55 \times 0.4) \times 5400^4}{384 \times 2.33 \times 10^{13}} = 7.99(mm)$$

③挠度验算

因为
$$f_k = 10.80(mm) > f_q = 7.99(mm)$$

所以
$$\frac{f_k}{l} = \frac{10.80}{5400} = \frac{1}{500} < \frac{1}{250}, 满足要求。$$

3.10.3 主梁设计

1. 初选截面

(1)组合梁截面高度

钢筋混凝土翼板厚 $h_{c1} = 100mm$

混凝土板托 $h_{c2} = 150mm$

主梁、次梁的两个正交钢梁顶面在同一标高,如图3.10.9所示。

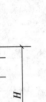

图 3.10.9 组合梁截面

取主梁组合梁的全高为:

$$H = \frac{1}{16}l = \frac{9900}{16} = 618.75(mm), 取 H = 600(mm)$$

则钢梁高度为:

$$h = H - h_{c1} - h_{c2} = 600 - 100 - 150 = 350(mm)$$

取 $h = 360mm$,满足 $h = 360(mm) > \frac{1}{2.5}H = \frac{600}{2.5} = 240(mm)$ 的构造要求。

(2)板托尺寸(图3.10.10)

板托倾角 $\alpha = 45°$,暂取钢梁上翼缘宽度 $b = 140mm$,则板托顶面宽度为:

$$b_0 = b + 2h_{c2} = 140 + 2 \times 150 = 440(mm) > 1.5h_{c2} = 225(mm)$$

(3)组合梁混凝土翼板的有效宽度

有效宽度取下述三个中的最小值:

$$b_e = b_0 + \frac{l}{3} = 4400 + \frac{9900}{3} = 3400(mm)$$

$$b_e = 5400(mm)$$

$$b_e = b_0 + 12h_{c1} = 440 + 12 \times 100 = 1640(mm)$$

取 $b_e = 1640mm$

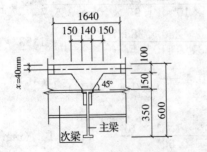
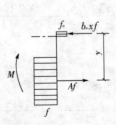

图 3.10.10 组合梁截面及应力图形

64

(4)钢梁的截面尺寸

①荷载计算

混凝土板托 $\dfrac{0.144+0.44}{2}\times 0.15\times 25 = 1.08$

钢梁自重(暂定) $\qquad\qquad 0.713$

$$g_k = 1.79(\text{kN/m})$$

为了简便计算,假定楼面荷载全部由次梁传来,由次梁传来的集中荷载:

永久荷载 $\qquad p_{k1} = 12.21\times 5.4 = 65.93(\text{kN})$

活　载 $\qquad p_{k2} = 11.55\times 5.4\times 0.9 = 56.13(\text{kN})$

$$p_k = 65.93 + 56.13 = 122.06(\text{kN})$$

$$g = 1.2\times 1.79 = 2.15(\text{kN/m})$$

$$p = 1.2\times 65.93 + 1.4\times 56.13 = 157.70(\text{kN})$$

②内力计算

$$M = \frac{1}{8}\times 2.15\times 9.9^2 + \frac{1}{3}\times 157.70\times 9.9 = 532.93(\text{kN}\cdot\text{m})$$

$$V = \frac{1}{2}\times 2.15\times 9.9 + 157.70 = 168.34(\text{kN})$$

③钢梁截面

假设 $x = 0.4h_{cl} = 0.4\times 100 = 40(\text{mm})$,如图 3.10.10 所示。

由平衡条件得:

$$A = \frac{M}{fy} = \frac{532.93\times 10^6}{215\times(600-180-20)} = 6197(\text{mm}^2)$$

取 $\qquad\qquad A = 62\text{cm}^2$

选用主梁截面为热扎普通钢 I 36C,其截面几何特征值为:

$A = 90.88\text{cm}^2 \qquad$ 自重 71.341kg

$b = 140\text{mm} \qquad h = 360\text{mm} \qquad t_w = 14.0\text{mm}$

$t = 15.8\text{mm} \qquad I_x = 17300\text{cm}^4 \qquad S_x = 578.59\text{cm}^2$

$W_x = 962\text{cm}^2$

组合梁截面如图 3.10.11 所示。

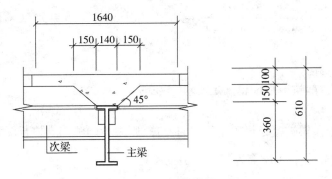

图 3.10.11　组合梁截面图

2. 施工阶段组合梁验算

(1)荷载计算

①永久荷载

主梁、板托混凝土自重   1.08

钢梁自重   0.713

$$g_k = 1.793(kN/m)$$
$$g = 1.2 \times 1.793 = 2.15(kN/m)$$

②次梁作用在主梁上的集中永久荷载

$$p_{k1} = 9.36 \times 5.4 = 50.5(kN)$$
$$p_1 = 1.2 \times 50.5 = 60.6(kN)$$

③次梁作用在主梁上的集中施工活荷载

$$p_{k2} = 3.3 \times 5.4 = 17.82(kN)$$
$$p_2 = 1.4 \times 17.82 = 24.95(kN)$$
$$p = 60.6 + 24.95 = 85.55(kN)$$

(2)内力计算

$$M_x = \frac{1}{8} \times 2.15 \times 9.9^2 + \frac{1}{3} \times 85.55 \times 9.9 = 308.66(kN \cdot m)$$

$$V_x = \frac{1}{2} \times 2.15 \times 9.9 + 85.55 = 96.19(kN)$$

(3)承载力验算

①抗弯承载力验算

$$\sigma = \frac{M_x}{\gamma_x W_x} = \frac{308.66 \times 10^6}{1.05 \times 962 \times 10^3} = 305.6(N/mm^2) > f = 215(N/mm^2)$$

不满足要求。

因此,在主梁跨间需设置竖向临时支撑,以减小主梁的跨度。今在跨度的三分点处各设置一道临时支撑,则主梁在施工阶段为一三跨连续梁,该梁仅承受均部荷载,集中荷载直接由竖向支撑承受,此时,梁中的最大弯矩为:

$$M = \frac{1}{10} \times 2.15 \times 3.3^2 = 2.34(kN \cdot m)$$

$$\sigma = \frac{M}{\gamma_x W_x} = \frac{2.34 \times 10^6}{1.05 \times 962 \times 10^3} = 2.32(N/mm^2) < f = 215(N/mm^2)$$

满足要求。

②抗剪承载力验算

由于设置临时支撑,抗剪强度也满足要求,不必验算。

(4)整体稳定验算

在跨中三分点处次梁连接处设置水平临时支撑,则主梁的侧向支撑长度为 $l = 3300mm$。

$\frac{l}{b} = \frac{3300}{140} = 23.57 > 16$,需进行整体稳定验算。

由于在跨中三分点处设置竖向临时支撑,弯矩减小,整体稳定性必然满足,不必进行整体

66

稳定性验算。

（5）挠度验算

设置临时支撑后，挠度条件必然满足，不必进行挠度验算。

3. 使用阶段组合梁验算

（1）抗弯承载力验算

①塑性中和轴的位置

钢梁中拉力 $\quad Af = 9088 \times 215 = 1953900(\text{N}) = 1953.90(\text{kN})$

混凝土翼板中压力

$$b_\text{e}h_\text{c1}f_\text{c} = 1640 \times 100 \times 9.6 = 1574400(\text{N}) = 1575.4(\text{kN})$$
$$> 1953.90(\text{kN})$$

塑性中和轴位于翼板之下。由于在承载力计算时，不考虑板托的受力，因而塑性中和轴将在钢梁截面内，如图 3.10.12 所示。

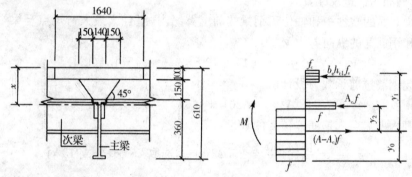

图 3.10.12 组合梁截面应力

钢梁的受压面积 A_c 由 $\sum X = 0$ 得出：

$$A_\text{c} = 0.5(A - b_\text{e}h_\text{c}f_\text{c}/f)$$
$$= 0.5\left(9088 - 1640 \times 100 \times \frac{9.6}{215}\right) = 883(\text{mm}^2)$$

钢梁翼缘宽度 $b = 140\text{mm}$，因此，钢梁的受压区深度为：

$$d_\text{c} = \frac{A_\text{c}}{b} = \frac{883}{140} = 6.3(\text{mm})（未考虑翼缘趾尖圆角的影响），即：$$

$$x = 100 + 150 + 6.3 = 256.03(\text{mm})$$

②力臂 y_1, y_2

设钢梁受区截面 $A - A_\text{c}$ 的合力作用点至钢梁底部距离为 y_0，则

$$(A - A_\text{c})y_0 + A_\text{c}(y_0 + y_2) = \frac{1}{2}Ah$$

令

$$y_0 + y_2 = h - \frac{1}{2}d_\text{c} = 360 - \frac{1}{2} \times 6.3 = 356.85(\text{mm})$$

则

$$y_0 = \frac{\frac{1}{2}Ah - A_\text{c}(y_0 - y_2)}{A - A_\text{c}}$$

$$= \frac{\frac{1}{2} \times 9088 \times 360 - 8.83 \times 356.85}{9088 - 8.83} = 179.83(\text{mm})$$

$$y_1 = H - \frac{1}{2}h_{c1} - y_0 = 610 - \frac{1}{2} \times 100 - 179.83 = 380.17(\text{mm})$$

$$y_2 = (h - d_c) - y_0 = (360 - 6.3) - 179.83 = 173.87(\text{mm})$$

③抗弯承载力验算

$$b_e h_{c1} f_c y_1 + A_c f y_2$$

$$= 1640 \times 100 \times 9.6 \times 380.17 + 8.83 \times 215 \times 173.87$$

$$= 598.86(\text{kN·m}) > M = 532.93(\text{kN·m}),满足要求。$$

(2)抗剪承载力验算

$$h_w t_w f_v = 360 \times 140 \times 125 = 630(\text{kN}) > V = 168.41(\text{kN}),满足要求。$$

4. 抗剪连接件设计

抗剪连接件采用弯起钢筋连接件,其钢筋采用 HRB235,直径 $d = 16\text{mm}$,钢筋的强度设计值 $f_{st} = 310\text{N/mm}^2$。

(1)弯起钢筋的数量及配置

因组合梁截面的塑性中和轴位于钢梁的上翼缘内,组合梁最大弯矩点至梁端区段内混凝土翼缘板和钢筋间的纵向剪力 V_s 为:

$$V_s = b_e h_{c1} f_c = 1640 \times 100 \times 9.6 = 1574.4(\text{kN})$$

每个弯起钢筋抗剪承载力设计值:

$$N_v^c = A_{st} f_{st} = 201.1 \times 310 = 62431(\text{N})$$

半跨范围内所需弯起钢筋连接件的数量:

$$n_f = \frac{V_s}{N_v^c} = \frac{1574400}{62431} = 25.22(个),选取 26 个,分成 13 对。$$

主梁的剪力图形如图 3.10.13 所示,其中图 3.10.13a 为全部荷载设计值作用时的剪力图,图 3.10.13b 为全跨永久荷载和半跨活载设计值作用时的剪力图。

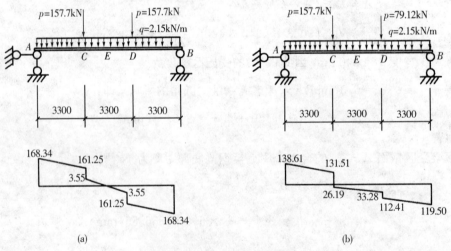

图 3.10.13 主梁的剪力图

设计规范规定:当跨中有集中荷载时,应将连接件按各段剪力图面积比进行分配,再各自均匀布置。

如图 3.10.13a 所示,半跨内 AC 段剪力图面积和 CD 段剪力图面积比为:

$$\frac{168.34+161.25}{2}\times 3.3:\frac{1}{2}\times 3.3\times 3.55=543.82:5.86=92.80:1$$

即所需的 13 对弯起钢筋连接件应全部布置在 AC 段,其平均间距为:

$$s=\frac{3300}{13}=253.8(\text{mm})<4(h_{c1}+h_{c2})=4\times(100+150)=1000(\text{mm})$$

在跨间 $1/3$ 的梁段(CD 段),弯起钢筋连接件可按构造配置,在半跨活荷载作用时,该段的剪力图形将变号,因而该区段内在两个方向均应设置弯起钢筋,此时,弯起钢筋采用图 3.10.14 所示的形式,成对均匀配置,沿梁轴向的最大间距取:

$$s=4(h_{c1}+h_{c2})=4\times(100+150)=1000(\text{mm})$$

该区段内共设 $3300/1000=3.3$ 对,取 4 对,共 8 个弯起钢筋。

(2)每个弯起钢筋连接件的尺寸

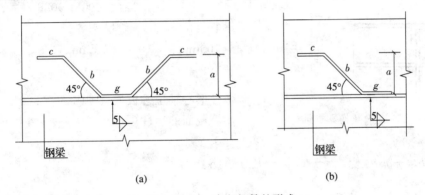

图 3.10.14 弯起钢筋的形式

(a)用于 CD 段;(b)用于 AC 段和 DB 段

高度 $\qquad a=h_{c1}+h_{c2}-15=100+150-15=235(\text{mm})$

斜段长度 $\qquad b=\dfrac{a-d}{\sin\alpha}=\dfrac{235-16}{0.707}=310(\text{mm})$

水平段 $\qquad c=10d=10\times 16=160(\text{mm})$

$c+b=160+310=470(\text{mm})>25d=25\times 16=400(\text{mm})$,满足构造要求。

(3)弯起钢筋与钢梁顶面的焊接连接

每个弯起钢筋用两条焊缝与钢梁相连,每条焊缝长度不应小于 $4d$,因此,图 3.10.14 中 g 段的长度为:

$$g=4d+10=4\times 16+10=74(\text{mm}),\text{取 90mm}$$

每个弯起钢筋承受的水平剪力为:

$$V_1=\frac{V_s}{n}=\frac{1574.4}{26}=60.6(\text{kN})$$

焊缝有效厚度为:

$$h_e=\frac{V_1}{\sum L_w f_f^w}=\frac{60.6\times 10^3}{2\times(90-10)\times 160\times 0.95}=2.49(\text{mm})<0.2d=0.2\times 16=3.2(\text{mm})$$

取 $\qquad h_w=3.2(\text{mm})$

焊脚尺寸 $\qquad h_f\geqslant\dfrac{3.2}{0.7}=4.6(\text{mm})$,取 $h_f=5\text{mm}$

5. 使用阶段组合梁的挠度计算

(1)荷载标准效应组合下的挠度验算

①组合梁换算截面惯性矩计算

$$\alpha_E = \frac{E}{E_c} = \frac{206 \times 10^3}{25.5 \times 10^4} = 8.08$$

翼缘板换算截面宽度

$$b_{eq} = \frac{b_e}{\alpha_E} = \frac{1640}{8.08} = 203(\text{mm})$$

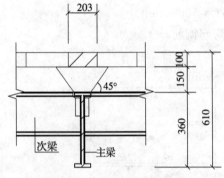

图 3.10.15　组合梁换算截面

换算后组合梁截面如图 3.10.15 所示。

换算截面形心轴位置

$$y_0 = \frac{203 \times 100 \times 50 + 9088 \times (180 + 150 + 100)}{203 \times 100 + 9088}$$

$$= 167.5(\text{mm})$$

$$h_{c1} = 100\text{mm} < y_0 = 167.5\text{mm} < h_{c1} + h_{c2}$$

$$= 100 + 150 = 250(\text{mm})$$

弹性形心轴位于板托范围内。

换算截面的惯性矩：

$$I_{eq} = \frac{1}{12}b_{eq}h_{c1}^3 + b_{eq}h_{c1}\left(y_0 - \frac{1}{2}h_{c1}\right)^2 + I_x + A(y - y_0)^2$$

$$= \frac{1}{12} \times 203 \times 100^2 + 203 \times 100\left(167.5 - \frac{1}{2} \times 100\right)^2 + 17300 \times 10^4 \times 9088(430 - 167.5)^2$$

$$= 1.10 \times 10^9(\text{mm}^4)$$

②计算刚度折减系数

$$A_{cf} = 1640 \times 100 = 164000(\text{mm})$$

$$A_0 = \frac{A_{cf}A}{\alpha_E A + A_{cf}} = \frac{164000 \times 9088}{8.08 \times 9088 + 164000} = 6277(\text{mm}^2)$$

$$I_{cf} = \frac{1}{12}b_{eq}h_{c1}^3 = \frac{1}{12} \times 1640 \times 100^3 = 1.37 \times 10^8(\text{mm}^4)$$

$$I_0 = I_x + \frac{I_{cf}}{\alpha_E} = 17300 \times 10^4 + \frac{1.37 \times 10^8}{8.08} = 1.9 \times 10^8(\text{mm}^4)$$

$$A_1 = \frac{I_0 + A_0 d_c^2}{A_0} = \frac{1.90 \times 10^8 + 6277 \times (180 + 150 + 50)^2}{6277} = 1.75 \times 10^5(\text{mm}^2)$$

$$j = 0.81\sqrt{\frac{n_s k A_1}{E I_0 p}} = 0.81\sqrt{\frac{2 \times 62431 \times 1.75 \times 10^5}{206 \times 10^3 \times 1.9 \times 10^8 \times 253.8}} = 0.0012(\text{mm}^{-1})$$

$$\eta = \frac{36 E d_c p A_0}{n_s k h l^2} = \frac{36 \times 206 \times 10^3 \times 430 \times 253.8 \times 6277}{2 \times 62431 \times 610 \times 9900^2} = 0.68$$

$$\zeta = \eta\left[0.4 - \frac{3}{(jl)^2}\right] = 0.68\left[0.4 - \frac{3}{(0.0012 \times 9900)^2}\right] = 0.256$$

③计算刚度

$$B_1 = \frac{EI_{eq}}{1+\zeta} = \frac{206 \times 10^3 \times 1.10 \times 10^9}{1+0.256} = 1.80 \times 10^{14} (mm^3)$$

④挠度计算

$$v_T = \frac{5q_k l^4}{384B} + \frac{23(p_{k1}+p_{k2})l^3}{648}$$

$$f_k = \frac{5q_k l^4}{384B_1} + \frac{23(p_{k1}+p_{k2})l^3}{648B_1}$$

$$= \frac{5 \times 1.79 \times 9900^4}{384 \times 1.80 \times 10^{14}} + \frac{23(65.93+56.13) \times 9900^3}{648 \times 1.80 \times 10^{14}} = 24.54(mm)$$

(2)荷载准永久效应组合下的挠度计算

①计算组合梁换算截面惯性矩

$$b_{eq} = \frac{b_e}{2\alpha_E} = \frac{1640}{16.16} = 101.5(mm)$$

换算后的组合梁截面如图 3.10.16 所示。

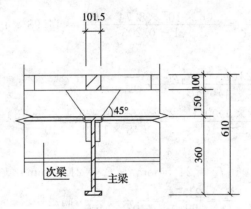

图 3.10.16　组合梁换算截面

换算截面对惯性矩：

$$y_0 = \frac{101.5 \times 100 \times 50 + 9088 \times (180+150+100)}{101.5 \times 100 + 9088} = 229.50(mm)$$

$$I_{eq} = \frac{1}{12}b_{eq}h_{c1}^3 + b_{eq}h_{c1}(y_0 - 0.5h_{c1})^2 + I_x + A_0(y-y_0)^2$$

$$= \frac{1}{12} \times 101.5 \times 100^3 + 101.5 \times 100 \times (229.50 - 0.5 \times 100)^2$$

$$+ 17300 \times 10^4 + 9088 \times (430-229.5)^2$$

$$= 8.74 \times 10^8 (mm^4)$$

②计算刚度系数

$$A_0 = \frac{A_{cf}A}{2\alpha_E A + A_{cf}} = \frac{164000 \times 9088}{16.16 \times 9088 + 1640 \times 100} = 4793(mm^2)$$

$$I_{cf} = \frac{1}{12} \times 1649 \times 100^3 = 1.37 \times 10^8 (mm^4)$$

$$I_0 = I_x + \frac{I_{cf}}{2\alpha_E} = 17300 \times 10^4 + \frac{1.37 \times 10^8}{16.16} = 17300 \times 10^4 + 8.48 \times 10^6$$

$$= 18.15 \times 10^7 (\text{mm}^4)$$

$$A_1 = \frac{I_0 + A_0 d_0^2}{A_0} = \frac{18.15 \times 10^7 + 4793 \times (180 + 150 + 50)^2}{4793} = 182266 (\text{mm}^2)$$

$$j = 0.81\sqrt{\frac{n_s k A_1}{EI_0 p}}$$

$$= 0.81 \times \sqrt{\frac{2 \times 62431 \times 182266}{206 \times 10^4 \times 18.15 \times 10^7 \times 253.8}} = 0.00126$$

$$\eta = \frac{36 E d_c p A_0}{n_s k h l^2}$$

$$= \frac{36 \times 206 \times 10^4 \times 430 \times 253.8 \times 4793}{2 \times 62431 \times 610 \times 9900^2} = 0.54$$

$$\zeta = \eta\left[0.4 - \frac{3}{(jl)^2}\right] = 0.54 \times \left[0.4 - \frac{3}{(0.00126 \times 9900)^2}\right] = 0.206$$

③计算刚度

$$B_2 = \frac{EI_{eq}}{1 + \zeta} = \frac{206 \times 10^3 \times 8.74 \times 10^8}{1 + 0.206} = 14.93 \times 10^{13} (\text{mm}^3)$$

④挠度计算

$$f_q = \frac{5q_k l^4}{384 B_2} + \frac{23(p_{k1} + \psi_{cq} p_{k2}) l^3}{648 B_2}$$

$$= \frac{5 \times 1.79 \times 9900^4}{384 \times 14.93 \times 10^{13}} + \frac{23 \times (65.99 + 0.4 \times 56.13)}{648 \times 14.93 \times 10^{13}} = 21.85 (\text{mm})$$

(3)挠度验算

因为 $\qquad f_k = 24.54\text{mm} > f_q = 21.85\text{mm}$

所以 $\qquad \dfrac{f_k}{l} = \dfrac{24.54}{9900} = \dfrac{1}{403} < \dfrac{1}{400}$，满足要求。

第4章 压型钢板混凝土组合楼盖

4.1 概述

通过剪力连接件将压型钢板与混凝土进行组合,形成一种共同受力、协调变形的组合板。组合楼板中的压型钢板除在施工阶段作为模板用外,在使用阶段还兼做组合板中的受力钢筋或部分受力钢筋。这种组合楼板结构体系除了能够充分利用混凝土所具有的优越的抗压性能和充分发挥钢材所具有的优越的抗拉性能外,还具有自重轻、塑性和抗震性能好、经济效果显著和施工简便等突出优点。

4.1.1 组合楼板的分类

按压型钢板在组合楼板中的作用,将压型钢板组合楼板分为以下三类:

1. 以压型钢板作为永久性模板的组合楼板

压型钢板在楼层施工阶段承受自重及湿混凝土和施工荷载,待混凝土结硬后全部使用荷载由混凝土板承受,压型钢板失去作用,压型钢板仅作为永久性模板留在组合楼板中。

2. 以压型钢板作为主要承载构件的组合楼板

混凝土在组合板中仅起分布荷载的作用,压型钢板承受全部荷载作用。对此类压型钢板,除了在板型方面有特殊要求外,对其耐久性和防火性也有一定的要求。

3. 考虑压型钢板与混凝土组合效应的组合楼板

在楼层施工阶段,压型钢板起模板的作用,待混凝土结硬后,使压型钢板与混凝土形成整体,其叠合面能够承受和传递纵向剪力,压型钢板起受拉钢筋或部分受拉钢筋的作用,与混凝土共同承受荷载作用。

上述一、二类组合楼板,在设计中未涉及两种不同材料的组合效应,仅根据它们承受的外荷载的条件,参照钢结构和混凝土结构设计规范,分别进行设计,这种组合板称为非组合楼板。

第三类组合楼板,压型钢板与混凝土在使用阶段形成整体,设计时,按组合楼板进行设计。组合楼板中的压型钢板,它除对板型有特殊要求外,对耐久和防火也有要求。压型钢板与混凝土之间的组合效应,是通过叠合面之间采用适当的连接形成的。

常采用的连接形式可归纳为以下三种:

(1)采用闭合式压型钢板,如图 4.1.1a 所示,依靠楔形混凝土块体为叠合面提供必要的抗剪能力。

(2)采用带压痕、冲孔或加劲肋的压型钢板,如图 4.1.1b 所示,靠压痕、冲孔或加劲肋为叠合面提供必要的抗剪能力。

(3)在无压痕压型钢板上口钢板上翼缘加焊横向受力钢筋,如图 4.1.1c 所示,加焊横向受力钢筋以承受钢板与混凝土叠合面的纵向剪力。钢筋与压型钢板的连接应采用喇叭形坡口焊接。

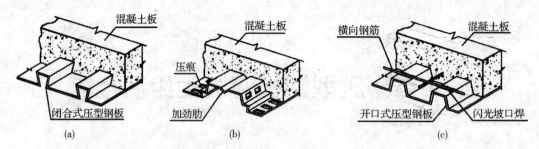

图 4.1.1　压型钢板与混凝土叠合面的连接
(a)闭合式的连接;(b)带痕的连接;(c)钢板上翼缘加钢筋的连接

4.1.2　组合楼板与非组合板的特点

组合楼板与非组合楼板在使用中的共同特点是:

(1)压型钢板可快速就位,还可以采用多个楼层铺设压型钢板、分层浇混凝土板的流水施工。

(2)便于铺设板内管线,并可在压型钢板凹槽内埋设建筑装修用的吊顶挂钩。

(3)用圆头柱钉焊透压型钢板并焊接在钢梁上的翼缘上,使施工阶段中压型钢板也可对钢梁起侧向支撑作用。

(4)采用压型钢板后,将增加材料费用,尤其是组合楼板中的压型钢板,需采用防火涂料,并增加相应费用。但是,这一缺陷可以由其他方面的优点予以弥补。

1. 非组合楼板

这类楼板具有如下使用特点:

(1)在使用阶段,压型钢板不作为混凝土板的受拉钢筋,属于非受力钢板,因此按无压型钢板的混凝土板计算其承载力。

(2)在施工阶段,压型钢板作为浇筑混凝土的模板,即不拆卸的永久模板。而且压型钢板下不设置临时支承,以使楼层混凝土的浇筑能交叉进行,因此,在施工阶段,要由压型钢板承担未结硬的混凝土板的重量和施工荷载。

(3)由于压型钢板不替代混凝土板内的受拉钢筋作用,可不采用防火涂料,但仍宜采用镀锌板使其能起防锈作用。

(4)压型钢板与混凝土之间的叠合面可以放松要求,不要求采用带有特殊要求的压型钢板。

(5)采用圆柱头焊钉将压型钢板与钢梁相连,以保证施工人员的安全。

目前,国内高层建筑钢结构中,主要采用上述非组合楼板,其主要的原因是国内生产的压型钢板多数为无压痕波槽,不能传递压型钢板与混凝土之间的横向剪力。

2. 组合楼板

这类楼板有如下使用特点及要求:

(1)在使用阶段压型钢板作为混凝土板的受拉钢筋;在施工阶段它作为现浇混凝土的模板。

(2)采用能传递压型钢板与混凝土叠合面上纵向剪力的压型钢板,压型钢板采用圆柱头焊钉将压型钢板与钢梁焊接固定,保证能够传递剪力和施工人员的安全。

4.1.3 计算方法

压型钢板混凝土组合楼板结构的计算方法有弹性理论方法和考虑截面塑性变形发展的塑性理论方法。

弹性理论的方法就是按工程力学的方法计算,适合压型钢板混凝土楼板构件的施工阶段计算及挠度计算。计算时,采用压型钢板混凝土楼板的换算截面。即根据计算要求,将混凝土截面换算成相当于钢材的截面,然后按工程力学的方法计算。

塑性理论的计算方法适用于计算承受静力荷载或承受间接动力荷载的压型钢板混凝土组合板的承载力,计算时,考虑构件截面上的应力重分布。

4.2 压型钢板的型号及截面特性

4.2.1 压型钢板的型号

1. 国产压型钢板的板型

压型钢板一般采用厚度 0.5~12.0mm 的镀锌薄钢板轧制而成。目前生产的压型钢板型号如图 4.2.1 所示。

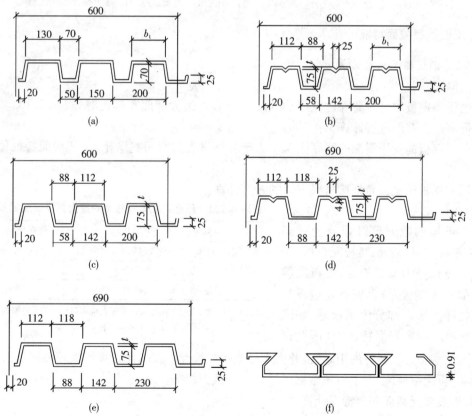

图 4.2.1 国产压型钢板的板型
(a)YX-75-200-600;(b)YX-75-200-600(Ⅰ);(c)YX-75-200-600(Ⅱ);
(d)YX-75-230-690(Ⅰ);(e)YX-75-230-690(Ⅱ);(f)BD-40完全闭合型

2. 国外生产的几种典型的板型

国外生产的压型钢板板型较多,典型板型如图 4.2.2 所示。

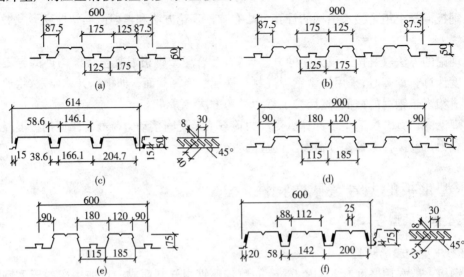

图 4.2.2　国外压型钢板的板型

(a)EZ125 - 600 型;(b)EZ50 - 900 型;(c)EZ50 型;(d)EZ75 - 900 型;(e)EZ75 - 600 型;(f)EUA 型

4.2.2　压型钢板截面特征

1. 压型钢板截面特征计算

(1)计算原则

①当压型钢板的受压翼缘的宽厚比 b_t/t 小于容许最大截面宽厚比时(表 4.2.1),其截面几何特征值按全截面进行计算。

②压型钢板的受压翼缘的宽厚比 b_t/t 大于容许最大截面的宽厚比时,其截面特征值按有效截面计算。

③压型钢板的截面特征按材料力学的方法计算。

(2)计算方法

压型钢板的截面可以划分为三部分,即水平板元、斜板元、弧板元。板上、下翼缘平板部分为水平板元;腹板或卷边板斜部分为斜板元;腹板或卷边板与翼缘板之间的弧形部分为弧板元,如图 4.2.3 所示。计算截面特征时,压型钢

表 4.2.1　压型钢板翼缘板件的最大允许最大宽厚比

翼缘板件的支承条件	宽厚比(b_t/t)
两边支承(有中间加劲肋,包括中间加劲肋)	500
一边支承,一边卷边	60
一边支承,一边自由	60

注:b_t 为压型钢板受压翼缘在相邻支承点(腹板或纵向加劲肋)之间的实际宽度;t 为压型钢板的基板厚度。

板各板元的截面可取各自的中心线,并由中心线代替板元。按线元计算各板的截面几何特征,求其总和,再乘以厚度,即求得压型钢板的实际的截面特征。

(3)板线单元截面几何特征计算

①水平板线单元特征计算(图 4.2.4)

对 1—1 轴的惯性矩:

$$I_1 = \frac{1}{4} b_b h_0^2 \qquad\qquad (4.2.1)$$

76

对 2—2 轴的惯性矩：$\qquad I_2 = b_b h_0^2$ $\hfill$ (4.2.2)

②斜板线单元特征计算（图 4.2.5）

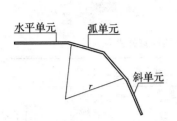

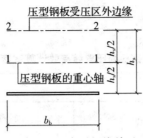

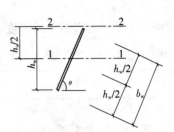

图 4.2.3　压型钢板三种板元　　图 4.2.4　水平板线单元　　图 4.2.5　斜板线单元

对 1—1 轴的惯性矩：$\qquad I_1 = \dfrac{\sin^2\theta}{12}b_w^3 = \dfrac{1}{12}b_w h_w^2$ $\hfill$ (4.2.3)

对 2—2 轴的惯性矩：$\quad I_2 = \left(\dfrac{h_s}{2}\right)^2 b_w + I_1 = \dfrac{b_w}{4}\left(h_0^2 + \dfrac{h_w^2}{3}\right)$ $\hfill$ (4.2.4)

③弧板线单元特征计算（图 4.2.6）

$$r_{cl} = r + \frac{t}{2}\;;\; b_{fl} = \theta r_{cl}\;;\; c = \frac{r_{cl}\sin\theta}{\theta} \qquad (4.2.5)$$

对 1—1 轴的惯性矩：

$$I_1 = \left(\frac{\theta + \sin\theta\cos\theta}{2} - \frac{\sin^2\theta}{\theta}\right)r_{cl}^3 \qquad (4.2.6)$$

对 2—2 轴的惯性矩：$\quad I_2 = \theta r_{cl}(r_{cl} - c)^2 + I_1$ $\hfill$ (4.2.7)

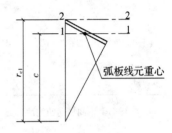

图 4.2.6　弧板线单元

式中　r——圆弧半径；

　　　t——弧板的厚度。

2. 受压翼缘有效计算宽度

①当压型钢板受压翼缘的宽厚比不超过表 4.2.1 所规定的最大宽厚比时，受压翼缘的有效计算宽度 b_{ef}（图 4.2.7）可按表 4.2.2 中所列的相应的公式计算。

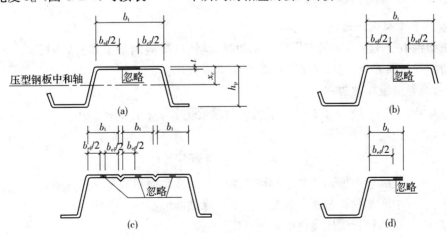

图 4.2.7　压型钢板受压翼缘有效计算宽度
(a)无中间加劲肋的两边支承板；(b)一边支承，一边卷边的板元；
(c)有中间加劲肋的两边支承板；(d)一边支承，一边自由的板元

②一般情况下,组合板中所采用的压型钢板,形状比较简单,加劲肋不超过两个,所以,在实际计算中,压型钢板受压翼缘的有效计算宽度 b_{ef} 可取为:

$$b_{ef} = 50t \tag{4.2.8}$$

式中 t ——压型钢板的厚度。

表 4.2.2   压型钢板受压翼缘有效计算宽度 b_{ef} 的计算公式

板元的受力状态	计 算 公 式	
1. 两边支承,无中间加劲肋(图 4.2.7a) 2. 两边支承,上下翼缘不对称,$b_t/t > 160$ 3. 一边支承,一边卷边,$b_t/t \leqslant 60$	当 $b_t \leqslant 1.2\sqrt{E/\sigma_c}$ 时 $b_{ef} = b_t$	(4.2.9)
	当 $b_t > 1.2\sqrt{E/\sigma_c}$ 时 $b_{ef} = 1.77\sqrt{E/\sigma_c}(1 - \dfrac{0.387}{b_t/t}\sqrt{E/\sigma_c})t$	(4.2.10)
4. 一边支承,一边卷边 $b_t/t > 60$(图 4.2.7b)	$b_{ef}^{cq} = b_{ef} - 0.1(b_t/t - 60)t$ 式中 b_{ef} 按式(4.2.10)计算	(4.2.11)
5. 一边支承,一边自由(图 4.2.7d)	当 $b_t \leqslant 0.39\sqrt{E/\sigma_c}$ 时 $b_{ef} = b_t$ 当 $0.39\sqrt{E/\sigma_c} < b_t/t \leqslant 1.26\sqrt{E/\sigma_c}$ 时 $b_{et} = 0.58t\sqrt{E/\sigma_c}(1 - \dfrac{0.126}{b_t/t}\sqrt{E/\sigma_c})$	(4.2.12)
	当 $1.26\sqrt{E/\sigma_c} < b_t/t \leqslant 60$ 时 $b_{ef} = 1.02t\sqrt{E/\sigma_c} - 0.39b_t$	(4.2.13)
6. 有 1~2 个中间加劲肋的两边支承受压翼缘 $b_t \leqslant 60$(图 4.2.7c)	当 $b_t/t \leqslant 1.2\sqrt{E/\sigma_c}$ 时,按式(4.2.9)计算 当 $b_t/t > 1.2\sqrt{E/\sigma_c}$ 时,按式(4.2.10)计算	
7. 有 1~2 个中间加劲肋的两边支承受压翼缘 $b_t > 60$(图 4.2.7c)	按式(4.2.11)计算	

注:b_{ef} ——压型钢板受压翼缘的有效计算宽度(mm);

　　b_{ef}^{cq} ——折减的有效计算宽度(mm);

　　σ_c ——按有效截面计算时,受压边缘板的支承边缘处的实际应力(N/mm²);

　　E ——板材的弹性模量(N/mm²)。

3. 受压翼缘纵向加劲肋

当压型钢板受压翼缘板带有纵向加劲肋时,其惯性矩应满足下列公式的要求;否则,带纵向加劲肋的受压翼缘板,应按无加劲肋的受压翼缘板计算。

(1)边缘卷边板加劲肋

$$I_{es} \geqslant 1.83t^4\sqrt{(b_t/t)^2 - 27600/f_y}, 且 I_{es} \geqslant 9.2t^4 \tag{4.2.14}$$

(2)中间加劲肋

$$I_{is} \geqslant 3.66t^4\sqrt{(b_t/t)^2 - 27600/f_y}, 且 I_{is} \geqslant 18.4t^4 \tag{4.2.15}$$

式中 I_{es} ——边缘卷边加劲肋截面对被加劲受压翼缘截面形心轴的惯性矩;

　　　　I_{is} ——中间加劲肋截面对被加劲受压翼缘截面形心轴的惯性矩;

　　　　b_t ——压形钢板受压翼缘的实际宽度(mm);

　　　　t ——压型钢板的基板厚度(mm);

　　　　f_y ——钢材的屈服强度。

4. 国产压型钢板截面性能(表4.2.3)

表4.2.3 国产压型钢板的规格和截面性能

板 型	板厚 (mm)	重量(kg/m)		截面性能(1m 宽)			
				全截面		有效截面	
		未镀锌	镀锌 Z227	惯性矩 I(cm^4/m)	截面系数 W(cm^3/m)	惯性矩 I(cm^4/m)	截面系数 W(cm^3/m)
YX-75-230-690 (Ⅰ)	0.8	9.96	10.6	117	29.3	82	18.8
	1.0	12.4	13.0	145	36.3	110	26.2
	1.2	14.9	15.5	173	43.2	140	34.5
	1.6	19.7	20.3	226	56.4	204	54.1
	2.3	28.1	28.7	316	79.1	316	79.1
YX-75-230-690 (Ⅱ)	0.8	9.96	10.6	117	29.3	82	18.8
	1.0	12.4	13.0	146	36.5	110	26.2
	1.2	14.8	15.4	174	43.4	140	34.5
	1.6	19.7	20.3	226	57.0	204	54.1
	2.3	28.0	28.6	318	79.5	318	79.5
YX-75-200-600 (Ⅰ)	1.2	15.7	16.3	168	38.4	137	35.9
	1.6	20.8	21.3	220	50.2	200	48.9
	2.3	29.5	30.2	306	70.1	306	70.1
YX-75-200-600 (Ⅱ)	1.2	15.6	16.3	169	38.7	137	35.9
	1.6	20.8	21.3	220	50.7	200	48.9
	2.3	29.6	30.2	309	70.7	309	70.6
YX-70-200-600	0.8	10.5	11.1	110	26.6	76.8	20.5
	1.0	13.1	13.6	137	33.3	96	25.5
	1.2	15.7	16.2	164	40.0	115	30.6
	1.6	20.9	21.3	219	53.3	153	40.8

4.3 组合楼板构造

1. 混凝土的强度等级

混凝土的强度等级不宜低于C20,集料的尺寸不应大于$0.4\,h_p$、$0.33\,b_w$和30mm。h_p为压形钢板的厚度,b_w为压型钢板浇注混凝土的凹槽的平均宽度(图4.3.1a)或上口宽度(图4.3.1b)。

2. 压型钢板

组合楼板用的压型钢板净厚度(不包括镀锌保护层等面层)不应小于0.75mm,但仅供施工做模板用的压型钢板除外。压型钢板外露表面应有保护层,以防施工使用过程中被大气侵蚀。

采用镀锌压型钢板时,其镀锌层两面总计为275g/m^2,一般适用非侵蚀环境的室内楼板,当镀锌层超过275g/m^2,应保证加工操作协调。所有镀锌层都应进行铬酸盐处理,以减少潮湿引起的白锈,并减少混凝土与锌之间的化学反应。

3. 组合楼板的厚度

(1)组合楼板的总厚度h不应小于90mm,压型钢板翼缘以上的混凝土厚度h_c不应小于

50mm,如图 4.3.1 所示。

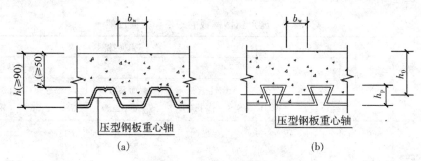

图 4.3.1　组合板截面尺寸

(a)开口式压型钢板；(b)闭合式压型钢板

(2)压型钢板用作混凝土板底部受力钢筋时,需要进行防火保护,此时,组合楼板的厚度及防火保护层的厚度应符合表 4.3.1 的要求。

表 4.3.1　耐火极限时压型钢板组合楼板厚度和保护层厚度

类别	无防火保护层的楼板		有防火保护层的楼板	
图例				
楼板厚度(mm)	≥80	≥110	≥50	
防火保护层厚度(mm)			≥15	

4.组合板的支承长度

(1)支承在钢梁时,组合板的支承长度不应小于 75mm,其中压型钢板的搁置长度不应小于 50mm,如图 4.3.2a、b 所示。

(2)支承在混凝土梁或墙上,组合板的支承长度不应小于 100mm,其中压型钢板的支承长度不应小于 75mm,如图 4.3.2d、e 所示。

(3)连续板或搭接在钢梁或混凝土梁(墙)上的支承长度,应分别不小于 75mm 或 100mm,如图 4.3.2c、f 所示。

5.端部的锚固

(1)将圆柱头栓钉置于压型钢板端头的凹槽内,利用穿透平焊法,把栓钉穿透压型钢板焊在钢梁上的翼缘,如图 4.3.3a 所示。

(2)将圆柱头栓钉焊在钢梁上翼缘的中线上,同时将两侧压型钢板的端头凸肋打扁,并点焊在钢梁上翼缘,如图 4.3.3b 所示。

(3)栓钉的直径应符合下列规定:

A. 跨度小于 3m 的组合板,栓钉的直径为 13mm 或 16mm。

B. 跨度为 3~6m 的组合板,栓钉的直径为 16mm 或 19mm。

C. 宽度大于 6m 的组合板,栓钉直径为 19mm。

(4)圆柱头栓钉焊接后的剩余高度,应大于压型钢板的波高加 30mm;栓钉顶面混凝土保护层厚度不应小于 15mm,如图 4.3.3c 所示。

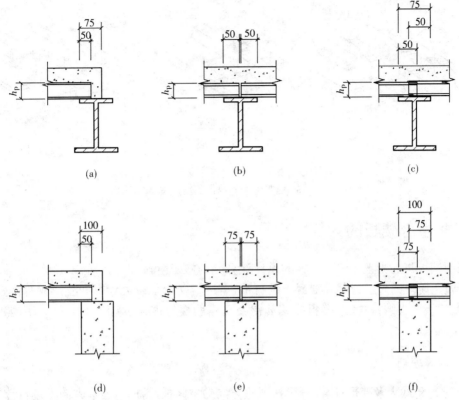

图 4.3.2　组合板的最小支承长度

(a)~(c)钢梁；(d)~(f)混凝土梁

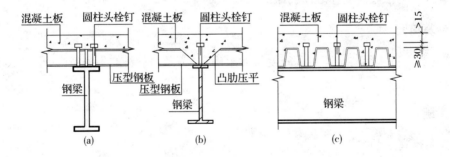

图 4.3.3　组合板的端部锚固

(a)双排栓钉；(b)单排栓钉；(c)栓钉焊接后的剩余高度及栓钉顶面混凝土保护层厚度要求

6. 压型钢板长边的连接

压型钢板长边相互之间的连接采用搭接，并用贴角焊或塞焊进行焊接，以防止压型钢板相互移动或分离，每段焊缝长度为 20~30mm，焊缝间距为 300mm 左右，如图 4.3.4 所示。

7. 压型钢板端部的连接

压型钢板端部的连接应设置锚固件与钢梁连接，可采用塞焊、贴角焊或采用圆头柱栓钉穿透压型钢板与钢梁焊接，如图 4.3.4 所示。

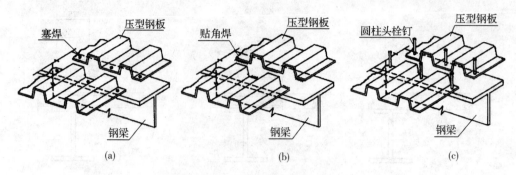

图 4.3.4 压型钢板与钢梁的连接
(a)塞焊；(b)贴角焊；(c)栓钉穿透焊

4.4 非组合楼板的计算

压型钢板与混凝土非组合楼板的设计计算分为施工阶段和设计阶段。施工阶段，压型钢板承受施工阶段的施工荷载和混凝土的自重，需进行受弯承载力计算和变形验算。在使用阶段，压型钢板失去结构功能，楼板按钢筋混凝土密肋楼板进行设计。下面仅介绍施工阶段的验算。

4.4.1 计算原则

1. 进行承载力及变形计算时，可按强边方向的单向板计算，对弱边方向不进行计算。
2. 按弹性计算方法计算。
3. 经验算，压型钢板的强度和变形不能满足要求时，可增设临时支撑以减小压型钢板的跨度，计算跨度可取临时支撑之间的距离。

4.4.2 计算简图

计算简图可按实际支承跨数及跨度尺寸来确定，考虑到下料的不利情况，也可取两跨连梁或单跨简支板。

4.4.3 荷载

1. **永久荷载**
压型钢板、混凝土的自重。
2. **可变荷载**
施工活荷载：工人、施工机械设备等自重。
附加荷载：当有混凝土堆放、附加管线、混凝土泵等以及过量冲击效应时，应适当增加荷载。
3. **额外荷载**
当压型钢板跨中挠度 δ 大于 20mm 时，应考虑"坑凹"效应，计算混凝土自重时，将全部的混凝土厚度增加 0.7δ。

4.4.4 承载力验算

1. 截面抵抗矩

压型钢板的截面抵抗矩 W_s，取其受压区 W_{sc} 和受拉区 W_{st} 两者的较小值：

$$W_{sc} = I_s / x_c \tag{4.4.1}$$

$$W_{st} = I_s / h_p - x_c \tag{4.4.2}$$

式中　I_s——单位板宽压型钢板对其截面形心轴的惯性矩，计算时，受压翼缘有效计算宽度 b_{ef} 的取值，应满足 $b_{ef} \leqslant 50t$（t 为压型钢板基板的厚度）；

　　　x_c——压型钢板受压翼缘的外缘到中和轴的距离；

　　　h_p——压型钢板的总高度。

2. 受弯承载力

压型钢板的正截面受弯承载力应按下式进行验算：

$$M \leqslant W_s f \tag{4.4.3}$$

式中　M——压型钢板沿顺肋方向一个波宽的弯矩设计值；

　　　f——压型钢板的抗拉抗压的强度设计值；

　　　W_s——压型钢板的截面惯性矩，按公式(4.4.1)和式(4.4.2)计算，取两者中的较小值。

4.4.5 挠度验算

压型钢板在均布荷载作用下，可按下式进行验算：

简支板　　　　　$$\delta = \frac{5}{384} \frac{q_k l^4}{EI_s} \leqslant [\delta] \tag{4.4.4}$$

两跨连续板　　　$$\delta = \frac{1}{185} \frac{q_k l^4}{EI_s} \leqslant [\delta] \tag{4.4.5}$$

式中　q_k——荷载短期效应组合的代表值；

　　　E——压型钢板的弹性模量；

　　　l——压型钢板的计算跨度；

　　　$[\delta]$——挠度限值，可取 $l/180$ 和 20mm 的较小值。

4.5　组合楼板设计计算

压型钢板与混凝土组合板的计算按施工阶段和使用阶段分别计算。在施工阶段，由于压型钢板与混凝土之间不能共同作用，此时压型钢板的作用可视为模板，其分析计算同非组合楼板。在使用阶段，混凝土已经结硬，根据压型钢板与混凝土共同工作的特点，进行组合楼板的承载力、局部荷载下的抗冲切承载力和变形验算。

4.5.1 计算原则

1. 在使用阶段，当压型钢板上的混凝土厚度为 50~100mm 时，可按下列规定进行组合楼板的设计。

(1)按简支单向板计算组合板强边方向的正弯矩。

（2）强边方向的负弯矩按固端板计算。

（3）不考虑弱边（垂直肋的方向）方向的正弯矩。

2. 当压型钢板上的混凝土厚度大于 100mm 时，板的承载力应按下列规定确定按双向板或单向板计算，但板的变形仍按强边方向的简支单向板计算。

（1）当 $0.5<\lambda_e<2.0$ 时，按双向板计算。

（2）当 $\lambda_e \leqslant 0.5$ 或 $\lambda_e \geqslant 2.0$ 时，按单向板计算。

式中 λ_e 按下式计算：

$$\lambda_e = \mu / l_y \qquad \mu = \left(\frac{I_x}{I_y}\right)^{1/4} \tag{4.5.1}$$

式中　μ——组合板的各向异性系数；

　　　l_x——组合板强边（顺肋）方向的跨度；

　　　l_y——组合板弱边（垂直于肋）方向的宽度；

　I_x、I_y——分别为组合楼板强边和弱边方向的截面惯性矩，计算式只考虑压型钢板顶面以上混凝土的厚度 h_c。

3. 在局部荷载作用下，组合楼板强边和弱边的有效工作宽度，如图 4.5.1 所示，分别根据抗弯、抗剪计算取用不大于按下列公式计算得到的相应的数值。

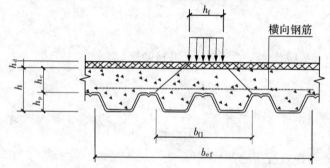

图 4.5.1　局部荷载作用下组合板的有效计算宽度

（1）抗弯计算时

简支板

$$b_{ef} = b_{fl} + 2l_p - 2l_p^2 / l \tag{4.5.2}$$

连续板

$$b_{ef} = b_{fl} + \frac{4}{3}l_p - 4l_p^2 / 3l \tag{4.5.3}$$

$$b_{fl} = b_f + 2(h_c + h_d) \tag{4.5.4}$$

（2）抗剪计算时

$$b_{ef} = b_{fl} + l_p - l_p^2 / l \tag{4.5.5}$$

式中　b_f、b_{fl}——集中（局部）荷载的作用宽度和集中荷载在组合板内的分布宽度；

　　　l——组合板跨度；

　　　l_p——荷载作用点至组合板较近支座的距离；当板宽内有多个集中荷载时，l_p 取产生较小 b_{ef} 值的相应荷载作用点至较近支座点距离；

　　　h_c——压型钢板上翼缘面以上的混凝土厚度；

　　　h_d——组合板的饰面层厚度（若无饰面层时，$h_d = 0$）。

4. **双向组合板**

（1）周边支承条件

双向组合板周边的支承条件,可按以下情况确定:

①当宽度大致相等,且相邻跨是连续的,楼板周边可简化为固定边;

②当组合板相邻跨度相差比较大时,或压型钢板以上的混凝土板不连续,应将楼板周边简化为简支边。

(2)异性双向板

对异性双向板的弯矩,可将板形状按有效边长加以修正后,按各向同性板的弯矩采用。

①强边方向的弯矩,取等于弱边方向跨度乘以系数后所得各向同性板在短边方向的弯矩,如图 4.5.2a 所示。

②弱边方向得弯矩,取等于强边方向宽度乘以后所得各向同性板在短边方向得弯矩,如图 4.5.2b 所示。

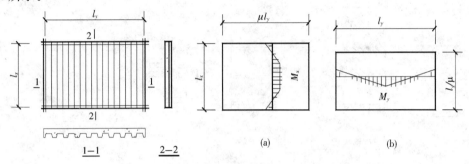

图 4.5.2　各向异性双向板计算简图
(a)强边方向的弯矩;(b)弱边方向的弯矩

(3)四边支承的双向板

①强边(顺肋)按方向,按组合板计算;

②弱边(垂直于肋)方向,仅取压型钢板上翼缘以上的混凝土板,按一般的钢筋混凝土板设计。

4.5.2　正截面承载力计算

1. 正截面受弯的破坏形态

若压型钢板与混凝土之间的粘结力能确保在最大弯矩截面到达极限弯矩之前不丧失抗剪粘结强度,组合楼板的弯矩破坏形态分为:

(1)位于拉区的压型钢板截面屈服后,并经过较大的塑性变形后,受压区混凝土最大的应变达到受压极限应变而压碎,这种破坏具有明显的预兆,属于塑性破坏,这种组合板成为适筋板,如图 4.4.3 截面 1—1 所示。

(2)当含钢率过大时,受拉钢板在没有屈服之前,受压区混凝土达到其极限应变值而压碎,组合板同时发生突然脆性破坏,破坏时组合板变形

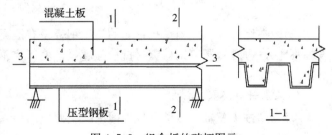

图 4.5.3　组合板的破坏图示

很小,没有明显的预兆,此种破坏属于脆性破坏,发生脆性破坏的组合板称为超筋板。

2. 组合板的界限含钢率

组合板的塑性破坏和脆性破坏区别在于前者破坏始于受拉压型钢板屈服,后者始于压区混凝土压碎。当组合材料确定以后,破坏主要取决于含钢率 ρ 的大小。当在某一特定含钢率下,使受拉压型钢板全部达到屈服的同时,受压区混凝土边缘纤维应变也达到极限压应变,此时的含钢率称为界限含钢率 ρ_b。显然,当 $\rho > \rho_b$ 时,组合板发生脆性破坏;当 $\rho < \rho_b$ 时,组合板发生塑性破坏。下面确定界限的含钢率 ρ_b 的表达式。

截面平均应变平截面假定也适应于组合板,根据界限破坏的条件,可以导出相对界限受压区高度和界限配筋率 ρ_b,如图 4.5.4 所示,界限破坏时,压型钢板顶面的拉应变达到屈服应变时,受压边缘混凝土恰好达到极限压应变 $\varepsilon_{cu} = 0.0033$,则相对界限受压区高度 ξ_b 为:

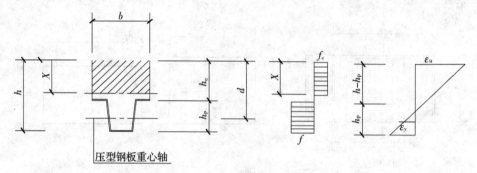

图 4.5.4 组合板应力与应变分布

$$\xi_b = \frac{0.8}{1 + \dfrac{f}{0.0033E_s}} \times \frac{h - h_p}{h_0} \tag{4.5.6}$$

式中 h_p——压型钢板高度;

h_0——组合板的有效高度,从钢板形心轴到受压边缘的距离;

f——钢材的抗拉强度设计值;

f_c——混凝土轴心抗压强度设计值。

界限配筋率为:

$$\rho_b = \xi_b \frac{f_c}{f} \tag{4.5.7}$$

3. 计算假定

(1)组合板的正截面承载能力按塑性设计理论计算,假定截面受拉区和受压区的材料均达到强度设计值。

(2)因在组合板中充当受拉钢筋的压型钢板没有混凝土保护层,以及中和轴附近材料强度发挥不充分等原因,压型钢板钢材抗拉强度设计值 f 和混凝土强度设计值 f_c 均应分别乘以折减系数 0.8。

4. 基本计算公式

(1)当塑性中和轴在压型钢板顶面混凝土截面内 $(x \leqslant h_c)$,如图 4.5.5a 所示。根据平衡条件,得出如下计算基本公式:

$$A_p f = b x f_c \tag{4.5.8}$$
$$M \leqslant 0.8 f_c b x y_p \tag{4.5.9}$$

式中　M——组合楼板在压型钢板一个波宽内的弯矩设计值；

　　b——压型钢板的波矩；

　　x——组合板的受压区高度，当 $x>0.55h_0$ 时，取 $x=0.55h_0$；

　　y_p——压型钢板截面拉应力合力至混凝土受压区截面应力合力的距离；

　　h_0——组合板的有效高度，即从压型钢板重心至混凝土受压区边缘的距离；

　　h_c——压型钢板顶面以上的混凝土计算高度；

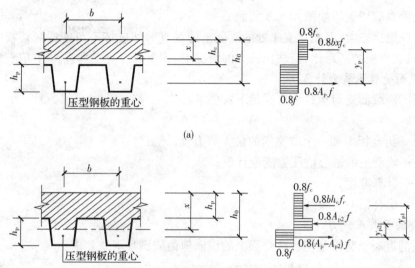

图 4.5.5　组合板正截面受弯应力图

(a)中和轴位于混凝土内；(b)中和轴位于压型钢板内

　　A_p——压型钢板一个波距内的截面面积；

　　f——压型钢板钢材的抗拉强度设计值；

　　f_c——混凝土的抗压强度设计值。

(2)当塑性中和轴位于压型钢板内（$x>h_c$）时，如图 4.5.5b 所示。则

$$M \leqslant 0.8(f_c b h_c y_{p1} + A_{p2} y_{p2} f) \tag{4.5.10}$$

$$A_{p2} = 0.5(A_p - b h_c f_c / f) \tag{4.5.11}$$

式中　A_{p2}——塑性中和轴以上的压型钢板波距内的截面面积；

　　y_{p1}、y_{p2}——压型钢板受拉区截面应力分别至受压区混凝土板截面和压型钢板截面压应力合力的距离。

4.5.3　受剪承载力计算

1. 斜截面受剪破坏的形态

(1)纵向水平剪切破坏

纵向水平剪切破坏如图 4.5.3 截面 3—3 所示。

这种破坏形态是组合楼板的主要破坏形式，其特征是：首先在靠近支座附近的集中荷载处的混凝土出现斜向裂缝，混凝土和压型钢板开始垂直分开，随着在压型钢板和混凝土之间丧失剪切粘结力，并产生相对滑移。由于产生相对滑移，使楼板非线性位移增加，构件丧失承载力。

一般情况下,当组合楼板弯曲破坏时,它的端部滑移是很小的,因此,压型钢板端部是否产生滑移,是区别弯曲破坏和水平剪切粘结形态的主要标志。试验表明,当不配置剪力筋,仅配置端头栓钉的组合板,在静荷载作用下能够充分满足组合作用,即端头锚固栓钉是组合板中不可缺少的锚固件,在剪切粘结组合效应中起主要作用,不可忽视,它能提高剪切荷载的 20%,初始滑移荷载的 23%,减少最大滑移量的 20%。

(2)混凝土垂直剪切破坏

混凝土垂直剪切破坏如图 4.5.3 截面 2—2 所示。

组合板一般比较柔,因此在支座处的混凝土的垂直剪切破坏不可能成为楼板的控制设计临界条件,只有在板的高跨比、荷载比较大的情况下,才考虑混凝土垂直的剪切破坏。

2. 斜截面受剪承载力计算

组合板的斜截面受剪承载力应满足下式要求:

$$V_c \leqslant 0.07 f_c b h_0 \tag{4.5.12}$$

式中　V_c——组合板端部一个波宽内的最大剪力设计值;

　　　f_c——混凝土的轴心抗压强度设计值;

　　　b——计算宽度;

　　　h_0——组合板的有效高度。

3. 叠合面受剪承载力计算

组合板的混凝土与压型钢板叠合面上的纵向剪力应满足下式要求:

$$V_f \leqslant \alpha_0 - \alpha_1 L_v + \alpha_2 b_w h_0 + \alpha_3 t \tag{4.5.13}$$

式中　V_f——组合板一个波距叠合面上的纵向剪力设计值;

　　　L_v——组合板的剪力跨距,$L_v = M/V_v$,M 为与剪力设计值 V_v 相应的弯矩设计值;

　　　b_w——压型钢板用于浇注混凝土的凹槽的平均宽度;

　　　t——压型钢板的厚度;

　　　h_0——组合板的有效高度;

　$\alpha_0 \sim \alpha_3$——剪力粘结系数,由试验确定;当无试验资料时,,也可参考下列数值:

$$\alpha_0 = 0.78, \alpha_1 = 0.098, \alpha_2 = 0.0036, \alpha_3 = 38.6$$

4. 钢板与混凝土交接面上的抗剪能力验算

在正常使用极限状态,组合楼板处于弹性工作阶段,验算的目的是控制交接面上的剪应力不超过粘结强度。

交接面上的剪力是组合作用形成以后施加荷载引起的,不包括施工期间钢板单独承担的剪力,交接面上的剪应力 τ 可近似表示为:

$$\tau = \frac{V A_p y}{I_0 b} \tag{4.5.14}$$

式中　V——荷载标准组合引起的最大剪力;

　　　y——压型钢板重心到截面弹性中和轴的距离;

　　　I_0——考虑混凝土徐变的作用影响,将组合截面换算成钢截面的惯性矩;

　　　A——压型钢板在一个波长 b 内的截面面积。

钢板于混凝土之间的粘结强度为 0.05N/mm^2,则验算时应满足:

$$\tau \leqslant 0.05 \text{N/mm}^2 \tag{4.5.15}$$

88

4.5.4 抗冲切承载力计算

当组合楼板上作用集中荷载时,应按下式验算其抗冲切承载力:

$$V_p \leqslant 0.6 u_{cr} h_c f_t \tag{4.5.16}$$

式中　V_p——集中荷载作用下组合板的冲切力设计值;

　　　u_{cr}——冲切面的临界周边的长度,如图 4.5.6 所示;

　　　h_c——压型钢板顶面以上的混凝土计算厚度;

　　　f_t——混凝土的抗拉强度设计值。

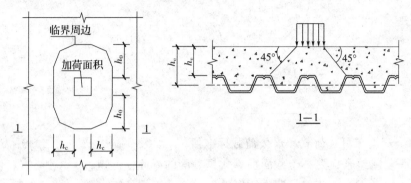

图 4.5.6　集中荷载作用下组合板的冲切的临界周边

4.5.5 挠度、裂缝及自振频率验算

挠度和裂缝按弹性理论计算。

1. 挠度验算

计算组合板挠度时,不论其支承情况如何,均按简支单向板计算沿强边(顺肋)方向的变形,并应分别按短期荷载效应组合和长期效应组合计算。

(1)荷载短期效应组合下的组合板挠度按下式计算:

均布荷载简支板:
$$\delta_s = \frac{5}{384} \frac{q_k l^4}{B_s} \tag{4.5.17}$$

集中荷载简支板:
$$\delta_s = \frac{1}{48} \frac{S_s l^3}{B_s} \tag{4.5.18}$$

均布荷载双向简支板:
$$\delta_s = \frac{1}{185} \frac{S_s l^4}{B_s} \tag{4.5.19}$$

式中　S_s——荷载短期效应组合的标准值;

　　　B_s——对应荷载短期效应组合的换算截面抗弯刚度,此时,压型钢板截面应乘以 α_E 换算成混凝土截面,或将混凝土截面除以 α_E 换算成钢截面;

　　　α_E——型钢板弹性模量 E 与混凝土的弹性模量 E_c 的比值,$\alpha_E = E/E_c$。

(2)荷载长期效应组合下的组合板挠度按下式计算:

均布荷载简支板:
$$\delta_l = \frac{5}{384} \frac{S_l l^4}{B_l} \tag{4.5.20}$$

集中荷载简支板:
$$\delta_l = \frac{1}{48} \frac{S_l l^3}{B_l} \tag{4.5.21}$$

均布荷载双向简支板：
$$\delta_l = \frac{1}{185}\frac{S_l l^4}{B_l} \qquad (4.5.22)$$

式中 S_l——荷载长期效应组合的标准值；

B_s——对应荷载长期效应组合的换算截面抗弯刚度，此时，压型钢板截面应承以 $2\alpha_E$ 换算成混凝土截面，或将混凝土截面除以 $2\alpha_E$ 换算成钢截面。

(3)按荷载的短期效应组合，并考虑永久荷载的长期作用的影响，承受均布荷载的简支组合板，其挠度可按下列公式计算：

$$\delta = \frac{5}{384}\left(\frac{q_k l^4}{EI_0} + \frac{g_k l^4}{EI_0'}\right) \leqslant l/360 \qquad (4.5.23)$$

$$I_0 = \frac{1}{\alpha_E}\left[I_c + A_c(x_n' - h_c')^2\right] + I_p + A_p(h_0 - x_n')^2 \qquad (4.5.24)$$

$$I_0' = \frac{1}{2\alpha_E}\left[I_c + A_c(x_n' - h_0')^2\right] + I_p + A_p(h_0 - x_n')^2 \qquad (4.5.25)$$

$$x_n' = \frac{A_c h_c + \alpha_E A_p h_0}{A_c + \alpha_E A_p} \qquad (4.5.26)$$

式中 q_k, g_k——均布可变荷载和永久荷载标准值；

I_0——将组合板混凝土截面换算成钢截面的截面惯性矩；

I_0'——考虑永久荷载长期作用影响的组合截面惯性矩；

x_n'——全截面有效组合板中和轴至受压区边缘的距离；

A_p, A_c——分别为压型钢板和混凝土的截面面积；

h_c'——组合板受压边缘至混凝土截面重心的距离；

h_0——组合板截面有效高度；

I_p, I_c——分别为压型钢板或混凝土对组合板中和轴的惯性矩；

l——组合板的计算跨度。

2. 组合楼板负弯矩部位混凝土裂缝宽度验算

组合楼板负弯矩部位混凝土裂缝宽度的验算，可忽略压型钢板的作用，即按混凝土板及负筋计算板的最大裂缝宽度，并使其符合《混凝土结构设计规范》规定的裂缝宽度的限值。

最大裂缝宽度计算按荷载的短期效应组合并考虑长期荷载效应的影响进行计算。最大裂缝宽度按下式计算：

$$w_{max} = 2.1\psi\nu(54 + 10d)\frac{\sigma_{ss}}{E_s} \leqslant w_{lim} \qquad (4.5.27)$$

$$\psi = 1.1 - 65\frac{f_{tk}}{\sigma_{ss}} \qquad (4.5.28)$$

$$\sigma_{ss} = \frac{M_s}{0.87h_0' A_s} \qquad (4.5.29)$$

式中 ψ——裂缝之间纵向受拉钢筋应变不均匀系数；

d、A_s、E_s——组合板负弯矩段纵向受拉钢筋的直径、截面面积和弹性模量；

ν——纵向受拉钢筋的表面特征系数，对光面钢筋，取 $\nu = 1.0$；对变形钢筋，取 $\nu = 0.7$；

σ_{ss}——按荷载短期效应组合计算的纵向受拉钢筋的应力；

M_s——荷载短期效应组合时组合板的负弯矩设计值；

h_0'——组合板上翼缘以上混凝土截面的有效高度 $h_0' = h_c - 20\text{mm}$；

f_{tk}——混凝土的轴心抗拉强度标准值；

w_{lim}——裂缝宽度限值，按《混凝土结构设计规范》(GB 50010—2003)规定取值。

3. 组合板的振动控制

组合板振动感觉的许可程度，可近似地通过验算板的自振频率值，并使该值大于许可值，以此作为判别，组合楼板的自振频率按下式计算：

$$f_q = \frac{1}{0.178\sqrt{\delta_L}} \geqslant 15(\text{Hz}) \qquad (4.5.30)$$

式中 δ_L——永久荷载作用下组合板的最大挠度(cm)。

4.6 组合板的配筋

1. 在下列情况下，组合板内应在其混凝土内配置钢筋

(1)为组合板提供储备承载能力，需要沿板的跨度方向设置附加的抗拉钢筋。

(2)在连续组合楼板或悬臂组合板的负弯矩区沿板的长度方向配置连续钢筋。

(3)组合板中间支座区段的上部纵向钢筋，应穿过板的反弯点，并留有足够的锚固长度和弯钩。

(4)在较大集中荷载作用的部位，应配置横向钢筋，其截面面积不应小于压型钢板顶面以上混凝土截面面积的 0.2%，其延伸宽度不小于局部荷载下组合板的有效工作宽度 b_{ef}。

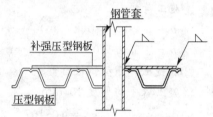

图 4.6.1 压型钢板在套管穿过处的补强

(5)沿板的洞口周边配置附加钢筋；若有较大的直径套管穿过压型钢板时，需设置补强钢板，并采用角焊缝将其与套管和压型钢板焊接，如图 4.6.1 所示。

(6)当防火等级较高时，应于组合楼板的底部沿板底宽度方向配置附加受拉钢筋。

(7)当采用 YX-70-200-600 和 YX-75-230-690 等光面开口式压型钢板时，为了提高混凝土和压型钢板共同工作的能力，应在板的剪跨区(均布荷载时，为板两端各 1/4 跨度范围内)，配置横向 Φ6 钢筋，间距为 150～300mm，并采用喇叭形坡口焊，将横向钢筋与压型钢板的每个凸肋翼缘焊接，每个凸翼缘上的焊缝长度，不应小于 150mm，如图 4.6.2 所示。

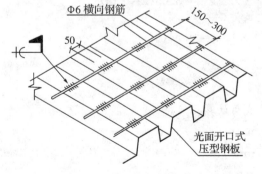

图 4.6.2 光面开口式压型钢板的抗剪钢筋

2. 抗裂钢筋

(1)连续组合楼板按简支板设计时，在支座处区段板面顺肋方向配置的抗裂钢筋，其截面面积不应小于混凝土截面面积的 0.2%，其长度从支座边缘算起，不应小于跨度的 1/6，且必须与不少于 5 根分布钢筋相交。

(2)顺肋方向设置的抗裂钢筋，其钢筋的最小直径不应小于 4mm，最大间距为 150mm，保护层厚度为 20mm,与抗裂钢筋垂直的分布钢筋,直径不应小于抗裂钢筋直径的 2/3,间距不应大于抗裂钢筋间距的 1.5 倍。

4.7 例题

【例 4.7.1】 某建筑楼层采用压型钢板组合板,计算跨度为 2.2m,剖面构造如图 4.7.1 所示。压型钢板型号采用 YX-75-200-600(Ⅱ),钢号 Q235,板厚度 $t=1.6$mm,每米宽度的截面面积 $A_s=2650$mm^2/m(重量 0.355kN/m^2),截面惯性矩 $I_s=0.96\times10^6$mm^4/m。顺肋简支单向板,压型钢板上浇筑 80mm 厚 C25 混凝土,上铺 3mm 厚面砖(重度 30kN/m^3)。试验算压型钢板混凝土组合板在施工阶段、使用阶段的承载力和挠度。

【解】 1. 施工阶段压型钢板混凝土组合板验算

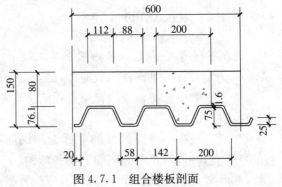

图 4.7.1 组合楼板剖面

取 $b=1000$mm 作为计算单元

(1)荷载计算

①施工荷载

$$p_k = 1.0 \times 1.0 (\text{kN/m})$$
$$p = 1.4 \times 1.0 = 1.4 (\text{kN/m})$$

②混凝土和压型钢板自重

混凝土取平均厚度 107mm

$$g_k = (0.107 \times 25 + 0.355) \times 1.0 = 3.03 (\text{kN/m})$$
$$g = 1.2 \times 3.03 = 3.64 (\text{kN/m})$$
$$q_k = p_k + g_k = 1.0 + 3.03 = 4.03 (\text{kN/m})$$

(2)内力计算

$$M = \frac{1}{8}(q_1 + g_1)l^2 = \frac{1}{8}(1.4 + 3.64) \times 2.2^2 = 3.05 (\text{kN} \cdot \text{m})$$

$$V = \frac{1}{2}(q_1 + g_1)l = \frac{1}{2}(1.4 + 3.64) \times 2.2 = 5.54 (\text{kN})$$

(3)压型钢板承载力验算

压型钢板受压翼缘的计算宽度 b_{et}

$50 \times t = 50 \times 1.6 = 80 (\text{mm}) \leqslant 112 (\text{mm})$,按有效截面计算几何特征。

查表 4.2.3 得:

$$I = 200 \times 10^4 (\text{mm}^4/\text{m})$$
$$W_e = 48.9 \times 10^3 (\text{mm}^3/\text{m})$$

1m 宽压型钢板的承载力设计值为:

$$M_u = f \times W_e = 205 \times 48.9 \times 10^3 = 10.02 \times 10^6 (\text{N} \cdot \text{mm/m})$$
$$= 10.02 (\text{kN} \cdot \text{m/m}) > 3.05 (\text{kN} \cdot \text{m/m})$$

(4)压型钢板的跨中挠度验算

$$\frac{5q_k l^4}{384 E_s I_s} = \frac{5 \times 4.03 \times 2200^4}{384 \times 206 \times 10^3 \times 0.96 \times 10^6} = 6.22 (\text{mm}) < \frac{l}{200} = \frac{2200}{200} = 11 (\text{mm})$$

压型钢板满足施工阶段使用要求。

2. 使用阶段压型钢板混凝土板验算

(1)荷载计算

取 $b=1000$mm 计算

永久荷载(混凝土板取平均厚度107mm)

$$g_k = 0.003 \times 30 + 0.107 \times 25 + 0.355 = 3.12(\text{kN/m})$$

$$g = 1.2 \times 3.12 = 3.74(\text{kN/m})$$

活荷载计算：

$$p_k = 2 \times 1 = 2(\text{kN/m})$$

$$p = 1.4 \times 2 = 2.8(\text{kN/m})$$

(2)内力计算

$$M = \frac{1}{8}(g+p)l_0^2 = \frac{1}{8}(3.74+2.8) \times 2.2^2 = 3.96(\text{kN} \cdot \text{m})$$

$$V = \frac{1}{2}(g+p)l_0 = \frac{1}{2}(3.74+2.8) \times 2.2 = 7.19(\text{kN})$$

(3)正截面承载力计算

$$f = 205\text{N/mm}^2 \qquad E = 2.06 \times 10^6 \text{N/mm}^2 \qquad f_c = 11.9\text{N/mm}^2$$

$$f_t = 1.27\text{N/mm}^2 \qquad h_0 = 155 - \frac{1}{2} \times 75 = 117.5(\text{mm})$$

$$\xi_b = \frac{1}{1+\dfrac{f}{0.0033E_s}} \cdot \frac{h-h_p}{h_0} = \frac{0.8}{1+\dfrac{205}{0.0033 \times 2.06 \times 10^5}} \times \frac{80}{117.5} = 0.420$$

$$x = \frac{A_p f}{f_c b} = \frac{265000 \times 205}{11.9 \times 1000} = 45.6(\text{mm})$$

$$\xi = \frac{x}{h_0} = \frac{45.6}{117.5} = 0.388 < 0.420$$

$$M_u = 0.8A_s f(h_0 - \frac{1}{2} \times 45.6) \times 205 = 41.16(\text{kN} \cdot \text{m}) > M = 3.96(\text{kN} \cdot \text{m})$$

(4)斜截面承载力计算

取一个波宽(200mm)计算

一个波承受的剪力 $V_1 = V \times \dfrac{200}{1000} = 7.19 \times \dfrac{200}{1000} = 1.44(\text{kN})$

$0.7f_t b_{bm} h_0 = 0.7 \times 1.27 \times (58+88) \times \dfrac{1}{2} \times 117.5 = 7.6(\text{kN}) > V_1 = 1.44(\text{kN})$

(5)变形验算

取一个波宽计算

混凝土弹性模量 $\qquad E_c = 2.90 \times 10^4 \text{N/mm}^2$

$$\alpha_E = \frac{E}{E_c} = \frac{2.06 \times 10^5}{2.8 \times 10^4} = 7.36$$

①荷载效应标准组合作用下的挠度

换算截面如图 4.7.2 所示。

混凝土截面上宽 $\qquad \dfrac{200}{\alpha_E} = \dfrac{200}{7.36} = 27.17(\text{mm})$

肋宽 $\dfrac{72}{7.36}=9.78(\mathrm{mm})$

$$y=\dfrac{27.17\times80\times(25+80/2)+9.78\times74\times(74/2+1.6)+2650\times0.2\times75/2}{27.17\times80+9.78\times75+250\times0.2}$$

$$=\dfrac{189094.6}{2957.1}=63.9(\mathrm{mm})$$

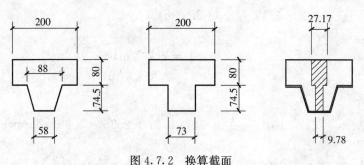

图 4.7.2 换算截面

一个波宽范围内组合板换算截面惯性矩

$$I'_{\mathrm{sk}}=\dfrac{1}{12}\times27.17\times80^{3}+27.17\times(63.4-80/2)^{2}+\dfrac{1}{12}\times9.78\times74^{3}+9.78\times74\times$$

$$(63.9-1.6-74/2)^{2}+0.2\times200\times10^{4}+2650\times0.2(63.9-75/2)^{2}$$

$$=274\times10^{4}(\mathrm{mm}^{4})$$

每米板宽的惯性矩

$$I_{\mathrm{sk}}=5I'_{\mathrm{sk}}=5\times274\times10^{4}=1370\times10^{4}(\mathrm{mm}^{4})$$

$$q_{\mathrm{k}}=g_{\mathrm{k}}+p_{\mathrm{k}}=3.12+2=5.12(\mathrm{kN/m})$$

$$\delta=\dfrac{5q_{\mathrm{k}}l^{4}}{384E_{\mathrm{s}}I_{\mathrm{sk}}}=\dfrac{5\times5.12\times2200^{4}}{384\times2.06\times10^{5}\times0.137\times10^{8}}$$

$$=0.553(\mathrm{mm})$$

②荷载效应准永久组合作用下的挠度

荷载值 $q_{\mathrm{q}}=g_{\mathrm{k}}+\psi_{\mathrm{cq}}p_{\mathrm{k}}=3.12+0.4\times2=3.92(\mathrm{kN/m})$

截面惯性矩 $I_{\mathrm{sq}}=\dfrac{I_{\mathrm{sk}}}{2}=\dfrac{0.137\times10^{8}}{2}=0.0685\times10^{8}(\mathrm{mm}^{4})$

挠度 $\delta_{\mathrm{q}}=\dfrac{5q_{\mathrm{q}}l^{4}}{384EI_{\mathrm{sq}}}=\dfrac{5\times3.92\times2200^{4}}{384\times2.06\times10^{5}\times0.0685\times10^{8}}$

$$=0.845(\mathrm{mm})<\dfrac{l}{360}=\dfrac{2200}{360}=6.1(\mathrm{mm})$$

满足要求。

第5章 型钢混凝土梁

5.1 概述

型钢混凝土梁是在混凝土中主要配置轧制或焊接的型钢,其次配有适量的纵筋和箍筋。这种结构形式的梁,我们把它称为型钢混凝土梁。

型钢混凝土梁配置的型钢形式分为实腹式型钢和空腹式型钢两大类,如图 5.1.1 所示。本书主要介绍实腹式型钢梁。

由于在混凝土中配置了型钢,型钢混凝土梁的承载力、刚度大大提高,因而大大减小了梁的截面尺寸,增加了房间净空,即降低了房屋的层高与总高度,使其能够更好地运用于大跨、高层、超高层建筑中。

型钢混凝土梁,不仅强度高、刚度大,而且有良好的延性和耗能性能,尤其适合抗震区。

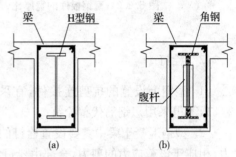

图 5.1.1 型钢混凝土梁
(a)实腹式型钢梁;(b)空腹式型钢梁

5.2 型钢混凝土梁构造要求

5.2.1 型钢

1. 含钢率

(1)含钢率是指型钢混凝土梁内的型钢截面面积与梁全截面面积的比值。

(2)梁中的型钢含钢率宜大于 4%,较为合理的含钢率为 5%~8%。

2. 型钢的级别、形式及保护层厚度

(1)型钢混凝土梁中的型钢宜采用 Q235 或 Q345 钢。

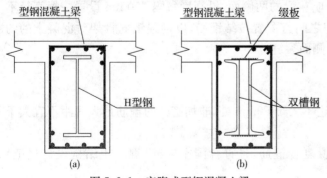

图 5.2.1 实腹式型钢混凝土梁
(a)工型钢;(b)双槽钢

(2)型钢混凝土梁中型钢的形式宜采用对称截面的、充满型、宽翼缘的实腹式型钢。充满型是指型钢受压翼缘位于梁截面的受压区内,受拉翼缘位于梁截面的受拉翼缘内。

(3)型钢可采用轧制的或由钢板焊成的工字型钢或 H 型钢,如图 5.2.1a 所示;为了便于剪力墙竖向钢筋或管道的通过,也可采用双槽钢连接而成的截面形式,如图 5.2.1b

所示。

(4)实腹式型钢的翼缘和腹板宽厚比,如图5.2.2所示,且不应超过表5.2.1的限值[10]。

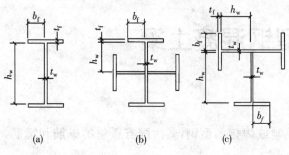

图 5.2.2　型钢板件的宽厚比

表 5.2.1　型钢板件宽厚比的限值

钢　号	梁		柱	
	b_{af}/t_f	h_w/t_w	b_{af}/t_f	h_w/t_w
Q235	<23	<107	<23	<96
Q345	<19	<91	<19	<81

(5)型钢混凝土梁内的型钢板件(钢板)厚度不宜小于6mm。

(6)型钢混凝土梁的保护层厚度不宜小于100mm。

5.2.2　栓钉

1. 型钢上设置的抗剪连接件,宜采用栓钉,不得采用短钢筋代替栓钉。

2. 型钢混凝土梁中需要设置栓钉的部位,可按弹性方法,计算型钢翼缘外表面处的剪应力,相应于该剪应力的剪力,全部由栓钉承担。

3. 栓钉应符合国家标准《圆柱头焊钉》(GB 10433)的规定。

4. 型钢上设置的抗剪栓钉直径规格,宜选用19mm或22mm,其长度不宜小于4倍栓钉直径。

5. 栓钉的间距不宜小于6倍的栓钉直径。

5.2.3　纵向受力钢筋

1. 型钢混凝土梁中的纵向受力钢筋宜采用HRB335、HRB400级热轧钢筋。

2. 纵向受拉钢筋的配筋率宜大于0.3%。

3. 梁的受拉侧和受压侧纵向钢筋配置均不宜超过两排,且第二排只能在梁的两侧设置钢筋,以免影响梁底部混凝土浇筑的密实性。

4. 钢筋直径不宜小于16mm,间距不应大于200mm,纵筋以及与型钢骨架之间的净距不应小于30mm和1.5d(d为钢筋的最大直径)。

5. 梁的截面高度h_w≥450mm时,应在梁的两侧面,沿高度每隔200mm设置一根直径不小于10mm的纵向钢筋,且腰筋与型钢之间宜配置拉结钢筋,以增强钢筋骨架对混凝土的约束作用,并防止因混凝土收缩引起的梁侧面裂缝。

5.2.4　箍筋

1. 梁端第一肢箍筋应设置在距柱边不大于50mm处,非加密区的箍筋最大间距不宜大于加密区箍筋间距的2倍。

2. 在梁的箍筋加密区段内,宜配置复合箍筋,且符合国家标准《混凝土结构设计规范》(GB 50010—2002)的规定。

3. 箍筋加密区长度,箍筋最大间距和箍筋最小直径应满足表5.2.2的要求。

表 5.2.2　梁端箍筋加密区的构造要求

抗震等级	箍筋加密区长度	箍筋最大间距(mm)	箍筋最小直径(mm)
一　级	$2h$	100	12
二　级	$1.5h$	100	10
三　级	$1.5h$	150	10
四　级	$1.5h$	150	8

注:h 为型钢混凝土梁的高度。

4. 箍筋的配箍率满足如下要求:

非抗震设计 $\qquad\qquad \rho_{sv} = 0.24 f_t / f_{yv}$ $\qquad\qquad$ (5.2.1)

抗震设计 $\quad$ 对于抗震等级为一级时, $\quad \rho_{sv} \geqslant 0.30 f_t / f_{yv}$ $\qquad$ (5.2.1a)

$\qquad\qquad$ 对于抗震等级为二级时, $\quad \rho_{sv} \geqslant 0.28 f_t / f_{yv}$ $\qquad$ (5.2.1b)

$\qquad\qquad$ 对于抗震等级为三级时, $\quad \rho_{sv} \geqslant 0.26 f_t / f_y$ $\qquad$ (5.2.1c)

5.2.5　截面尺寸

1. 型钢混凝土梁的截面宽度不应小于 300mm,主要是为了浇筑混凝土方便。

2. 为了确保梁的抗扭和侧向稳定,梁截面高度不宜大于其截面宽度的 4 倍,且不宜大于梁净跨的 1/4。

5.2.6　混凝土强度等级

型钢混凝土梁混凝土强度等级不宜低于 C30。

5.3　型钢混凝土梁正截面受弯承载力计算

5.3.1　试验研究分析

仅以配有实腹式型钢混凝土梁(且是充满型的)受弯试验为例来分析其受力性能。对于空腹式型钢混凝土梁(且是充满型的),由于中间仅用板材连接,它的受弯性能基本与钢筋混凝土受弯构件相同,分析试验和研究证实,只需要将受压区的型钢与受拉区的型钢看作钢筋混凝土中的受压纵筋和受拉纵筋。其正截面抗弯承载力的计算方法与钢筋混凝土抗弯承载力的计算方法一样。

图 5.3.1 为截面尺寸 200mm×250mm,内配有工字型钢、纵筋及箍筋的实腹型型钢混凝土梁的弯矩-挠度曲线。由图可知,梁的正截面受力过程分为以下几个阶段[11]。

加载方式采用两点对称施加集中荷载,通过一个分配梁来实现。试件在试验机上逐级加载,我们仅研究型钢混凝土梁的纯弯段。在 oa 段:当荷载逐级施加时,由于起初荷载较小,型钢和纵向钢筋的应力较小,$M\text{-}f$ 曲线为直线,整个截面受力处于弹性阶段。在 ab 段:当荷

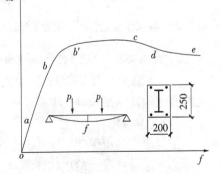

图 5.3.1　实腹式型钢混凝土梁的
弯矩-挠度曲线

载加到极限荷载的15%～20%时,型钢混凝土梁首先在纯弯段开始出现裂缝,即图5.3.1中曲线的 a 点。随着荷载的增加,裂缝开展。但是裂缝发展到型钢的下翼缘,并不随着荷载的增加而继续发展,大约加载到极限荷载的50%左右时,裂缝基本上出齐。由于梁出现裂缝后,截面刚度减小,M-f 曲线产生转折,但减小程度比钢筋混凝土要小,这是因为型钢截面的尺寸较大,同时,型钢在梁宽与高度方向均更大范围内地约束着混凝土的受拉变形,尤其在型钢腹板与翼缘之间的"核心"混凝土,受到一定程度的约束,所以 M-f 曲线大致上仍是一条直线。该阶段中的型钢和纵向受拉钢筋的受力仍处于弹性阶段。在 bc 段:当荷载加大到一定程度,型钢受拉翼缘开始屈服,并且随之腹板沿高度方向也继续屈服,受拉钢筋也达到屈服,即图5.3.1中 b' 和 b 点(何者先屈服取决于各自的屈服应变和所配置的位置情况)。此时截面刚度大大降低,M-f 曲线明显弯曲。继续加载到极限荷载80%时,型钢受压翼缘出现水平粘结裂缝,型钢上翼缘达到受压屈服,仅有腹板中部的一部分截面尚处于弹性受力状态。此时梁的截面刚度已很小,受压区混凝土的应力发展显著加快,M-f 曲线接近水平线。在 cd 段:当荷载加到极限荷载时,即图5.3.1中 c 点,断续的水平粘结裂缝贯通,受压区混凝土保护层剥落,受压区混凝土被压碎,型钢混凝土梁宣告破坏。在 de 段:此阶段梁的受弯承载力主要依靠型钢维持,变形可以持续发展很长一段时间,延性性能比钢筋混凝土梁好。

与上述受力过程相对应的是型钢混凝土梁截面的应力分布情况[11],如图5.3.2所示,图中 S 和 RC 分别代表型钢和钢筋混凝土部分。

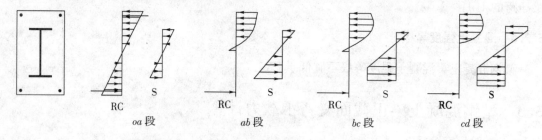

图 5.3.2　型钢混凝土梁截面的应力分布过程

通过实验发现,型钢混凝土梁达到最大承载力之前,梁中的型钢截面的应变分布与混凝土截面的应变分布基本上协调一致,中和轴重合,且接近于直线分布,结果表明,型钢与混凝土的粘结作用在受到最大荷载之前一般不会破坏。二者能够很好地共同作用,因此,可假定型钢混凝土梁中型钢与混凝土的应变符合平截面假定。

5.3.2　型钢混凝土梁正截面受弯承载力计算

1. 型钢混凝土梁正截面承载力计算方法一(平截面假定基础上的极限平衡法)[3]

对于配置充满型、实腹式型钢混凝土梁,其正截面受弯承载力计算,其行业标准《型钢混凝土组合结构技术规程》(JGJ 138—2001)给出了如下计算方法。

(1)基本假定

①截面应变应保持平面;

②不考虑混凝土的抗拉强度;

③受压边缘混凝土极限压应变 ε_{cu} 取 0.003,相应的最大应力取混凝土轴心抗压强度设计值 $\alpha_1 f_c$。

④受压区混凝土的应力图形简化为等效矩形,其高度取按平截面假定的中和轴高度乘以系数 β_1。

⑤型钢腹板的拉、压应力图形均为梯形。设计计算时,简化为等效的矩形应力图形。

⑥纵向钢筋的应力取等于钢筋应变与其弹性模量的乘积,但不大于设计值。受拉钢筋和型钢受拉翼缘的极限拉应变 ε_{su} 取 0.01。

其中系数取值如下:

当混凝土强度等级不超过 C50 时,系数 α_1 取 1.0,β_1 取 0.8;

当混凝土强度等级为 C80 时,系数 α_1 取 0.94,β_1 取 0.74;

其间按线性内插法取值。

(2)计算原则

把型钢翼缘作为纵向受力钢筋的一部分,并在下面的平衡方程式中分别增加了型钢腹板受弯承载力项 M_{aw} 和型钢腹板轴向力承载项 N_{aw} 的确定,它是通过对型钢腹板应力分布积分,再做一定的简化求出来的。

(3)承载力计算

①计算简图(图 5.3.3)

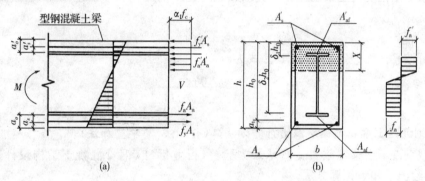

图 5.3.3　型钢混凝土受弯承载力计算简图

②计算公式

$$M \leqslant \alpha_1 f_c bx\left(h_0 - \frac{x}{2}\right) + f'_y A'_s(h_0 - a'_s) + f'_a A'_{af}(h_0 - a'_a) + M_{aw} \tag{5.3.1}$$

$$\alpha_1 f_c bx + f'_y A'_s + f'_a A'_{af} - f_y A_s - f_a A_{af} + N_{aw} = 0 \tag{5.3.2}$$

当 $\delta_1 h_0 < \frac{1}{\beta_1}x, \delta_2 h_0 > \frac{1}{\beta_1}x$ 时

$$N_{aw} = \left[\frac{2}{\beta_1}\xi - (\delta_1 + \delta_2)\right]t_w h_0 f_a \tag{5.3.3}$$

$$M_{aw} = \left[\frac{1}{2}(\delta_1^2 + \delta_2^2) - (\delta_1 + \delta_2) + \frac{2}{\beta_1}\xi - \left(\frac{1}{\beta_1}\xi\right)^2\right]t_w h_0^2 f_a \tag{5.3.4}$$

式中　　　ξ——相对受压区高度,$\xi = x/h_0$;

　　　　　ξ_b——相对界限受压区高度,$\xi_b = x_b/h_0$;

　　　　　x_b——界限受压区高度;

　　　δ_1、δ_2——分别为型钢腹板的上端、下端至梁截面混凝土受压区上边缘距离与 h_0 的比值;

h_0——型钢受拉翼缘和纵向受拉钢筋合力点至混凝土受压边缘的距离；

N_{aw}——型钢腹板承受的轴向合力；

M_{aw}——型钢腹板承受的轴向合力对于型钢受拉翼缘和纵向受拉钢筋合力点的矩；

t_f、t_w、h_w——分别为型钢翼缘的厚度、腹板厚度和截面高度；

f_y、f'_y、E_s——钢筋的抗拉、抗压强度设计值和弹性模量；

f_a、f'_a——型钢的抗拉、抗压强度设计值；

a_s、a'_s——分别为纵向受拉、受压钢筋合力点至混凝土截面近边的距离；

a_a、a'_a——分别为型钢受拉、受压翼缘截面形心至混凝土截面近边的距离；

A_s、A'_s、A_{af}、A'_{af}——分别为受拉钢筋、受压钢筋、型钢受拉翼缘、型钢受压翼缘的截面面积；

b、h——分别为型钢混凝土梁截面的宽度与高度。

③公式适用条件

为了保证型钢混凝土梁发生破坏时，先是型钢下翼缘和纵向受拉钢筋屈服，然后受压区混凝土被压碎，使其具有良好的塑性变形性能，截面受压区高度 x 应满足：

$$x \leqslant \xi_b h_0 \quad \text{或} \quad \xi \leqslant \xi_b \tag{5.3.5a}$$

为了保证型钢混凝土梁的型钢上翼缘和纵向受压钢筋在破坏前达到屈服，截面受压区高度应满足：

$$x \geqslant a'_a + t_f \tag{5.3.5b}$$

ξ_b 值可按平截面假定推导出，其公式为：

$$\xi_b = \frac{\beta_1}{1 + \dfrac{f_y + f_a}{2 \times 0.003 E_s}} \tag{5.3.6}$$

2. 型钢混凝土梁正截面承载力计算方法二（叠加法、简单叠加法）[5]

对于型钢混凝土梁正截面受弯承载力验算，行业标准《钢骨混凝土结构设计规程》（YB 9082—97）给出了如下计算方法。

（1）一般叠加计算方法

①表达式

对于型钢混凝土梁正截面承载力计算的一般叠加法的表达式为：

$$M \leqslant M_{by}^{ss} + M_{bu}^{rc} \tag{5.3.7}$$

式中　M——钢骨混凝土梁的弯矩设计值；

M_{by}^{ss}、M_{bu}^{rc}——梁中钢骨部分的受弯承载力及钢筋混凝土部分的受弯承载力。

②计算步骤

需要通过多次试算，才能取得正确结果。

（2）简单叠加法

对于钢骨为双轴对称的充满型实腹型钢，即钢骨截面形心与钢筋混凝土截面形心重合时，如图5.3.4所示，型钢混凝土梁

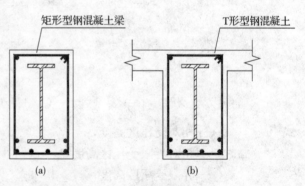

图 5.3.4　型钢混凝土梁截面
(a)无混凝土板；(b)现浇混凝土板

的正截面受弯承载力可按下列方法计算。

①计算公式

$$M \leqslant M_{\text{by}}^{\text{ss}} + M_{\text{bu}}^{\text{rc}}$$ (5.3.8)

式中　M——型钢混凝土梁弯矩设计值；

$M_{\text{by}}^{\text{ss}}$——梁内钢骨部分的受弯承载力；

$M_{\text{bu}}^{\text{rc}}$——梁内钢筋混凝土部分的受弯承载力。

②钢骨的受弯承载力

型钢混凝土梁内钢骨的受弯承载力 $M_{\text{by}}^{\text{ss}}$，按下式计算：

$$M_{\text{by}}^{\text{ss}} = \gamma_{\text{s}} W_{\text{ss}} f_{\text{ss}}$$ (5.3.9)

式中　W_{ss}——钢骨截面的弹性抵抗矩；

γ_{s}——钢骨截面塑性发展系数，对工字形截面的钢骨 $\gamma_{\text{s}}=1.05$；

f_{ss}——钢骨材料的抗压、抗拉强度设计值。

③钢筋混凝土部分受弯承载力 $M_{\text{bu}}^{\text{rc}}$

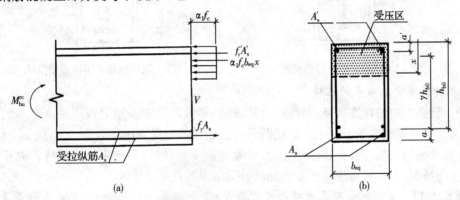

图 5.3.5　受拉钢筋形心到受压区合力点的距离

A. 型钢混凝土梁的钢筋混凝土部分，如图 5.3.5 所示，其受弯承载力按下列公式计算：

$$M_{\text{bu}}^{\text{rc}} = f_{\text{y}} A_{\text{s}} \gamma h_{\text{b0}}$$ (5.3.10)

$$\gamma h_{\text{b0}} = h_{\text{b0}} - \frac{x}{2}$$ (5.3.11)

$$x = \frac{f_{\text{y}} A_{\text{s}} - f_{\text{y}}' A_{\text{s}}'}{\alpha_1 f_{\text{c}} b_{\text{eq}}}$$ (5.3.12)

B. 型钢混凝土梁钢筋混凝土部分受压区高度 x，应符合下列要求：

$$x \leqslant \xi_{\text{b}} h_{\text{b0}}$$

$$\xi_{\text{b}} = \frac{\beta_1}{1 + \dfrac{f_{\text{y}}}{0.0033 E_{\text{s}}}}$$ (5.3.13)

式中　f_{y}、f_{y}'——钢筋的受拉、受压强度设计值；

A_{s}、A_{s}'——受拉区、受压区纵向钢筋的截面面积；

h_{b0}——梁截面的有效高度，即受拉钢筋截面面积形心到梁截面受压区外边缘的距离；

γh_{b0}——受拉钢筋截面面积形心到梁截面混凝土受压区压力合力点的距离；

α_1、β_1 ——系数；

b_{eq} ——梁截面混凝土受压区扣除其中钢骨截面面积后的等效宽度。

对于钢骨为充满型、非对称、实腹型的型钢混凝土梁,即梁受压区的钢骨翼缘宽度小于梁受拉区的钢骨翼缘宽度,如图 5.3.6 所示,其正截面承载力仍可按简单叠加法关于对称截面钢骨的计算方法。只不过此时可将受拉翼缘大于受压翼缘的钢骨截面面积,作为型钢梁钢筋混凝土部分的外加受拉钢筋就行。

对于钢骨为非充满型的实腹型钢,即钢骨偏置于梁截面受拉区的型钢混凝土梁,如图 5.3.7 所示,其正截面受弯承载力的计算,可参照前面关于钢与混凝土组合梁的设计方法。

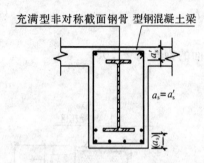

图 5.3.6 非对称截面钢骨图

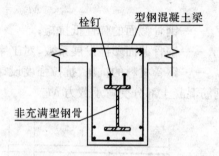

图 5.3.7 钢骨偏置于梁截面受拉区

3. 几种计算方法结果的比较

(1)一般叠加法的计算结果,与理论计算方法(平截面假定基础上极限平衡法)吻合较好,但多数情况下计算结果偏于安全。上述两种方法的计算过程均比较繁琐。

(2)简单叠加法与一般叠加法相比较,计算过程简单,但计算结果偏于保守。对于钢骨为对称配置的情况,简单叠加法与一般叠加法计算结果相差不是太大。

【例 5.3.1】 某型钢混凝土梁截面尺寸为 $b \times h = 450\text{mm} \times 850\text{mm}$,混凝土强度等级 C30 ($f_c = 14.3\text{N/mm}^2$,$\alpha_1 = 1.0$,$\beta_1 = 0.8$),型钢采用 Q345 钢,其型号为热轧 H 型钢 HZ600 ($600\text{mm} \times 220\text{mm} \times 12\text{mm} \times 19\text{mm}$,$W_a = W_{ss} = 3069 \times 10^3 \text{mm}^2$,$f_a = f'_a = f_{ss} = 315\text{N/mm}^2$),纵向钢筋 HRB400 ($f_y = f'_y = 360\text{N/mm}^2$,$E_s = 2.0 \times 10^5 \text{N/mm}^2$)。梁支座承受的负弯矩为 $M = 1278\text{kN} \cdot \text{m}$,如图 5.3.8 所示。

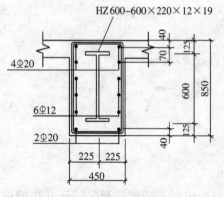

图 5.3.8 截面配筋图

【解】 1. 型钢截面的受弯承载力

$$M_{by}^{ss} = \gamma_s W_{ss} f_{ss}$$
$$= 1.05 \times 3069 \times 10^3 \times 315$$
$$= 1015.1 \times 10^6 (\text{N} \cdot \text{mm})$$
$$= 1015 (\text{kN} \cdot \text{m})$$

2. 钢筋混凝土部分的弯矩设计值

$$M_{bu}^{rc} = M - M_{by}^{ss}$$
$$= 1278 - 1015 = 263 (\text{kN} \cdot \text{m})$$

3. 截面的有效高度 h_{b0}

假定采用 4 根钢筋,两排布置,如图 5.3.8 所示。

即
$$h_{b0} = 850 - (40 + \frac{1}{2} \times 70) = 850 - 75 = 775 (\text{mm})$$

也可采用
$$h_{b0} = \frac{2 \times 740 + 2 \times 810}{4} = 775(\text{mm})$$

4. 求纵向受拉钢筋

为计算方便,可不考虑受压区钢筋,若要考虑,就要按构造要求假定受压钢筋的根数、直径和面积。或者是梁跨中的受力钢筋伸入支座后,把它看成受压钢筋。

$$\alpha_s = \frac{M_{bu}^{rc}}{\alpha_1 f_c b h_{b0}^2} = \frac{263 \times 10^6}{1.0 \times 14.3 \times 450 \times 775^2} = 0.068 < \alpha_{s,max}$$

$$\alpha_{s,max} = \xi_b(1 - 0.5\xi_b) = 0.518 \times (1 - 0.5 \times 0.518) = 0.384$$

$$\gamma = \frac{1}{2}(1 + \sqrt{1 - 2\alpha_s}) = \frac{1}{2}(1 + \sqrt{1 - 2 \times 0.068}) = 0.965$$

$$A_s = \frac{M_{bu}^{rc}}{f_y \gamma h_{b0}} = \frac{263 \times 10^6}{360 \times 0.965 \times 775} = 976.8(\text{mm}^2)$$

选用 4Φ18($A_s = 1017\text{mm}^2$),且 $A_s > \rho_{min}bh = 0.0015 \times 450 \times 850 = 574(\text{mm}^2)$

5. 假定此题目已配两根受压钢筋,直径为 18mm ,再在梁侧面各配置 3Φ12 的构造钢筋,如图 5.3.8 所示。

【例 5.3.2】 同[例 5.3.1],用平截面假定的极限平衡法确定梁的纵筋,如图 5.3.8 所示。

【解】 为了方便计算,不考虑受压区所配置的受压钢筋,即 A_s' 取为零。

1. 计算界限相对受压区高度

$$\xi_b = \frac{\beta_1}{1 + \frac{f_y + f_a}{2 \times 0.0033 E_s}} = \frac{0.8}{1 + \frac{360 + 315}{2 \times 0.0033 \times 2.0 \times 10^5}} = 0.529$$

2. 有效高度

1 根 18　　　　　　　　　$A_s = 254.5\text{mm}^2$

2 根 18　　　　　　　　　$A_s = 509\text{mm}^2$

$$f_y = 360\text{N/mm}^2 , f_a = 315\text{N/mm}^2$$

$$a = \frac{2 \times 254.5 \times 360 \times 40 + 2 \times 254.5 \times 360 \times 110 + 220 \times 19 \times 315 \times \left(125 + \frac{19}{2}\right)}{2 \times 254.5 \times 360 + 2 \times 254.5 \times 360 + 220 \times 19 \times 315}$$

$$= 121.5(\text{mm})$$

则　　　　　　　　$h_0 = h - a = 850 - 121.5 = 728.5(\text{mm})$

也可采用近似方法直接求:

$$h_0 = h - 125 - \frac{12}{2} = 850 - 125 - 6 = 719(\text{mm})$$

由于型钢翼缘的截面面积较大,就认为受拉区的形心在受拉翼缘截面形心处。

$$\delta_1 h_0 = 125 + 19 = 144\text{mm}, \quad \delta_1 = \frac{144}{h_0} = \frac{144}{728.5} = 0.198$$

$$\delta_2 h_0 = 850 - 144 = 706\text{mm}, \quad \delta_2 = \frac{706}{h_0} = \frac{706}{728.5} = 0.969$$

3. 判别

假定　　　　$\delta_1 h_0 < \frac{1}{\beta_1}x = 1.25x, \quad \delta_2 h_0 = \frac{1}{\beta_1}x = 1.25x \quad (\beta_1 = 0.8)$

则

$$M_{aw} = \left[\frac{1}{2}(\delta_1^2 + \delta_2^2) - (\delta_1 + \delta_2) + 2.5\xi - (1.25\xi)^2\right]t_w h_0^2 f_a$$

$$= \left[\frac{1}{2} \times (0.198^2 + 0.969^2) - (0.198 + 0.969) + 2.5\xi - (1.25\xi)^2\right] \times 12 \times 728.5^2 \times 315$$

$$= -1359965080 + 5015230762\xi - 3134519226\xi^2$$

由平衡方程

$$M_u = \alpha_1 f_c bx\left(h_0 - \frac{x}{2}\right) + f_y' A_s'(h_0 - a_s') + f_a' A_{af}'(h_0 - a_a') + M_{aw}$$

及

$$f_y' A_s' = 0, \quad x = \xi h_0$$

$$1278 \times 10^6 = 1.0 \times 14.3 \times 450 \times 728.5\xi \times (728.5 - 0.5\xi) + 315 \times 220 \times 19 \times$$

$$\left(728.5 - 125 - \frac{19}{2}\right) - 1359965080 + 5015230762\xi - 3134519226\xi^2$$

解得

$$\xi = 0.256$$

$$x = \xi h_0 = 0.256 \times 728.5 = 186.5(\text{mm})$$

$$\delta_1 h_0 = 144 < 1.25x = 1.25 \times 186.5 = 233.2(\text{mm})$$

$$\delta_2 h_0 = 706 > 1.25x = 1.25 \times 186.5 = 233.2(\text{mm})$$

故假定成立。

又

$$x = 186.5 < \xi_b h_0 = 0.529 \times 728.5 = 385.4(\text{mm})$$

且 $x \geq a_a' + t_f = 125 + 19 = 144\text{mm}$，符合条件。

$$N_{aw} = \left[2.5\xi - (\delta_1 + \delta_2)\right]t_w h_0 f_a = \left[2.5 \times 0.256 - (0.198 + 0.969)\right] \times 12 \times 728.5 \times 315$$

$$= -1451215710(\text{N})$$

由平衡方程

$$\alpha_1 f_c bx + f_y' A_s' + f_a' A_{af}' - f_y A_s - f_a A_{af} + N_{aw} = 0$$

由于

$$f_a' A_{af}' = f_a A_{af}, \quad f_y' A_s' = 0$$

解得

$$A_s < 0$$

按构造要求，选用直径不低于 16mm 的钢筋 4 根，$A_s = 804\text{mm}^2$ 且 $A_s = \rho_{\min} bh = 0.0015 \times 450 \times 850 = 574(\text{mm}^2)$

通过对[例 5.3.1]和[例 5.3.2]的分析，用平截面假定基础上的极限平衡法计算比较复杂，(并且还先假定了 A_s' 为零)但能较好地反映钢材与混凝土的共同工作能力。简单叠加法计算简单，但用钢量增加。

5.4 型钢混凝土梁斜截面抗剪承载力计算

5.4.1 试验研究分析

根据试验研究的结果表明，实腹式型钢梁斜截面的破坏与钢筋混凝土梁的斜截面破坏还是有较大差别的。根据其剪切破坏的形态不同分为三种类型：斜压破坏、剪压破坏和剪切粘结破坏[11]，如图 5.4.1 所示。

1. 斜压破坏

当剪跨比很小时（$\lambda < 1.5$）；或剪跨比 $\lambda = 1.0 \sim 1.5$ 且梁的含钢率（型钢）较大时的情况下，发生斜压破坏。当荷载加到一定值时，首先在加载点下面弯矩较大的地方出现弯曲裂缝，

但因剪跨比较小,梁上的正应力 σ 不大,而剪应力 τ 却相对较高,弯曲裂缝不再有明显发展。当加载到大约为极限荷载的 $30\%\sim50\%$ 时,就会出现斜裂缝。随着荷载的增加,斜裂缝向上延伸至加荷点附近,向下延伸至支座附近,并逐渐形成临界斜裂缝。斜裂缝宽度为中间大,两端小。当荷载加到临近极限荷载时,在临界斜裂缝两边又出现几条大致与之平行的斜裂缝,并在梁端附近形成了若干个斜压短柱。与钢筋混凝土梁不同的是型钢腹板是沿梁长、梁高方向连续配置的,且刚度较大,这和单纯仅配箍筋抗剪钢筋混凝土梁是不一样的。因此,当加载至混凝土开裂后,型钢的腹板承担着斜裂缝截面上混凝土转移过来的剪应力,同时,对混凝土的拉、压变形起到有效的约束作用。所以,混凝土的斜压短柱不可能在型钢屈服前达到极限压应变而压碎。只有在型钢屈服后,这种约束作用才丧失,抗剪能力不断下降,变形增大,最后,因混凝土斜压短柱被压碎而宣告梁破坏,如图5.4.1a所示。

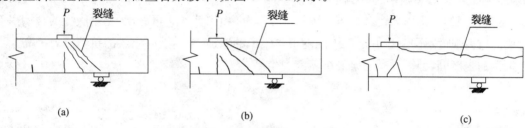

图 5.4.1　型钢混凝土梁的受剪破坏形态
(a)斜压破坏;(b)剪压破坏;(c)剪切粘结破坏

2. 剪压破坏

当剪跨比较大($\lambda > 1.5$),且梁的含钢率较小时的情况下,发生剪压破坏。当荷载加到混凝土受拉边缘的应变达到混凝土的极限拉应变时,首先出现垂直的弯曲裂缝,随着荷载的继续增加,剪跨区段的弯曲裂缝发展到型钢翼缘处,由于受到刚度较大的型钢约束,裂缝发展缓慢,当荷载进一步增大时,剪力也不断增大,梁腹部在剪应力和弯曲应力共同作用下产生的主拉应力,使垂直弯曲裂缝发展为弯剪斜裂缝,并指向加载点。此时,斜裂缝处的混凝土退出工作,主拉应力由型钢来承担。当接近极限荷载时,型钢发生剪切屈服,与斜裂缝相交的箍筋也屈服,剪压区的混凝土达到弯剪复合应力作用下的强度被压碎而宣告破坏,如图5.4.1b所示。

3. 剪切粘结破坏

当配箍较少且剪跨比较大时的情况下,发生剪切粘结破坏。型钢与混凝土的粘结力要比钢筋与混凝土的粘结力差得多,因此,在剪跨比较大的情况下,当荷载加到一定值时,型钢上、下翼缘附近产生劈裂裂缝,并沿型钢翼缘水平方向发展,最终导致混凝土保护层剥落,型钢混凝土梁宣告破坏,如图5.4.1c所示。

5.4.2　影响型钢混凝土梁斜截面承载力的主要因素

影响型钢混凝土梁斜截面承载力的主要因素有:剪跨比、型钢腹板的含钢率及型钢强度、配箍率及箍筋强度、型钢翼缘宽度与梁宽度之比以及混凝土的强度等级。除此之外还有加载方式,型钢混凝土保护层厚度等。

1. 剪跨比

剪跨比 $\lambda = M/Vh_0$,实质上反映了弯、剪作用的相互关系。当荷载为集中荷载时,剪跨比变为 $\lambda = a/h_0$,其中,h_0 为型钢翼缘和纵向受拉钢筋的合力点到混凝土截面受压边缘的距离。

当剪跨比较小时,即 $\lambda \leqslant 1 \sim 1.5$,梁的弯剪区段内,正应力较小,剪应力起控制作用,最终梁发生斜压破坏。规程一般是通过控制型钢混凝土梁的截面尺寸来防止。

当剪跨比较大时,即 $\lambda = 1.5 \sim 2.5$,梁的弯剪区段内,正应力、剪应力均较大,即型钢混凝土梁在弯剪复合应力作用下,斜截面发生剪压破坏。规程一般是通过受剪承载力的验算来防止。若混凝土保护层厚度较小或者箍筋配置不足,也发生剪切粘结破坏,规程一般是通过减小箍筋间距和肢距来防止。

当剪跨很大时,即 $\lambda > 2.5$,梁的承载力往往是由弯曲应力控制,发生的破坏为弯曲破坏。

剪跨比的大小对型钢混凝土梁斜截面受剪承载力大小的影响如图 5.4.2 所示,即受剪承载力随着剪跨比的增加而降低[12]。

2. 型钢腹板的含钢率及型钢的强度

型钢腹板的含钢率 $\rho_w = A_w/bh_0 (A_w = t_w h_w)$。由图 5.4.3 可看出,型钢腹板的含钢率不同,梁的拉剪强度不同。在一定范围内随着含钢率的增加,型钢混凝土梁的抗剪能力提高。当然,型钢的强度高,型钢混凝土梁的抗剪能力也高[11]。

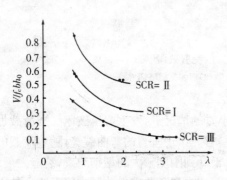

图 5.4.2　剪跨比对型钢混凝土梁斜截面
的受剪承载力的影响

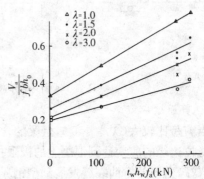

图 5.4.3　型钢腹板含钢率对抗剪
强度的影响

3. 配箍率及配箍强度

配箍率 $\rho_{sv} = A_{sv}/bs$。同钢筋混凝土梁一样,斜裂缝出现前,箍筋应力很小,基本不起作用。只有当斜裂缝出现后,与斜裂缝相交的箍筋的应力才突然增加。最终梁斜截面破坏时,与斜裂缝相交的箍筋基本上达到屈服。

当然,箍筋本身承担一部分剪力,同时箍筋对混凝土的变形起着约束的重要作用,从而使梁的强度与变形能力都得到改善。另外配置足够数量的箍筋对防止梁发生粘结破坏是有效的。

当然,箍筋强度高,型钢混凝土梁的抗剪能力也高。最适宜的箍筋最好采用 HPB235 或 HRB335 钢筋。

4. 型钢翼缘宽度与梁宽度的比值(宽度比 b_f/b)

型钢翼缘宽度 b_f 与梁的宽度 b 之比对型钢混凝土梁抗剪强度有一定影响。当 b_f/b 较大时,型钢约束的混凝土相对较多,对于提高梁的抗剪强度与变形能力是有利的,但是,当 b_f/b 大到一定程度,较易产生沿着型钢上、下翼缘的粘结劈裂破坏,这又是不利的,因此,型钢翼缘 b_f 应适当加大。名义剪应力 V/bhf_c 与 $(b-b_f)/b$ 大致呈线性关系[12],如图 5.4.4 所示。

5. **混凝土强度等级**

试验结果表明,梁中混凝土强度等级直接影响到混凝土斜压短柱的强度、混凝土与型钢的粘结强度或混凝土剪压区的强度,因此,一般说,随着混凝土强度等级的提高,型钢混凝土梁的斜截面抗剪能力也提高。

5.4.3 型钢混凝土梁斜截面抗剪能力计算

1. **型钢混凝土梁斜截面抗剪能力计算方法(一)[3]**

对于配置充满型、实腹式型钢混凝土梁,其斜截面受剪承载力计算,行业标准《型钢混凝土组合结构技术规程》(JGJ 138—2001)给出了如下计算方法:

(1)承载力计算方法

对于型钢混凝土梁斜截面受剪承载力由两部分构成,分别为钢筋混凝土部分的受剪承载力与型钢部分的受剪承载力之和。而型钢混凝土部分的受剪承载力同钢筋混凝土梁受剪承载力类似,它又是由混凝土部分的受剪承载力与斜裂缝相交的箍筋承担的受剪承载力之和。表达式为:

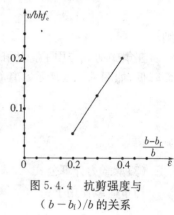

图 5.4.4　抗剪强度与
$(b-b_{\mathrm{f}})/b$ 的关系

$$V = V_{\mathrm{c}} + V_{\mathrm{sv}} + V_{\mathrm{a}} \tag{5.4.1}$$

①混凝土部分的受剪承载力 V_{c} 可表示为:

$$V_{\mathrm{c}} = \alpha f_{\mathrm{c}} b h_0 \tag{5.4.2}$$

②与斜裂缝相交的箍筋承担的受剪承载力 V_{sv} 可表示为:

$$V_{\mathrm{sv}} = \beta f_{\mathrm{yv}} \frac{A_{\mathrm{sv}}}{s} h_0 \tag{5.4.3}$$

式中　V——型钢混凝土梁的剪力设计值;

f_{yv}——箍筋的抗拉强度设计值;

A_{sv}——配置在同一截面内箍筋各肢的截面面积之和;

s——箍筋的间距;

α、β——与荷载作用形式及剪跨比大小有关的系数;

当荷载为均布荷载时,α 取 0.08,β 取 1.0;

当荷载为集中荷载时,α 取 $0.2/(\lambda + 1.5)$,如图 5.4.5 所示,β 取 1.0。

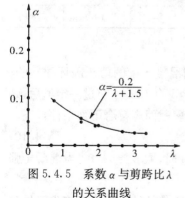

图 5.4.5　系数 α 与剪跨比 λ 的关系曲线

由①②可知,无论均布荷载或集中荷载,在斜压破坏和剪压破坏的情况下,虽然型钢与混凝土的粘结力差,但是由于连续配置的型钢翼缘、腹板对混凝土的约束呈有利作用,因此,型钢混凝土中混凝土抗剪能力并不比钢筋混凝土梁中混凝土抗剪能力低。而对于型钢混凝土梁中的箍筋,将在最后阶段发挥较大作用,可能有部分箍筋(例如在剪压区附近的箍筋)作用不能充分发挥,因此,型钢混凝土梁中的箍筋抗剪能力可能比钢筋混凝土梁中的抗剪能力低。

(2)型钢部分的受剪承载力

试验结果证明,型钢部分的受剪承载力实质上是型钢腹板所贡献的受剪承载力,其值大小不仅与荷载形式有关,而且还与型钢的强度,腹板的面积有关。

在均布荷载作用下,型钢混凝土梁抗剪达到极限状态时,型钢腹板的应力,基本上可取型钢纯剪状态时的剪切屈服强度:

$$\sigma = \frac{1}{\sqrt{3}} f_a = 0.58 f_a \tag{5.4.4}$$

则

$$V_a = 0.58 f_a t_w h_w \tag{5.4.5}$$

在集中荷载作用下,型钢的抗剪能力随着剪跨比的增加而降低,如图 5.4.6 所示。其腹板的抗剪强度为:

$$\sigma = \beta' f_a = \frac{0.58}{\lambda} f_a \tag{5.4.6}$$

则

$$V_a = \frac{0.58}{\lambda} f_a t_w h_w \tag{5.4.7}$$

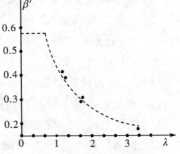

图 5.4.6 集中荷载作用下系数 β'
与剪跨比 λ 的关系曲线

(3)承载力计算公式

均布荷载作用下:

$$V_b \leqslant 0.08 \alpha_c f_c b h_0 + f_{yv} \frac{A_{sv}}{s} h_0 + 0.58 f_a t_w h_w \tag{5.4.8}$$

集中荷载作用下:

$$V_b \leqslant \frac{0.2}{\lambda + 1.5} \alpha_c f_c b h_0 + f_{yv} \frac{A_{sv}}{s} h_0 + \frac{0.58}{\lambda} f_a t_w h_w \tag{5.4.9}$$

式中　V_b ——型钢混凝土梁的剪力设计值;

　　　α_c ——型钢混凝土梁受剪截面与混凝土强度等级有关的强度折减系数,$\alpha_c = \sqrt{23.5/f_c}$ 查表 5.4.1 取值;

　　　λ ——计算截面剪跨比,λ 可取 $\lambda = a/h_0$,a 为计算截面至支座截面或节点边缘的距离,计算截面取集中荷载作用点处的截面。当 $\lambda < 1.4$ 时,取 $\lambda = 1.4$;当 $\lambda > 3$ 时,取 $\lambda = 3$。

其余符号同前。

表 5.4.1　型钢混凝土受剪截面的混凝土强度折减系数 α_c

混凝土等级	≤C50	C55	C60	C65	C70	C75	C80
α_c 的值	1.0	0.95	0.92	0.88	0.84	0.82	0.80

(4)计算公式及适用条件

上述型钢混凝土梁斜截面受剪承载力计算公式是基于型钢混凝土梁的剪压破坏建立的。对于集中荷载作用下型钢混凝土梁的斜截面受剪承载力表明,当 $V/(f_c bh_0)$ 超过一定值后,破坏时型钢不能达到屈服,配置的箍筋也可能不屈服,所以梁的受剪截面应符合下列条件:

$$V_b \leqslant 0.45 \beta_c f_c b h_0 \tag{5.4.10}$$

其中,β_c 为混凝土强度影响系数,当混凝土强度不超过 C50 时,取 $\beta_c = 1.0$,当混凝土强度为 C80 时,取 $\beta_c = 0.8$,其间按线性内差法确定。

同时,为了避免型钢配置(含钢率)过小时,由于型钢和混凝土的粘结作用极易丧失而导致

剪切黏结破坏,则:

$$\frac{f_a t_w h_w}{f_c b h_0} \geqslant 0.10 \tag{5.4.11}$$

当按计算不需要配置箍筋抗剪时,箍筋应按《混凝土结构设计规范》(GB 50010—2003)中的要求设置。

2. 型钢混凝土梁斜截面抗剪能力计算方法二[5]

对于型钢混凝土梁斜截面抗剪,行业标准《钢骨混凝土结构设计规程》(YB 9082—97)给出了如下强度验算公式:

(1)计算公式

$$V \leqslant V_y^{ss} + V_{bu}^{ss} \tag{5.4.12}$$

式中　V——型钢混凝土梁的剪力设计值;

　　V_y^{ss}——梁中钢骨(型钢)部分的受剪承载力;

　　V_{bu}^{ss}——梁中钢骨混凝土部分的受剪承载力。

(2)梁中钢骨受剪承载力

$$V_y^{ss} = f_{ssv} t_w h_w \tag{5.4.13}$$

式中　f_{ssv}——钢骨腹板的抗剪强度设计值;

　　t_w、h_w——钢骨腹板的厚度及高度。

(3)梁中钢筋混凝土部分抗剪承载力按下式计算

对于均布荷载作用下的矩形、T形和工形截面梁:

$$V_{bu}^{rc} = 0.07 \alpha_c f_c b_b h_{b0} + 1.5 f_{yv} \frac{A_{sv}}{s} h_{b0} \tag{5.4.14}$$

对于集中荷载作用下的各种截面梁:

$$V_{bu}^{rc} = \frac{0.2}{\lambda + 1.5} \alpha_c f_c b_b h_{b0} + 1.25 f_{yv} \frac{A_{sv}}{s} h_{b0} \tag{5.4.15}$$

式中　b_b——梁截面的宽度;

　　h_{b0}——梁截面受拉钢筋形心至截面受拉区外边缘的距离。

其余符号同前。

(4)公式适用范围

$$V \leqslant 0.4 f_c b_b h_{b0} \tag{5.4.16}$$

$$V_{bu}^{rc} \leqslant 0.25 f_c b_b h_{b0} \tag{5.4.17}$$

【例 5.4.1】 有一型钢混凝土简支梁,计算跨度(净跨)为 9m,承受均布荷载,其中永久荷载设计值为 12.0kN/m,(包括梁自重),可变荷载设计值为 16kN/m。由于空间高度限制,截面尺寸为 460mm×250mm。经正截面抗弯强度验算,拟配型钢 I36a 普通热轧工字钢,梁的上、下配 4Φ16 架立钢筋,混凝土强度等级为 C30,如图 5.4.7 所示。试验算其斜截面抗剪承载力,并配置箍筋。

【解】 按第一种方法计算

查 C30 混凝土强度得:

$$f_c = 15N/mm^2$$

I36a 工字钢:

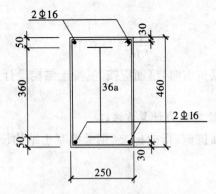

图 5.4.7 配筋截面图

$$A_s = 7630\text{mm}^2 \qquad f_a = 215\text{N/mm}^2$$
$$t_w = 10\text{mm} \qquad t_f = 15.8\text{mm}$$

则 $\quad h_w = 360 - 2 \times 15.8 = 328.4(\text{mm})$

$\quad\quad h_0 = 460 - 30 = 430(\text{mm}) \qquad$ （近似计算）

梁上永久荷载设计值与可变荷载设计值之和 $g + q = 12.0 + 16 = 28(\text{kN/m})$

则梁中剪力的最大设计值为：

$$V_{max} = \frac{1}{2}(g + q)l = \frac{1}{2} \times 28 \times 9 = 126(\text{kN})$$

由公式

$$\begin{aligned}V_b &= 0.08 f_c b h_0 + 0.58 f_a t_w h_w \\ &= 0.08 \times 15 \times 250 \times 430 + 0.58 \times 215 \times 10 \times 328.4 \\ &= 538515(\text{N}) = 538.5(\text{kN}) > V_{max}\end{aligned}$$

则满足 $\quad V_b < 0.45\beta_c f_c b h_0 = 0.45 \times 1.0 \times 15 \times 250 \times 430 = 725625(\text{N}) = 725.63(\text{kN})$

且还满足 $\quad\quad \dfrac{f_a t_w h_w}{f_c b h_0} = \dfrac{215 \times 10 \times 328.4}{15 \times 250 \times 430} = 0.44 > 0.1$

故钢箍按构造要求配箍，选择双肢 Φ6@200 的钢箍。

5.5 型钢混凝土梁的挠度验算

由型钢混凝土梁弯矩-挠度曲线的特点（图 5.3.1）可以看出，梁的刚度随型钢的含钢率、纵向受拉钢筋含量的增加而增加，当型钢混凝土梁受弯承载力相同时，型钢混凝土梁的刚度比钢筋混凝土梁有所提高。

5.5.1 计算原则

1. 对于型钢混凝土梁在正常使用极限状态下的挠度，可根据梁的刚度，采用结构力学的计算方法。

2. 计算等截面梁挠度时，可假定型钢梁的各同号弯矩区段内的刚度相等，其值取各区段内最大弯矩处截面的刚度。

3. 梁的挠度应按荷载效应的标准组合并考虑荷载长期作用影响的截面刚度 B 进行计算。

110

4. 若使用上允许型钢混凝土梁在生产制作时预先起拱,检验梁的挠度时,可将计算所得的挠度值减去施工时的起拱值。

5.5.2 挠度限值

1. 型钢梁的最大挠度计算值,不应超过表 5.5.1 中规定的限值。

2. 型钢悬臂梁的最大挠度计算值,不应超过表 5.5.1 中规定的限值的 2 倍。

表 5.5.1 型钢混凝土挠度的限值

挠度控制标准 梁的计算跨度 l_0	一般要求	较高要求
$l_0 < 7\text{m}$	$l_0/200$	$l_0/250$
$7\text{m} \leqslant l_0 \leqslant 9\text{m}$	$l_0/250$	$l_0/300$
$l_0 > 9\text{m}$	$l_0/300$	$l_0/400$

5.5.3 抗弯刚度计算

1. 计算方法(一)

(1)计算结果表明,型钢混凝土梁在加载过程中的平均应变,符合平截面假定,而且型钢和混凝土截面变形的曲率相同,因此,梁截面的抗弯刚度 B_s 可采用钢筋混凝土梁截面的抗弯刚度 B_{rc} 与型钢截面抗弯刚度 B_a 叠加的原则来计算。型钢在其正常使用阶段采用其刚度 $E_a I_a$。

(2)由不同受拉钢筋的配筋率、混凝土强度等级和截面尺寸的型钢混凝土梁的抗弯刚度试验结果表明,当梁截面尺寸一定时,钢筋混凝土截面部分的抗弯刚度主要与受拉钢筋配筋率有关。此外,在长期荷载作用下,由于受压区混凝土的徐变、钢筋与混凝土之间的滑移徐变及混凝土的收缩等原因,使梁的截面刚度下降。因此,在型钢梁的刚度 B 计算公式中,需要考虑荷载长期作用对挠度影响的增大系数 θ。

(3)行业标准《型钢混凝土组合结构技术规程》(JGJ 138—2001)规定,当型钢混凝土梁的纵向受拉钢筋配筋率为 0.3%~1.5% 时,其荷载效应的标准组合和长期作用影响下的短期刚度 B_s 和刚度 B,分别按下式计算:

$$B_s = B_{rc} + B_a = (0.22 + 3.75\alpha_E \rho_s)E_c I_c + E_a I_a \tag{5.5.1}$$

$$B = \frac{M_k}{M_q(\theta - 1) + M_k} B_s \tag{5.5.2}$$

式中　M_k——按荷载效应标准组合计算的弯矩值;

　　　M_q——按荷载效应准永久组合计算的弯矩值;

　　　θ——考虑荷载长期作用对挠度的增大系数;

　　　　　当 $\rho_s' = 0$ 时,$\theta = 2.0$;当 $\rho_s' = \rho_s$ 时,$\theta = 1.6$;当 ρ_s' 为中间值时,θ 按直线内插法确定;ρ_s、ρ_s' 分别为纵向受拉钢筋和纵向受压钢筋的配筋率,$\rho_s = A_s/bh_0$,$\rho_s' = A_s'/bh_0$;

　　E_c、E_a——分别为混凝土的弹性模量和型钢的弹性模量;

　　I_c、I_a——分别为按截面尺寸计算的混凝土的截面惯性矩和型钢截面的惯性矩;

　　　α_E——为型钢的弹性模量与混凝土弹性模量之比(E_a/E_c)。

2. 计算方法(二)

对于钢骨(型钢)截面为对称配置的钢骨(型钢)混凝土梁,行业标准《钢骨混凝土结构设计规程》(YB 9082—97)给出了如下计算公式。

(1)短期抗弯刚度

$$B_s = \frac{E_s A_s h_{b0}^2}{1.154 + 0.2 + \dfrac{6\alpha_E \rho}{1 + 3.5\gamma'_f}} + E_{ss} I_{ss} \qquad (5.5.3)$$

$$\psi = 1.1(1 - \frac{M_c}{M_k^{rc}}) \qquad (5.5.4)$$

$$M_c = 0.235bh^2 f_{tk} \qquad (5.5.5)$$

$$M_k^{rc} = \frac{E_s A_s h_{b0}}{E_s A_s h_{b0} + \dfrac{E_{ss} I_{ss}}{h_{0s}}(0.2 + \dfrac{6\alpha_E \rho}{1 + 3.5\gamma'_f})} M_k \qquad (5.5.6)$$

式中　E_s、E_{ss}、E_c——分别为钢筋、钢骨(型钢)和混凝土的弹性模量;

I_{ss}——钢骨(型钢)截面的惯性矩;

α_E——钢筋与混凝土的弹性模量的比值(E_s/E_c);

A_s、ρ——钢筋混凝土部分的纵向受拉钢筋的截面面积的配筋率,$\rho = A_s/bh_{b0}$;

b'_f、h'_f——型钢混凝土梁受压翼缘的截面宽度和高度;

γ'_f——受压翼缘增强系数,$\gamma'_f = \dfrac{(b'_f - b)h'_f}{bh_{b0}}$;

当 $h'_f > 0.2h_{b0}$ 时,取 $h'_f = 0.2h_{b0}$;

b——型钢混凝土梁腹的宽度;

h_{b0}——钢筋混凝土部分受拉钢筋形心至截面受压外边缘的距离;

h_{0s}——钢骨(型钢)截面形心到混凝土受压区边缘的距离;

M_c——混凝土截面的开裂弯矩;

M_k、M_k^{rc}——荷载效应标准组合下,分别为型钢混凝土梁所承担的弯矩及型钢混凝土部分所承担的弯矩;

f_{tk}——混凝土的轴心抗拉强度设计值;

ψ——纵向钢筋应变不均匀系数,当 ψ 大于 1.0 时,取 1.0;当 ψ 小于 0.4 时,取 0.4。

(2)计算刚度 B

型钢混凝土在考虑荷载长期作用影响下,由于混凝土徐变和收缩对梁的刚度进一步产生影响,因此,确定梁的计算刚度 B 时,应对型钢梁的混凝土部分的抗弯刚度进行修正,而型钢梁中的型钢部分抗弯刚度不变,即:

$$B = \frac{M_k^{rc}}{M_k^{rc} + 0.6M_{lk}^{rc}} \cdot \frac{E_s A_s h_{b0}^2}{1.15\psi + 0.2 + \dfrac{6\alpha_E \rho}{1 + 3.5\gamma'_f}} + E_{ss} I_{ss} \qquad (5.5.7)$$

$$M_{lk}^{rc} = (\frac{M_{lk}}{M_k})M_k^{rc} \qquad (5.5.8)$$

式中　M_{lk}——荷载长期作用影响下,型钢混凝土梁所承担的弯矩;

M_{lk}^{rc}——荷载长期作用影响下,钢筋混凝土部分所承担的弯矩。

5.6　型钢混凝土梁的裂缝验算

型钢混凝土梁的裂缝开展机理,基本上与钢筋混凝土梁类似,但同时要考虑纵向受拉钢筋,型钢受拉翼缘和型钢部分腹板对受拉区混凝土开裂的影响。

根据试验,一般型钢混凝土梁当荷载加到极限荷载的15%～20%时,首先在纯弯段(当然此段弯矩最大)出现裂缝;当荷载加到极限荷载50%左右时,裂缝基本稳定。在一般正常使用阶段,型钢混凝土梁的裂缝宽度不一定小于钢筋混凝土梁,这是由于型钢与混凝土的粘结力并不比钢筋与混凝土的粘结力好,而且,纵向受拉钢筋水平处的裂缝宽度普遍比型钢受拉翼缘水平处的裂缝宽度大,因此,受拉钢筋应变是影响梁裂缝宽度的主要因素,裂缝宽度的限值应以受拉钢筋高度的裂缝宽度为准。

另外,型钢混凝土梁最大裂缝宽度限值还应按荷载标准组合并考虑荷载长期作用影响,使其不超过表5.6.1中规定的限值。

表 5.6.1　型钢混凝土梁最大裂缝宽度限值

构件工作环境	室内正常环境	室内高湿度环境	露天
最大裂缝宽度容许值(mm)	0.3	0.2	0.2

5.6.1　裂缝宽度计算方法(一)

与钢筋混凝土梁一样,型钢混凝土梁裂缝宽度计算所采用粘结滑移理论,只不过把纵向受拉钢筋和型钢受拉翼缘,部分腹板的总面积定义为等效钢筋面积 A_e,其等效直径为 d_e。

行业标准《型钢混凝土组合结构技术规程》(JGJ 138—2001)对型钢混凝土梁的计算公式为:

$$W_{max} = 2.1\psi\frac{\sigma_{sa}}{E_s}\left(1.9c + 0.08\frac{d_e}{\rho_{te}}\right) \tag{5.6.1}$$

$$\psi = 1.1\left(1 - \frac{M_c}{M_s}\right), \quad M_c = 0.235f_{tk}bh^2 \tag{5.6.2}$$

$$\sigma_{sa} = \frac{M}{0.87(A_s h_{0s} + A_{af}h_{0f} + kA_{aw}h_{0w})} \tag{5.6.3}$$

$$d_e = \frac{4(A_s + A_{af} + kA_{aw})}{u} \tag{5.6.4}$$

$$\rho_{te} = \frac{A_s + A_{af} + kA_{aw}}{0.5bh} \tag{5.6.5}$$

$$u = n\pi d_s + 0.7(2b_f + 2t_f + 2kh_{aw}) \tag{5.6.6}$$

式中　M、M_s ——分别为作用于型钢混凝土梁上的弯矩设计值和按荷载效应标准组合的弯矩值;

　　　M_c ——型钢混凝土梁的抗裂弯矩;

　　　A_s、A_{af} ——分别为纵向受拉钢筋、型钢受拉翼缘的截面面积;

　　　A_{aw}、h_{aw} ——分别为型钢腹板的截面面积和截面高度;

　　　h_{0s}、h_{0f}、h_{0w} ——分别为纵向受拉钢筋、型钢受拉翼缘、kA_w 截面形心到混凝土截面受压区外边缘的距离,如图5.6.1所示;

　　　d_s、n ——纵向受拉钢筋的直径和数量;

　　　u ——纵向受拉钢筋、型钢受拉翼缘与部分腹板周长之和;

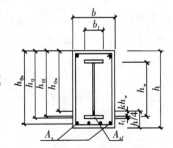

图5.6.1　计算型钢混凝土梁裂缝宽度的截面特性

d_e、ρ_{te}——考虑型钢受拉翼缘、部分腹板及受拉钢筋共同受力时有效直径和有效配箍率；

σ_{sa}——考虑型钢受拉翼缘、部分腹板及受拉钢筋共同受力时的钢筋应力值；

ψ——考虑型钢翼缘作用的钢筋应变不均匀系数；当$\psi<0.4$时，取$\psi=0.4$；当$\psi>1.0$时，取$\psi=1.0$；

k——型钢腹板影响系数，其值取梁受拉侧 1/4 梁高（$h/4$）范围内腹板高度与整个腹板高度的比值，如图 5.6.1 所示。

5.6.2 裂缝宽度计算方法（二）

行业标准《钢骨混凝土结构设计规程》（YB 9082—97）对型钢混凝土梁在弯矩作用下的裂缝宽度，给出了计算方法和相应的计算公式。

1. 型钢混凝土梁可能发生的最大裂缝宽度，是根据型钢混凝土梁钢筋混凝土部分所承担的弯矩 M_k^{rc}，按钢筋混凝土梁的裂缝宽度计算，且最大裂缝宽度不超过现行国家标准《混凝土结构设计规范》（GB 50010—2002）的规定。此时，将钢骨（型钢）的受拉翼缘作为附加受拉钢筋，以考虑其对裂缝间距的影响。

2. 对于对称配置的钢骨（型钢）混凝土梁，考虑荷载长期作用影响及裂缝分布的不均匀性，梁的最大裂缝宽度 W_{max} 按下列公式计算：

$$W_{max} = 2.1\psi\frac{\sigma_{sk}}{E_s}(2.7c + 0.1\frac{d_e}{\rho_{te}})\nu \tag{5.6.7}$$

$$d_e = \frac{4(A_s + A_{sf})}{s} \tag{5.6.8}$$

$$\rho_{te} = \frac{A_s + A_{sf}}{0.5bh} \tag{5.6.9}$$

$$\sigma_{sk} = \frac{M_k^{rc}}{0.87A_s h_{b0}} \tag{5.6.10}$$

式中 ψ——钢筋应变不均匀系数；

c——受拉钢筋的保护层厚度；

d_e——折算的受拉钢筋直径；

s——受拉钢筋和钢骨（型钢）受拉翼缘的截面周长之和；

ρ_{te}——受拉钢筋 A_s 和钢骨受拉翼缘 A_{af} 的有效配筋率；

ν——钢筋表面形状系数，变形钢筋，$\nu=0.7$；光圆钢筋，$\nu=1.0$；

σ_{sk}——荷载效应的标准组合下受拉钢筋的应力。

第6章　型钢混凝土柱

6.1　概述

　　型钢混凝土柱是在混凝土中主要配置轧制或焊接的型钢。在配置实腹型钢的柱中还配有少量的纵向钢筋与箍筋。这些钢筋主要是为了约束混凝土,在计算中也参与受力,同时,也是构造需要。

　　型钢混凝土柱,前苏联称之为劲性钢筋混凝土结构柱(Encased Columns),将配置于混凝土中的型钢称为劲性钢,把配置的钢筋称为柔性钢,日本则称之为钢骨混凝土。我们国家认为对应于钢筋混凝土结构而言,在混凝土柱中主要配置了型钢,故称之为型钢混凝土柱。

　　型钢混凝土柱配置的型钢形式分为实腹式型钢和空腹式型钢两大类。前者的强度、刚度、延性很高,远比后者优越,可用于大、中型建筑中的柱子。但空腹式型钢比配实腹式型钢可更好地节约材料,其含钢量比钢筋混凝土柱稍大或相当,而其强度、刚度和延性则比钢筋混凝土柱仍有较大提高,用在荷载、跨度、高度不是特别大的结构柱中。本书主要介绍第一类。

　　对于型钢混凝土柱,由于含钢率较高,因此与同等截面的钢筋混凝土柱相比,承载力大大提高。另外,混凝土中配置型钢以后,混凝土与型钢互相约束。一方面,混凝土包裹型钢,在柱子达到承载力之前,型钢很少发生局部屈曲,所以在柱中配置的型钢一般不需要加设加肋板。另一方面,型钢又对柱中核心混凝土起着约束作用。同时,因为整体的型钢比钢筋混凝土中分散的钢筋刚度大得多,所以型钢混凝土柱比钢筋混凝土柱的刚度明显提高。

　　型钢混凝土柱,不仅强度高,刚度大,而且有良好的延性及耗能性能,因此,它更加适合抗震设防烈度高的地区。与混凝土结构柱相比,既可以使柱子截面尺寸减小,增大使用面积,又可降低造价。抗震能力提高与钢结构柱相比,不仅节省钢材,降低造价,而且混凝土对柱中的型钢来说是最好的保护层,不论是防火、防腐、防锈方面都比钢结构明显优越。由于型钢混凝土柱比钢结构柱刚度大,可在高层结构中采用型钢混凝土柱以克服高层及高耸钢结构变形过大的缺点。

6.2　型钢混凝土柱构造要求

6.2.1　型钢

1. 含钢率

　　(1)含钢率是指型钢混凝土柱的型钢截面面积与柱全截面面积比值。型钢宜采用 Q235 或 Q345 钢。

　　(2)柱中受力型钢的含钢率不宜小于 4%。因为小于此值时,可以采用钢筋混凝土柱,不必采用型钢混凝土柱。

　　(3)柱中受力型钢的含钢率不宜大于 10%。因为型钢与混凝土的粘结强度较低,若含钢率过大,型钢与混凝土之间粘结破坏特征将更为显著,型钢与混凝土不能有效地共同工作,构件极限承载力反而下降。

(4)工程上较合适的含钢率在 5%~8%之间。

2. 型钢的形式及混凝土保护层厚度[10]

(1)型钢混凝土框架柱的型钢宜采用实腹式型钢,如图 6.2.1 所示。带翼缘的十字形截面(图 6.2.1a)常用于中柱,其四个边均易与梁内型钢相连;丁字形截面(图 6.2.1b)适用于边柱;L 形截面(图 6.2.1c)适用于角柱;宽翼缘 H 形钢、圆钢管、方钢管(图 6.2.1d、e、f)适用于各平面位置的框架柱。

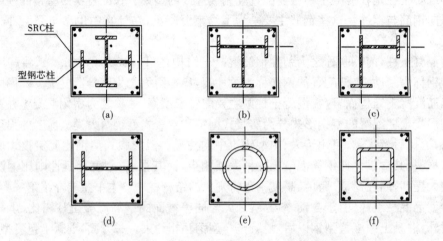

图 6.2.1　型钢混凝土柱的型钢芯柱截面形状

(a)十字形;(b)丁字形;(c)L 形;(d)H 形;(e)圆钢管;(f)方钢管

(2)型钢混凝土柱保护层厚度不宜小于 150mm,最小值为 100mm,主要是为了防止粘结劈裂破坏。

6.2.2　纵向受力钢筋

1. 型钢混凝土柱中的纵向受力钢筋宜采用 HRB 335、HRB 400 热轧钢筋。

2. 纵向钢筋的直径不应小于 16mm,净距不宜小于 60mm,钢筋与型钢之间的净间距不应小于 40mm,以便混凝土的浇灌。

3. 型钢混凝土柱中全部纵向受力钢筋的配筋率不宜小于 0.8%,以使型钢能在混凝土、纵向钢筋和箍筋的约束下发挥其强度和塑性性能。

4. 纵向钢筋一般设在柱的角部,但每个角上不宜多于 5 根。

6.2.3　箍筋

1. 型钢混凝土框架柱中的箍筋配置应符合国家标准《混凝土结构设计规范》(GB 50010—2002)的规定。

2. 考虑地震作用组合的型钢混凝土框架柱,柱端加密区长度、箍筋最大间距和最小直径应按表 6.2.1 规定采用。

表 6.2.1 框架柱端箍筋加密区的构造要求

抗震等级	箍筋加密区长度	箍筋最大间距	箍筋最小直径
一级	取矩形截面长边尺寸（或圆形截面直径）、层间柱净高的 1/6 和 500mm 三者中的最大值	取纵向钢筋直径的 6 倍、100mm 两者中的较小值	Φ10
二级		取纵向钢筋直径的 8 倍、100mm 两者中的较小值	Φ8
三级		取纵向钢筋直径的 6 倍、150mm 两者中的较小值	Φ8
四级			Φ6

注：1. 二级抗震等级的框架柱中箍筋最小直径不小于 Φ10 时，其箍筋最大间距可取 150mm；
　　2. 剪跨比不大于 2 的框架柱、框支柱和一级抗震等级角柱应沿全长加密箍筋，箍筋间距均不应大于 100mm。

3. 柱箍筋加密区的箍筋最小体积配筋百分率应符合表 6.2.2 的要求。

表 6.2.2 柱端箍筋加密区箍筋最小体积配筋率（%）

抗震等级	箍筋形式	轴压比		
		<0.4	0.4～0.5	>0.5
一级	复合箍筋	<0.4	0.4～0.5	>0.5
二级	复合箍筋	0.8	1.0	1.2
三级	复合箍筋	0.6～0.8	0.8～1.0	1.0～1.2
四级	复合箍筋	0.4～0.6	0.6～0.8	0.8～1.0

注：1. 混凝土强度等级高于 C50 或需要提高柱变形能力或 Ⅳ 类场地上较高的高层建筑，柱中箍筋的最小体积配筋百分率应按表中相应项的较大值；
　　2. 当配置螺旋箍筋时，体积配筋率可减少 0.2%，但不应小于 0.4%；
　　3. 一、二级抗震等级且剪跨比不大于 2 的框架柱的箍筋体积配筋率不应小于 0.8%；
　　4. 当采用 HPB335 钢筋作箍筋时，表中数值可乘以折减系数 0.85，但不应小于 0.4%。

矩形箍筋的体积配筋率可按下式计算：

$$\rho_v = \frac{A_{sv} l_{sv}}{A_{cor} S} \tag{6.2.1}$$

螺旋箍筋体积配筋率按下式计算：

$$\rho_v = \frac{\psi A_{ss1}}{d_{cor} S} \tag{6.2.2}$$

式中　A_{sv}——矩形箍筋截面面积；

　　　l_{sv}——矩形箍筋周长，计算中应扣除重叠部分；

　　　A_{cor}——箍筋内表面以内范围的核心混凝土截面面积；

　　　S——箍筋间距；

　　　A_{ss}——螺旋箍筋的截面面积；

　　　d_{cor}——混凝土核心截面的直径。

4. 柱箍筋加密区长度以外的箍筋，箍筋的体积配筋率不宜小于加密区配筋率的一半，并且要求一、二级抗震等级，箍筋间距不应大于 $10d$；三级抗震等级不宜大于 $15d$，d 为纵向钢筋直径。

5. 框架节点核心区的箍筋最小体积配筋率：

对于抗震等级为一级时，不宜小于 0.6%；

对于抗震等级为二级时，不宜小于 0.5%；

对于抗震等级为三级时，不宜小于 0.4%。

6.2.4 混凝土强度等级及截面形状和尺寸

1. 型钢混凝土柱的混凝土强度等级不应低于 C30。

2. 对于抗震设防为 9 度、8 度(7 度和 6 度)时,混凝土强度等级不宜超过 C60、C70、C80。

3. 截面形状和尺寸

(1)设防烈度为 8 度或 9 度的框架柱,宜采用正方形截面。

(2)型钢混凝土柱的长细比不宜大于 30,即柱的计算长度与截面短边之比不宜大于 30。

6.3 型钢混凝土轴心受压柱承载力计算

6.3.1 试验研究分析

轴心受压柱按长细比不同分为短柱和长柱。我们以短柱为实验对象进行分析。

在实际工程中,绝对的轴心受压柱并不存在。这是因为对于荷载的估计,材质的不均匀,制作与安装的偏差往往总存在着原始的偏心。如果这种偏心小到一定程度,在工程上可以忽略,就可以按轴心受压计算,因为轴心受压柱的计算要比偏心受压柱计算方便得多。

型钢混凝土短柱在轴心荷载作用下,在加荷初期,型钢与混凝土能较好地共同工作,混凝土、型钢和钢筋变形是协调的。随着荷载的增加,沿着柱纵向产生裂缝。荷载继续增加,纵向裂缝逐渐贯通,把柱分成若干小柱而发生劈裂破坏。在配筋合适的情况下,型钢与纵向钢筋都能达到受压屈服。与普通钢筋混凝土柱不同的是,当加荷到破坏荷载的 80% 以上时,型钢与混凝土粘结滑移明显。因此,一般在沿型钢翼缘处均有明显的纵向裂缝。尽管在高应力时粘结滑移现象是明显存在的,但在轴心受压型钢混凝土柱的试验中发现,在合理配钢的情况下,当柱达到最大荷载时,混凝土的应力仍然能达到混凝土的轴心抗压强度 f_c。也就是说,粘结滑移的增大,对型钢轴心受压柱的承载力无明显影响。这是因为一方面型钢与混凝土粘结力较差,导致型钢周边的混凝土与型钢翼缘较易产生纵向裂缝;但另一方面,处于型钢翼缘与腹板之间的混凝土又反过来受到型钢的约束,而抗压能力又有所提高,这又是有利因素。有利因素与不利因素作用大致能够抵消。

为了考虑粘结滑移的影响,对于配工字钢,焊接 H 型钢,十字型钢等实腹式的型钢混凝土柱,型钢应当具有比普通钢筋更大的混凝土保护层厚度,以及配有一定量纵筋和箍筋的要求,这一点在前边构造要求中已讲过。

型钢混凝土长柱的承载力低于相同条件下的短柱承载力,可采用型钢混凝土柱的稳定系数 φ 来考虑这一因素。φ 值随着长细比的增大而减小,根据 l_0/i 的值由表 6.3.1 确定。其中 l_0 为柱的计算长度,可根据柱两端的支承情况,按照《混凝土结构设计规范》(GB 50010—2002)的规定取用;i 为最小回转半径,可按下式计算:

$$i = \sqrt{\frac{I_0}{A_0}} \tag{6.3.1}$$

其中:

$$I_0 = I_c + \alpha_s I_s + \alpha_{ss} I_{ss}$$

$$A_0 = A_c + \alpha_s A_s + \alpha_{ss} A_{ss}$$

其中:

$$\alpha_s = E_s / E_c$$

$$\alpha_{ss} = E_{ss}/E_c$$

式中　　I_0——换算截面的惯性矩；

　　　　A_0——换算截面的面积；

E_c、E_s、E_{ss}——分别为混凝土、纵向钢筋和型钢的弹性模量；

I_c、I_s、I_{ss}——分别为混凝土净截面、纵向钢筋和型钢对换算截面的惯性矩。

表 6.3.1　型钢混凝土柱的稳定系数

l_0/i	≤28	35	42	48	55	62	69	76	83	90	97
φ	1.0	0.98	0.95	0.92	0.87	0.81	0.75	0.70	0.65	0.60	0.56
l_0/i	104	111	118	125	132	139	146	153	160	167	174
φ	0.52	0.48	0.44	0.40	0.36	0.32	0.29	0.26	0.23	0.21	0.19

6.3.2　承载力计算公式

无论是轴心受压短柱还是长柱的实验中，由于混凝土对型钢的约束，因此均未发现型钢有局部屈曲现象。因此，在设计中不予考虑。轴心受压柱的正截面强度可按下式计算：

$$N \leqslant 0.9\varphi(f_c A_c + f_y' A_s' + f_s' A_{ss}) \tag{6.3.2}$$

式中　　φ——型钢混凝土柱稳定系数；

　　　　f_c——混凝土轴心抗压强度设计值；

　　　　A_c——混凝土的净面积；

　　　　A_{ss}——型钢的有效净截面面积，即应扣除因孔洞削弱的部分；

　　　　A_s'——纵向受压钢筋的截面面积；

　　　　f_y'——纵向受压钢筋的抗压强度设计值；

　　　　f_s'——型钢的抗压强度设计值；

　　　　0.9——系数，考虑到与偏心受压型钢柱的正截面承载力计算具有相近的可靠度。

6.4　型钢混凝土偏心受压柱正截面承载力计算

6.4.1　试验研究分析

根据大量试验研究，型钢混凝土偏心受压柱正截面破坏分为受拉破坏与受压破坏两大类。其受力性能、破坏形态与普通钢筋混凝土构件大致类似。

1. 受拉破坏（大偏心受压破坏）

当偏心距较大，且加荷到一定程度，柱子受拉一侧混凝土开裂，出现基本上与柱轴线垂直的横向裂缝；荷载继续增加，受拉区裂缝不断增宽、变长，受拉钢筋与型钢受拉的翼缘相继屈服；此时受压边缘混凝土尚未达到极限压应变，荷载可继续增加，一直加荷到受压区混凝土达到极限压应变，且逐渐压碎剥落，此时，柱子宣告破坏。此时，一般情况下，受压区的受压钢筋与型钢受压的翼缘均能达到屈服强度。型钢的腹板，不论受压还是受拉区一般都是部分屈服，部分没有屈服。

2. 受压破坏（小偏心受压破坏）

当偏心距较小，加荷到一定程度，受压区混凝土边缘或受压较大边的混凝土边缘应变达到极限压应变,混凝土压溃,柱子宣告破坏;此时一般来讲,受压较大边的钢筋与型钢翼缘都能达到屈服,而距轴向力较远一侧的混凝土及钢筋、型钢可能受压(偏心距很小),也可能受拉(偏心距较小),但是该侧的钢筋和型钢均未达到屈服。

6.4.2 界限破坏及大小偏压的界限

1. 界限破坏

由于实腹式型钢腹板在截面高度上是连续的,型钢混凝土柱没有典型的界限破坏。一般以型钢受拉翼缘受拉屈服与受压边缘混凝土极限压应变同时发生的情况认为是型钢混凝土柱的界限破坏。

2. 大小偏压的分界

同普通钢筋混凝土偏压柱一样,也可以用相对受压区高度比值大小来判别。

当 $\xi\left(\xi=\dfrac{x}{h_0}\right) < \xi_b\left(\xi_b=\dfrac{\beta_1}{1+\dfrac{f_y+f_a}{2\times0.003E_s}}\right)$ 时,截面属于大偏压;

当 $\xi > \xi_b$ 时,截面属于小偏压;

当 $\xi = \xi_b$ 时,截面处于界限状态。

6.4.3 型钢混凝土偏心受压长柱的纵向弯曲影响

根据型钢混凝土偏心受压柱长细比大小不同,可分为:

(1)短柱,可以不考虑纵向弯曲引起的附加弯矩对构件承载力的影响,构件的破坏是材料破坏引起的。

(2)长柱,由于长细比较大,其正截面受压承载力与短柱相比降低很多,但构件的最终破坏还是材料破坏。

(3)细长柱,由于长细比很大,构件的破坏已不是由于构件的材料破坏所引起的,而是由构件的纵向弯曲失去平衡引起破坏,称为失稳破坏。

在实际工程中,必须避免失稳破坏,对于短柱,可以忽略纵向弯曲的影响。因此,需要考虑纵向弯曲影响的一般是中长柱。在型钢混凝土组合结构技术规程(JGJ 138—2001)中采用把初始偏心距 e_0 乘以一个偏心距增大系数 η 的方法来解决纵向弯曲影响的问题。

$$\eta = 1 + \frac{1}{1400e_i/h_0}\left(\frac{l_0}{h}\right)^2 \zeta_1\zeta_2 \tag{6.4.1}$$

$$\zeta_1 = \frac{0.5f_cA}{N} \tag{6.4.2}$$

$$\zeta_2 = 1.15 - 0.01\frac{l_0}{h} \tag{6.4.3}$$

式中　e_0——初始偏心距;

　　　l_0——构件计算长度;

　　　h——截面高度;

　　　h_0——截面有效高度;

　　　ζ_1——偏心受压构件的截面曲率修正系数,当 $\zeta_1 > 1$ 时,取 $\zeta_1 = 1$;

　　　ζ_2——构件长细比对截面曲率的影响系数,当 $l_0/h < 15$ 时,取 $\zeta_2 = 1$。

120

若构件长细比 l_0/h（或 l_0/d）≤8 时，视为短柱，可不考虑纵向弯曲对偏心距的影响，取 $\eta=1.0$。

6.4.4　附加偏心距

由于工程实际中存在着荷载作用位置的不定性，混凝土的不均匀性及施工偏差等因素，都可能产生附加偏心距。因此，在型钢偏压柱正截面承载力计算中，应计入轴向压力在偏心方向存在的附加偏心距 e_a，其值应取 20mm 和偏心方向截面尺寸的 1/30 两者中的较大值。引进附加偏心距后，在计算偏心受压柱正截面承载力时，应将轴向力作用点到截面形心的偏心距取为 e_i，称为初始偏心距。即：

$$e_i = e_0 + e_a \tag{6.4.4}$$

6.4.5　型钢混凝土偏心受压柱正截面承载力计算

1. 单向偏压柱计算方法（一）（平截面假定基础上的极限平衡法）[3]

对于配置充满型、实腹型钢的混凝土柱，其正截面偏心受压柱的计算，行业标准《型钢混凝土组合结构技术规程》(JGJ 138—2001) 给出了如下计算方法：

（1）基本假定

根据试验分析型钢混凝土偏心受压柱的受力性能及破坏特点，型钢混凝土柱正截面偏心受压承载力计算，采用如下基本假定：

①截面应变保持平面；

②不考虑混凝土的抗拉强度；

③受压区边缘混凝土极限压应变 ε_{cu} 取 0.003，相应的最大压应力取混凝土轴心抗压强度设计值 $\alpha_1 f_c$；

④受压区混凝土的应力图形简化为等效的矩形，其高度取按平截面假定确定的中和轴高度乘以系数 β_1；

⑤型钢腹板的拉、压应力图形均为梯形，设计计算时，简化为等效的矩形应力图形；

⑥钢筋的应力等于其应变与弹性模量的乘积，但不大于其强度设计值。受拉钢筋和型钢受拉翼缘的极限拉应变取 $\varepsilon_{su}=0.01$。

其中系数取值如下：

当混凝土强度等级不超过 C50 时，系数 α_1 取 1.0，β_1 取 0.8；

当混凝土强度等级为 C80 时，系数 α_1 取 0.94，β_1 取 0.74，其间按线性内插法取值。

（2）承载力计算公式

型钢混凝土柱正截面受压承载力计算简图如图 6.4.1 所示。

$$N \leqslant \alpha_1 f_c bx + f_y' A_s{}' + f_a' A_{af}' - \sigma_s A_s - \sigma_a A_{af} + N_{aw} \tag{6.4.5}$$

$$Ne \leqslant \alpha_1 f_c bx \left(h_0 - \frac{x}{2}\right) + f_y' A_s'(h_0 - a_s') + f_a' A_{af}'(h_0 - a_a') + M_{aw} \tag{6.4.6}$$

$$e = \eta e_i + \frac{h}{2} - a \tag{6.4.7}$$

$$e_i = e_0 + e_a \tag{6.4.8}$$

$$e_0 = \frac{M}{N} \tag{6.4.9}$$

式中　f_y'、f_a'——分别为受压钢筋、型钢的抗压强度设计值；

A_s'、A_a'——分别为竖向受压钢筋、型钢受压翼缘的截面面积；

A_s、A_a——分别为竖向受拉钢筋、型钢受拉翼缘的截面面积；

b、x——分别为柱截面宽度和柱截面受压区高度；

a_s'、a_a'——分别为受压纵筋合力点、型钢受压翼缘合力点到截面受压边缘的距离；

a_s、a_a——分别为受拉纵筋合力点、型钢受拉翼缘合力点到截面受拉边缘的距离；

a——受拉纵筋和型钢受拉翼缘合力点到截面受拉边缘的距离。

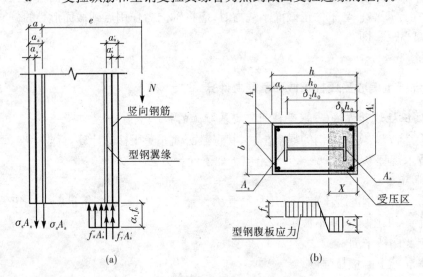

图 6.4.1　偏心受压柱的截面应力图形

(a)全截面应力；(b)型钢腹板应力

①σ_s 和 σ_a 的取值

柱截面受拉边或较小受压边竖向钢筋的应力 σ_s 和型钢翼缘应力 σ_a，分别不同情况，按下式计算：

A. 大偏压柱

当 $x \leqslant \xi_b h_0$ 时，
$$\sigma_s = f_y \qquad \sigma_a = f_a \qquad\qquad (6.4.10)$$

$$\xi_b = \frac{\beta_1}{1 + \dfrac{f_y + f_a}{2 \times 0.003 E_s}} \qquad\qquad (6.4.11)$$

B. 小偏压柱

当 $x > \xi_b h_0$ 时，
$$\sigma_s = \frac{f_y}{\xi_b - \beta_1}\left(\frac{x}{h_0} - \beta_1\right) \qquad \sigma_a = \frac{f_a}{\xi_b - \beta_1}\left(\frac{x}{h_0} - \beta_1\right) \qquad (6.4.12)$$

式中　E_s——竖向钢筋的弹性模量；

ξ_b——柱混凝土截面的相对界限受压区高度。

②N_{aw} 和 M_{aw} 的计算

采用极限平衡法，把型钢腹板的应力图形简化为拉、压矩形应力图形的情况下，型钢腹板承受的轴向合力 N_{aw} 和弯矩 M_{aw}，可按下式计算：

A. 大偏心受压柱

当 $\delta_1 h_0 < \dfrac{1}{\beta_1} x, \delta_2 h_0 > \dfrac{1}{\beta_1} x$ 时，

$$N_{\mathrm{aw}} = \left[\frac{2}{\beta_1} \xi - (\delta_1 + \delta_2) \right] t_{\mathrm{w}} h_0 f_{\mathrm{a}} \tag{6.4.13}$$

$$M_{\mathrm{aw}} = \left[\frac{1}{2}(\delta_1^2 + \delta_2^2) - (\delta_1 + \delta_2) + \frac{2}{\beta_1}\xi - \left(\frac{1}{\beta_1}\xi\right)^2 \right] t_{\mathrm{w}} h_0^2 f_{\mathrm{a}} \tag{6.4.14}$$

B. 小偏心受压柱

当 $\delta_1 h_0 < \dfrac{1}{\beta_1} x, \delta_2 h_0 < \dfrac{1}{\beta_1} x$ 时，

$$N_{\mathrm{aw}} = (\delta_2 - \delta_1) t_{\mathrm{w}} h_0 f_{\mathrm{a}} \tag{6.4.15}$$

$$M_{\mathrm{aw}} = \left[\frac{1}{2}(\delta_2 - \delta_1)^2 + (\delta_2 - \delta_1) \right] t_{\mathrm{w}} h_0^2 f_{\mathrm{a}} \tag{6.4.16}$$

式中　t_{w}、f_{a}——型钢的腹板厚度和抗拉强度设计值；

δ_1、δ_2——型钢腹板顶面、底面至柱截面受压区外边缘距离与 h_0 的比值。

③ξ 值的计算

对称配筋矩形截面的偏心受压构件，其混凝土截面相对受压区高度 ξ，可按下列近似公式计算：

$$\xi = \frac{x}{h_0} = \frac{N - \xi_{\mathrm{b}} f_{\mathrm{c}} b h_0 - N_{\mathrm{aw}}}{\dfrac{N_{\mathrm{e}} - 0.43\alpha_1 f_{\mathrm{c}} b h_0^2 - M_{\mathrm{aw}}}{(\beta_1 - \xi_{\mathrm{b}})(h_0 - a_{\mathrm{s}}')} + \alpha_1 f_{\mathrm{c}} b h_0} + \xi_{\mathrm{b}} \tag{6.4.17}$$

2. 单向偏压柱计算方法(二)(叠加法，简单叠加法)[5]

对于型钢混凝土柱单向偏压承载力验算，行业标准《钢骨混凝土结构设计规程》(YB 9082—97)给出如下的计算方法：

(1)偏心距增大系数

①柱的计算长度 l_0 与截面高度 h_{c} 的比值 $l_0/h_{\mathrm{c}} > 8$ 时，应考虑柱的弯曲变形对其压弯承载力的影响，对柱的偏心距乘以增大系数 η。

②型钢混凝土柱的偏心距增大系数 η，按下列公式计算：

$$\eta = 1 + 1.25 \frac{(7 - 6\alpha)}{e_0/h_{\mathrm{c}}} \zeta \left(\frac{l_0}{h_{\mathrm{c}}}\right)^2 \times 10^{-4} \tag{6.4.18}$$

$$\alpha = \frac{N - 0.4 f_{\mathrm{c}} A}{N_{\mathrm{c0}}^{\mathrm{rc}} + N_{\mathrm{c0}}^{\mathrm{ss}} - 0.4 f_{\mathrm{c}} A} \tag{6.4.19}$$

$$\zeta = 1.3 - 0.026 \frac{l_0}{h_{\mathrm{c}}}, \text{且 } 0.7 \leqslant \zeta \leqslant 1.0 \tag{6.4.20}$$

式中　α——偏心距影响系数；

　　　ζ——长细比影响系数；

　　e_0——柱轴压力的计算偏心距，$e_0 = \dfrac{M}{N}$；

h_{c}、l_0——柱的截面高度和计算长度；

N、M——型钢混凝土柱承受的轴压力和弯矩设计值。

③附加偏心距和初始偏心距的计算，符号意义同前。

（2）一般叠加计算方法[10]

①表达式

对于型钢混凝土偏压柱正截面承载力计算的一般叠加法的表达式为：

$$\left.\begin{array}{c} N \leqslant N_{cy}^{ss} + N_{cu}^{rc} \\ M \leqslant M_{cy}^{ss} + M_{cu}^{rc} \end{array}\right\} \qquad (6.4.21)$$

式中　N、M——钢骨混凝土柱承受的轴力和弯矩设计值；

N_{cy}^{ss}、M_{cy}^{ss}——钢骨部分承担的轴力及相应的受弯承载力；

N_{cu}^{rc}、M_{cu}^{rc}——钢筋混凝土部分承担的轴力及相应的受弯承载力。

②计算步骤

A. 对于给定的轴力设计值 N，根据轴力平衡方程式，任意假定分配给钢骨部分和钢筋混凝土部分所承担的轴力。

B. 采取试分配给钢骨部分和钢筋混凝土部分的轴力 $[N_{cy}^{ss}]$ 和 $[N_{cu}^{rc}]$，分别再求出两部分相应所承受的弯矩 $[M_{cy}^{ss}]$ 和 $[M_{cu}^{rc}]$。

C. 根据多次试算结果，从中找出两部分受弯承载力之和（$[M_{cy}^{ss}] + [M_{cu}^{rc}]$）的最大值，即为在该轴力作用下钢骨混凝土偏压柱的受弯承载力。

③计算公式

A. 对于柱内钢骨，已知轴力 N_{cy}^{ss} 时，可利用轴力与弯矩的相关关系，求得受弯承载力 M_{cy}^{ss}。钢骨（型钢）的轴力－弯矩关系式为：

$$\frac{N_{cy}^{ss}}{A_{ss}} + \frac{M_{cy}^{ss}}{\gamma_s W_{ss}} \leqslant f_{ss} \qquad (6.4.22)$$

式中　A_{ss}、W_{ss}——钢骨净截面面积和弹性抵抗矩；

　　　γ_s——截面塑性发展系数；绕强轴弯曲的工字型钢骨截面，取 $\gamma_s = 1.05$；绕弱轴弯曲的工字型钢骨截面，取 $\gamma_s = 1.2$；十字型及箱型钢骨截面，$\gamma_s = 1.05$；

　　　f_{ss}——钢骨钢材强度设计值。

B. 对于钢筋混凝土部分，在试分配轴力 N_{cu}^{rc} 作用下，按普通钢筋混凝土压弯偏压柱计算，求得其受弯承载力 M_{cu}^{rc}。此时，在确定混凝土部分的截面面积时，需扣除钢骨的截面面积。

④适用范围

A. 此方法适用于钢骨和钢筋为对称或非对称配置的钢骨混凝土柱的正截面受弯承载力计算。

B. 对于钢骨和钢筋为非对称的钢骨混凝土柱，采用此方法进行正截面受弯承载力验算较为复杂。

C. 计算结果对比表明，一般叠加法与理论分析解的计算结果较符合，但不便设计应用。对于常用的对称配置的钢骨混凝土偏压柱如图 6.4.2 所示，可采用简单叠加法。

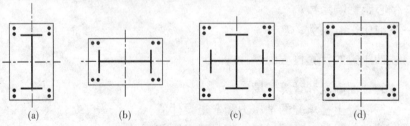

（a）　　　　　（b）　　　　　（c）　　　　　（d）

图 6.4.2　对称配筋截面

（3）简单叠加法

①计算步骤

A. 先假定柱内钢骨（或纵筋）的截面面积，然后按下列两种情况，分别计算出钢筋混凝土部分（或钢骨部分）所分担的轴力及弯矩设计值。

B. 分别进行钢筋混凝土（或钢骨）截面设计及承载力计算。然后加以比较，取两种情况所得的钢骨或纵筋较小截面面积，作为设计结果。以下公式中，当轴力为压力时取正号，当轴力为拉力时取负号。

C. 一般来说，对于采用 H 形钢截面的钢骨混凝土偏压柱，绕钢骨强轴弯曲时，可按下述情况计算；绕钢骨弱轴弯曲时，可按下述第二种情况计算。

②计算公式（钢骨、钢筋混凝土的轴力和弯矩）

第一种情况：

A. 当 $N_{t0}^{rc} \leqslant N \leqslant N_{c0}^{rc}$，且 $M \geqslant M_{y0}^{ss}$ 时，钢骨部分仅承受弯矩，钢筋混凝土部分的轴力和弯矩设计值为：

$$\left. \begin{array}{l} N_c^{rc} = N \\ M_c^{rc} = M - M_{y0}^{ss} \end{array} \right\} \qquad (6.4.23)$$

B. 当 $N > N_{c0}^{rc}$ 时，钢筋混凝土部分仅承受轴向力，钢骨部分的轴力和弯矩设计值为：

$$\left. \begin{array}{l} N_c^{ss} = N - N_{c0}^{rc} \\ M_c^{ss} = M \end{array} \right\} \qquad (6.4.24)$$

C. 当 $N < N_{t0}^{rc}$ 时，钢筋混凝土部分仅承受轴向拉力，钢骨部分的轴力和弯矩设计值为：

$$\left. \begin{array}{l} N_c^{ss} = N - N_{t0}^{rc} \\ M_c^{ss} = M \end{array} \right\} \qquad (6.4.25)$$

第二种情况：

A. 当 $N_{t0}^{ss} \leqslant N \leqslant N_{c0}^{ss}$，且 $M \geqslant M_{u0}^{rc}$ 时，钢筋混凝土部分仅承受弯矩，钢骨部分的轴力和弯矩设计值为：

$$\left. \begin{array}{l} N_c^{ss} = N \\ M_c^{ss} = M - M_{u0}^{rc} \end{array} \right\} \qquad (6.4.26)$$

B. 当 $N > N_{c0}^{ss}$ 时，钢骨部分仅承受轴向压力，钢筋混凝土部分的轴力和弯矩设计值为：

$$\left. \begin{array}{l} N_c^{rc} = N - N_{c0}^{ss} \\ M_c^{rc} = M \end{array} \right\} \qquad (6.4.27)$$

C. 当 $N < N_{t0}^{ss}$ 时，钢骨部分仅承受轴向拉力，钢筋混凝土部分的轴力和弯矩设计值为：

$$\left. \begin{array}{l} N_c^{rc} = N - N_{t0}^{ss} \\ M_c^{rc} = M \end{array} \right\} \qquad (6.4.28)$$

式中　N_{c0}^{ss}、N_{t0}^{ss}——分别为钢骨部分的轴心受压和轴心受拉承载力；

　　　　M_{y0}^{ss}——钢骨部分受纯弯承载力；

　　　N_c^{ss}、M_c^{ss}——分别为钢骨部分的承受轴力和弯矩设计值；

　　　N_{c0}^{rc}、N_{t0}^{rc}——分别为钢筋混凝土部分的轴心受压和轴心受拉承载力；

　　　　M_{u0}^{rc}——钢筋混凝土部分受纯弯承载力；

　　　N_c^{rc}、M_c^{rc}——分别为钢筋混凝土部分承受的轴力和弯矩设计值。

③柱中的钢骨截面轴心和弯曲承载力分别按下式计算：

钢骨截面的轴心受压承载力：

$$N_{c0}^{ss} = f_{ss}A_{ss}\qquad(6.4.29)$$

钢骨截面的轴心受拉承载力：

$$N_{t0}^{ss} = -f_{ss}A_{ss}\qquad(6.4.30)$$

钢骨截面轴心受纯弯承载力：

$$M_{y0}^{ss} = \gamma_{ss}f_{ss}W_{ss}\qquad(6.4.31)$$

④偏压柱中钢骨压弯承载力计算

A. 当 N_c^{ss} 为压力时，钢骨部分承载力应满足：

$$\frac{N_c^{ss}}{A_{ss}} + \frac{M_c^{ss}}{\gamma_s W_{ss}} \geqslant f_{ss}\qquad(6.4.32)$$

B. 当 N_c^{ss} 为拉力时，钢骨部分承载力应满足：

$$\frac{N_c^{ss}}{A_{ss}} - \frac{M_c^{ss}}{\gamma_s W_{ss}} \geqslant -f_{ss}\qquad(6.4.33)$$

⑤柱中混凝土部分承载力计算

A. 轴心受压承载力：

$$N_{c0}^{rc} = f_cA_c + Yf_{sy}'(A_s + A_s')\qquad(6.4.34)$$

B. 轴心受拉承载力：

$$N_{t0}^{rc} = -f_{sy}(A_s + A_s')\qquad(6.4.35)$$

C. 偏压承载力：

钢筋混凝土部分在轴向力和弯矩作用下的承载力，按《混凝土结构设计规范》(GB 50010—2002)进行计算，但在计算中受压区混凝土的截面面积，应扣除其中钢骨的截面面积。

⑥适用范围

A. 此方法仅适用于其中钢骨和钢筋均为双向对称布置的方形或矩形截面的钢骨混凝土柱。

B. 对于钢骨或钢筋为非对称配置的钢骨混凝土柱，可采取一定的方法把它转换为对称的截面，如图 6.4.3 所示。

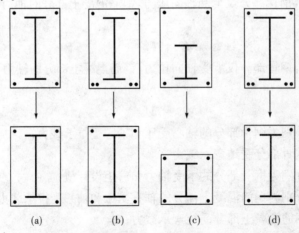

图 6.4.3 将不对称截面偏安全地置换为对称截面

【例6.4.1】 一钢骨混凝土柱,截面尺寸为 $b \times h_c = 800\text{mm} \times 800\text{mm}$,采用C30混凝土($\alpha_1 = 1.0, \beta_1 = 0.8, f_c = 14.3\text{N/mm}^2$),纵向钢筋采用HRB400级钢筋($E_s = 2.0 \times 10^5, f_y = 360\text{N/mm}^2$),钢骨采用Q345型钢($f_{ss} = 315\text{N/mm}^2$)。承受的轴向力 $N = 8000\text{kN}, M_x = 1450\text{kN} \cdot \text{m}$ 。强轴受弯,如图6.4.4所示。试求柱截面配筋(简单叠加法)。

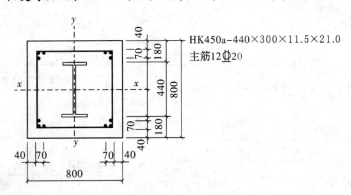

HK450a—440×300×11.5×21.0
主筋12Φ20

图6.4.4 截面配筋图

【解】 先选定柱内钢骨为宽翼缘H形钢HK450a,截面尺寸为 $440 \times 300 \times 11.5 \times 21$ (mm), $A_{ss} = 17800\text{mm}^2, W_{ss} = 2896000\text{mm}^3$ 。

按第一种情况计算:

1. 钢骨部分的受弯承载力

$$M_{y0} = \gamma_s W_{ss} f_{ss} = 1.05 \times 2896000 \times 315 \approx 958000000(\text{N} \cdot \text{m}) = 958(\text{kN} \cdot \text{m})$$

2. 钢筋混凝土部分,近似地取其受压承载力为

$$N_{c0}^{rc} = f_c A_c = 14.3 \times 800 \times 800 = 9152000(\text{N}) = 9152(\text{kN}) > N = 8000(\text{kN})$$

因为 $N < N_{c0}^{rc}$,故按第一种情况中式(6.4.23)计算。考虑钢筋混凝土部分的轴力和弯矩设计值为 $N = 8000(\text{kN}), M = 1450 - 958 = 492(\text{kN} \cdot \text{m})$,设在该柱四角各配三根纵向钢筋,位置如图6.4.4所示,则有效高度 $h_0 = \dfrac{4 \times 760 + 2 \times 690}{6} = 737(\text{mm})$ 。

(1)计算初始偏心距

纵向压力至截面重心的偏心距 $e_0 = \dfrac{M}{N} = \dfrac{492}{8000} = 0.062(\text{m}) = 62(\text{mm})$

附加偏心距

$e_a = 20$

$e_a = h/30 = 800/30 = 26.7(\text{mm}) \approx 27(\text{mm})$,取两者中较大值故取 $e_a = 27(\text{mm})$

初始偏心距

$$e_i = e_0 + e_a = 62 + 27 = 89(\text{mm})$$

$$\eta e_i = 1 \times 89 = 89(\text{mm}) < 0.3h_0 = 0.3 \times 737 = 221.1(\text{mm})$$

判断为小偏心受压(此题目不考虑纵向弯曲影响, $\eta = 1.0$)

(2)纵向受力钢筋

$$a_s = a_s' = h - h_0 = 800 - 737 = 63(\text{mm})(\text{或直接取 }60\text{mm})$$

$$e = \eta e_i + h/2 - a_s = 1 \times 89 + 800/2 - 63 = 426(\text{mm})$$

127

$$\xi_b = \frac{\beta_1}{1 + \dfrac{f_y}{0.0033E_s}} = \frac{0.8}{1 + \dfrac{360}{0.0033 \times 2.0 \times 10^5}} = 0.518 \text{（或直接写出 0.518）}$$

由于为小偏压，又采用对称配筋，根据

$$\xi = \frac{N - \alpha_1 \xi_b f_c b h_0}{\dfrac{Ne - 0.43\alpha_1 f_c b h_0^2}{(\beta_1 - \xi_b)(h_0 - a_s')} + \alpha_1 f_c b h_0} + \xi_b$$

$$= \frac{8000 \times 10^3 - 0.518 \times 1.0 \times 14.3 \times 800 \times 737}{\dfrac{8000 \times 10^3 - 0.43 \times 1.0 \times 14.3 \times 800 \times 737^2}{(0.8 - 0.518) \times (737 - 63)} + 1.0 \times 14.3 \times 800 \times 737} + 0.518$$

$$= 0.809$$

$$A_s = A_s' = \frac{Ne - \alpha_1 f_c b h_0^2 \xi(1 - 0.5\xi)}{f_y'(h_0 - a_s')}$$

$$= \frac{8000 \times 10^3 \times 426 - 1.0 \times 14.3 \times 800 \times 737^2 \times 0.809 \times (1 - 0.5 \times 0.809)}{360 \times (737 - 63)}$$

$$= 1708 (\text{mm}^2)$$

实配 6 Φ 20（$A_s = A_s' = 1884(\text{mm}^2) > \rho_{min}bh = 0.002 \times 800 \times 800 = 1280\text{mm}^2$）

按第二种情况计算：

1. 钢骨的轴心受压承载力

$N_{c0}^{ss} = f_{ss}A_{ss} = 315 \times 17800 = 5607000(\text{N}) = 5607(\text{kN}) < N = 8000(\text{kN})$，因为 $N > N_{c0}^{ss}$，故按第二种情况中式(6.4.27)计算考虑，钢骨承担的轴向压力为：$N_c^{ss} = 5607\text{kN}$，且 $M_c^{ss} = 0$。

2. 钢筋混凝土部分承受的轴力和弯矩设计值为：

$$N_c^{rc} = N - N_{c0}^{ss} = 8000 - 5607 = 2393(\text{kN})$$

$$M_c^{rc} = M_x = 1450(\text{kN} \cdot \text{m})$$

(1)计算初始偏心距

纵向压力至截面重心的偏心距

$$e_0 = M_c^{rc}/N_c^{rc} = 1450/2393 = 0.606(\text{m}) = 606(\text{mm})$$

附加偏心距

$$e_a = 27(\text{mm})\text{（前边已计算过）}$$

初始偏心距

$$e_i = e_0 + e_a = 606 + 27 = 633(\text{mm})$$

$$\eta e_i = 1 \times 633 = 633 > 0.3h_0 = 0.3 \times 737 = 221.1(\text{mm})$$

判断为大偏压。

(2)纵向受力钢筋

$$a_s = a_s' = h - h_0 = 800 - 737 = 63(\text{mm})$$

$e = \eta e_i + \dfrac{h}{2} - a_s' = 1 \times 633 + \dfrac{800}{2} - 63 = 970(\text{mm})$（取 $\eta = 1.0$），由于大偏压，采用对称配筋，则

$$A_s = A_s' = \frac{N\left(\eta e_i - \dfrac{h}{2} + \dfrac{N}{2bf_c}\right)}{f_y'(h_0 - a_s')}$$

$$= \frac{2393 \times 10^3 \times \left(633 - \frac{800}{2} + \frac{2393 \times 10^3}{2 \times 800 \times 14.3}\right)}{360 \times (737 - 63)}$$

$$= 3329(\text{mm}^2)$$

结论：

从上述计算结果可看出，按第二种情况计算出的钢筋截面面积，大于按第一种情况计算出的钢筋截面面积；所以应按第一种情况的计算结果进行截面配筋，即取 $A_s = A'_s = 1884\text{mm}^2$ ，选取 6 ⚫ 20。

【例 6.4.2】 按 [例 6.4.1] 的钢材配置和轴向力 $N = 8000\text{kN}$，其他条件（截面尺寸，混凝土强度等级）完全相同。用平截面假定的极限平衡法，求其极限弯矩 M 值。

【解】 1. 界限相对受压区高度

$$\xi_b = \frac{\beta_1}{1 + \frac{f_y + f_a}{2 \times 0.0033 E_s}} = \frac{0.8}{1 + \frac{360 + 315}{2 \times 0.0033 \times 2 \times 10^5}} = 0.529$$

2. 有效高度

4 根 ⚫ 20，$A_s = 1256\text{mm}^2$；2 根 ⚫ 20，$A_s = 628\text{mm}^2$；6 根 ⚫ 20，$A_s = 1884\text{mm}^2$；
$f_y = 360\text{N/mm}^2$，$f_a = 315\text{N/mm}^2$

$$a = \frac{1256 \times 360 \times 40 + 628 \times 360 \times 110 + 300 \times 21 \times 315 \times (180 + 21/2)}{1884 \times 360 + 300 \times 21 \times 315}$$

$$= 158.1(\text{mm}) \approx 158(\text{mm})$$

则
$$h_0 = h - a = 800 - 158 = 642(\text{mm})$$

3. 计算钢筋应力、型钢应力

$$\delta_1 h_0 = 180 + 21 = 201(\text{mm})，\delta_1 = 201/642 = 0.313$$

$$\delta_2 h_0 = 800 - 201 = 599(\text{mm})，\delta_2 = 599/642 = 0.933$$

则
$$\sigma_s = \frac{f_y}{\xi_b - \beta_1}\left(\frac{x}{h_0} - \beta_1\right) = \frac{360}{0.529 - 0.8}(\xi - 0.8) = -1328\xi + 1063$$

$$\sigma_a = \frac{f_a}{\xi_b - \beta_1}\left(\frac{x}{h_0} - \beta_1\right) = \frac{315}{0.529 - 0.8}(\xi - 0.8) = -1162\xi + 930$$

4. 初步判别大小偏压

假定
$$\delta_1 h_0 < \frac{1}{\beta_1}x = 1.25x$$

$$\delta_2 h_0 > 1.25x$$

$$N_{aw} = [2.5\xi - (\delta_1 + \delta_2)]t_w h_0 f_a$$

$$= [2.5\xi - (0.313 + 0.933)] \times 11.5 \times 642 \times 315$$

$$= 5814113\xi - 2897754$$

将已知数据代入平衡条件

$$N = \alpha_1 f_c bx + f'_y A'_s + f'_a A'_{af} - \sigma_s A_s - \sigma_a A_{af} + N_{aw}$$

$$= 1 \times 14.3 \times 800 \times 642\xi + 360 \times 1884 + 315 \times 300 \times 21 - (-1328\xi + 1063) \times 1884$$

$$- (-1162\xi + 930) \times 300 \times 21 + 5814113\xi - 2897754$$

把 $N = 8000 \times 10^3$ 代入解得 $\xi = 0.6996 > \xi_b = 0.529$

$x = \xi h_0 = 0.6996 \times 642 = 449\text{mm}$，截面受力为小偏压。

$$\sigma_s = -1328\xi + 1063 = -1328 \times 0.6996 + 1063 = 133(\text{N/mm}^2) < f_y = 360\text{N/mm}^2$$

$$\sigma_a = -1162\xi + 930 = -1162 \times 0.6996 + 930 = 117(\text{N/mm}^2) < f_a = 315\text{N/mm}^2$$

$$\delta_1 h_0 = 201\text{mm} < 1.25x = 1.25 \times 449 = 561\text{mm}$$

$$\delta_2 h_0 = 599\text{mm} > 1.25x = 1.25 \times 449 = 561\text{mm} \quad \text{符合假定。}$$

$$\begin{aligned}
M_{aw} &= \left[\frac{1}{2}(\delta_1{}^2 + \delta_2{}^2) - (\delta_1 + \delta_2) + 2.5\xi - (1.25\xi)^2\right]t_w h_0{}^2 f_a \\
&= \left[\frac{1}{2}(0.313^2 + 0.933^2) - (0.313 + 0.933) + 2.5 \times 0.6996 - (1.25 \times 0.6996)^2\right] \\
&\quad \times 11.5 \times 640^2 \times 315 \\
&= 330109001(\text{N} \cdot \text{mm})
\end{aligned}$$

$$\begin{aligned}
M &\leqslant \alpha_1 f_c bx\left(h_0 - \frac{x}{2}\right) + f'_y A'_s(h_0 - a'_s) + f'_a A'_{af}(h_0 - a'_a) + M_{aw} \\
&= 1 \times 14.3 \times 800 \times 449 \times (642 - 0.5 \times 449) + 360 \times 1884 \times (642 - 63) \\
&\quad + 315 \times 300 \times 21 \times (642 - 190.5) + 330109001 \\
&= 3763325511(\text{N} \cdot \text{mm}) = 3763.3(\text{kN} \cdot \text{m}) > M_x = 1450(\text{kN} \cdot \text{m})
\end{aligned}$$

从以上两例可看出,两种不同方法求解,简单叠加法比基本假定的极限平衡法计算简便,但偏于保守。

3. 十字形型钢柱正截面承载力的简算方法

(1)适用条件

正方形的型钢混凝土柱,当其型钢及配置的纵筋符合下列条件时,可采用下述简化方法计算其正截面压、弯承载力。

①型钢为双轴对称的带翼缘十字形截面,如图 6.4.5 所示,钢材牌号为 Q235;

②竖向纵筋沿柱截面周边均匀布置,如图 6.4.5a 所示,或布置于柱的四个角部,如图 6.4.5b 所示,其钢筋品种为 HRB 335 级普通热轧钢筋。

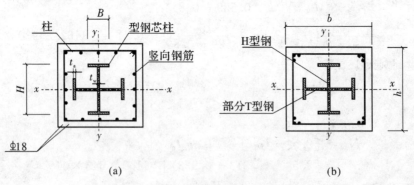

图 6.4.5 型钢混凝土柱的截面配筋

(a)周边均匀布置竖筋;(b)角部配置竖筋

(2)计算公式

①不分大偏心受压还是小偏心受压,均可按下列公式和表 6.4.1、表 6.4.2 进行正截面压弯承载力计算。

$$\widetilde{M} = \frac{M}{\alpha_1 f_c b h_0^2} \qquad \widetilde{N} = \frac{N}{\alpha_1 f_c b h_0} \tag{6.4.36}$$

130

表 6.4.1 配置十字型钢,周边均匀布置纵向钢筋的构件

编　号	$h \times b$(mm)	$H \times B \times t_w \times t_a$(mm)	竖向钢筋	混凝土等级	$\rho f_y / f_c$	A	B	$D(\times 10^{-2})$	E	$F(\times 10^{-1})$
SIZP-1	850×850	600×200×11×17(GB)	16Φ30	C40	1.071	0.318	0.250	-0.026	0.321	0.285
				C50	0.843	0.358	0.287	7.927	0.117	1.017
SIZP-2	850×850	616×202×13×25	16Φ30	C40	1.200	0.330	0.250	-0.376	0.299	0.211
				C50	0.994	0.330	0.263	0.108	0.257	0.212
SIZP-3	850×850	600×200×11×17(GB)	16Φ25	C40	0.885	0.320	0.256	-0.530	0.311	0.368
				C50	0.734	0.353	0.285	-1.558	0.336	0.522
SIZP-4	900×900	700×300×12×20(GB)	16Φ26	C40	1.081	0.249	0.219	1.144	0.286	0.310
				C50	0.897	0.282	0.248	0.115	0.308	0.428
SIZP-5	900×900	700×300×12×20	16Φ28	C40	1.111	0.226	0.208	0.298	0.279	0.255
				C50	0.922	0.259	0.236	5.866	0.235	0.151
SIZP-6	900×900	700×300×12×20	16Φ30	C40	1.144	0.218	0.203	-19.627	0.733	2.471
				C50	0.949	0.222	0.215	-14.149	0.639	2.103
SIZP-7	950×950	700×300×13×24(GB)	16Φ28	C40	1.145	0.249	0.216	-2.643	0.416	1.054
				C50	0.950	0.272	0.244	1.143	0.302	3.527
SIZP-8	950×950	700×300×13×24	16Φ30	C40	1.175	0.242	0.211	2.728	0.279	2.242
				C50	0.975	0.275	0.239	1.372	0.303	0.335
SIZP-9	1000×1000	700×300×13×24	16Φ32	C40	1.125	0.278	0.288	1.481	0.307	0.290
				C50	0.934	0.311	0.256	0.772	0.322	0.369
SIZP-10	1000×1000	700×300×13×24	16Φ34	C40	1.175	0.270	0.223	1.297	0.308	0.276
				C50	0.960	0.303	0.251	0.800	0.329	0.380
SIZP-11	1100×1100	800×300×14×26(GB*)	16Φ34	C40	1.028	0.240	0.222	2.450	0.325	0.364
				C50	0.853	0.273	0.250	3.095	0.306	0.232
SIZP-12	1200×1200	900×300×16×28(GB*)	16Φ34	C40	0.961	0.255	0.237	2.123	0.323	0.439
				C50	0.797	0.288	0.265	3.742	0.304	0.361
SIZP-13	1300×1300	900×300×16×28(GB*)	16Φ34	C40	0.846	0.291	0.257	2.518	0.327	0.333
				C50	0.702	0.324	0.285	2.787	0.305	0.097

注:(GB)、(GB*)指国标规定的型钢截面尺寸。

131

表 6.4.2　配置十字型钢、角部布置纵向钢筋的构件

编号	$h×b$(mm)	$H×B×t_w×t_a$(mm)	竖向钢筋	混凝土等级	$\rho f_y/f_c$	A	B	$D(×10^{-2})$	E	$F(×10^{-1})$
SIZP-1	700×700	396×199×7×11(GB)	12Φ20	C40	0.776	0.327	0.255	-0.051	0.038	0.694
				C50	0.644	0.363	0.283	-1.006	0.406	0.943
SIZP-2	700×700	406×201×9×16	12Φ20	C40	0.976	0.284	0.223	-2.309	0.401	0.821
				C50	0.811	0.321	0.254	0.411	0.348	0.571
SIZP-3	800×800	500×200×11×16(GB)	12Φ20	C40	0.837	0.347	0.266	0.335	0.322	0.398
				C50	0.695	0.379	0.293	-0.624	0.347	0.563
SIZP-4	800×800	506×201×11×19(GB)	12Φ25	C40	0.931	0.319	0.254	0.457	0.311	0.336
				C50	0.758	0.352	0.282	-0.620	0.337	0.488
SIZP-5	850×850	574×204×14×28	12Φ25	C40	1.241	0.237	0.192	2.238	0.269	0.235
				C50	1.036	0.292	0.220	2.615	0.727	-2.337
SIZP-6	850×850	600×200×11×17	12Φ28	C40	0.837	0.323	0.262	0.318	0.316	0.352
				C50	0.724	0.542	0.289	0.465	0.332	0.428
SIZP-7	900×900	598×199×10×15	12Φ30	C40	0.757	0.337	0.275	2.787	0.308	0.339
				C50	0.628	0.364	0.299	0.997	0.326	0.189
SIZP-8	900×900	600×200×11×17	12Φ32	C40	0.851	0.317	0.260	0.349	0.348	0.415
				C50	0.706	0.350	0.287	-0.507	0.375	0.618
SIZP-9	950×950	600×200×11×17	16Φ32	C40	0.779	0.326	0.265	1.329	0.337	0.301
				C50	0.647	0.360	0.029	3.285	0.351	0.983
SIZP-10	950×950	600×200×11×17	16Φ34	C40	0.807	0.317	0.260	0.464	0.377	0.514
				C50	0.669	0.350	0.287	-1.798	0.428	0.769

注:(GB)省国标 006 规定的型钢。

$$\widetilde{M} = C + A\widetilde{N} - B\widetilde{N}^2 \qquad (6.4.37)$$

$$C = D + E\frac{\rho f_y}{f_c} - F\left(\frac{\rho f_y}{f_c}\right)^2 \qquad (6.4.38)$$

式中　　M、N——柱的弯矩、轴力设计值,计算 M 时应考虑偏心矩增大系数;

　　　　b、h、h_0——柱的截面宽度、高度、有效高度;

　　　　　ρ——柱的型钢和纵向钢筋总配筋率;

　　　　　f_c——混凝土轴心抗压强度设计值;

　　　　　f_y——钢筋的抗拉强度设计值;

A、B、C、D、E、F——系数,可查表 6.4.1 或表 6.4.2。

②在给出的 $\rho f_y/f_c$ 系数的计算,可以在 $(\rho f_y/f_c - 0.07)$ 到 $(\rho f_y/f_c + 0.07)$ 的范围内应用,其误差在允许范围内。

【例 6.4.3】 设计钢骨钢筋混凝土柱 $b = h_c = 800\text{mm}$,承受内力设计值 $N = 3000\text{kN}$,$M = 1300\text{kN} \cdot \text{m}$,其混凝土为 C25,钢骨为 Q345,钢筋为 HRB335 级钢,试确钢骨和钢筋的截面面积。

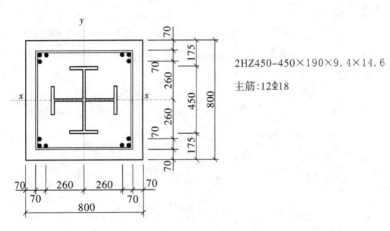

2HZ450-450×190×9.4×14.6

主筋:12Φ18

图 6.4.6　型钢混凝土的截面设计

【解】 假设钢骨部分由两个热轧 H 型钢 HZ450,组成十字形截面。H 型截面尺寸为 $450 \times 190 \times 9.4 \times 14.6(\text{mm})$,$A_{ss} = 2 \times 9880 = 19760\text{mm}^2$,$W_x = 1499 \times 10^3\text{mm}^3$,$W_y = 176 \times 10^3\text{mm}^3$ 构成的十字形钢骨。其截面抵抗矩为:

$$W_{ss} = W_x + W_y = (1499 + 176) \times 10^3 = 1675 \times 10^3 (\text{mm}^3)$$

1. 按第一种情况计算:

钢骨部分的抗弯承载力

$$M_{y0}^{ss} = \gamma_s W_{ss} f_{ss} = 1.05 \times 1675 \times 10^3 \times 315 = 554.0 (\text{kN} \cdot \text{m})$$

$$M_x = 1300\text{kN} \cdot \text{m} > M_{y0}^{ss}$$

近似取钢筋混凝土部分的受压承载力 $N_{c0}^{rc} = f_c A_c = 12.5 \times 800 \times 800 = 8000(\text{kN}) > N = 3000\text{kN}$,因此按式 (6.4.23) 计算,取钢筋混凝土部分的设计轴力和弯矩为:

$$N_c^{rc} = N = 3000(\text{kN})$$

$$M_c^{rc} = M_x - M_{y0}^{ss} = 1300 - 554.0 = 746.0(\text{kN})$$

设柱的四角各配三根钢筋,则有效高度 h_{c0} 为:

$$a = a' = 94 (\text{mm})$$

$$h_{c0} = 800 - 94 = 706 (\text{mm})$$

$$e_0 = \frac{M_c^{rc}}{N_c^{rc}} = \frac{746.0 \times 10^3}{3000} = 248.7 (\text{mm})$$

$$e_0 / h_{c0} = 0.35 > 0.3$$

按大偏心受压情况计算,并取 $\eta = 1.0$,并采用对称钢筋,$A_s = A_s'$。

$$x = \frac{N_c^{rc}}{f_c b} = \frac{3000 \times 10^3}{12.5 \times 800} = 300 (\text{mm})$$

$$e = e_0 + 0.5 h_c - a = 248.7 + 0.5 \times 800 - 94$$

$$= 554.7 (\text{mm})$$

$$A_s = A_s' = \frac{N_c^{rc} e - f_c bx (h_{c0} - 0.5x)}{f_{sy}' (h_{c0} - a')}$$

$$= [3000 \times 10^3 \times 554.7 - 12.5 \times 800 \times 300 \times (706 - 0.5 \times 300) / 310 (706 - 94)] < 0$$

所以按构造配筋,取 $A_s = A_s' = 0.002 bh_c = 1280 \text{mm}^2$,实配 6Φ18($A_s = A_s' = 1526 \text{mm}^2$)。

2. 按第二种情况计算:

$$N_{c0}^{ss} = f_{ss} A_{ss} = 315 \times 19760 = 6224.4 (\text{kN}) > N = 3000 (\text{kN})$$

设 $M > M_{u0}^{rc}$,按式(6.4.26)计算,钢骨部分的轴力和弯矩设计值为:

$$N_c^{ss} = N = 3000 (\text{kN})$$

$$M_c^{ss} = \gamma_s W_{ss} \left(f_{ss} - \frac{N_c^{ss}}{A_{ss}} \right) = 1.05 \times 1675 \times 10^3 \times \left(315 - \frac{3000 \times 10^3}{19760} \right) = 287.0 (\text{kN} \cdot \text{m})$$

所以钢筋混凝土部分的轴力和弯矩设计值为:

$$N_c^{rc} = 0$$

$$M_c^{rc} = M_x - M_c^{ss} = 1300 - 287.0 = 1013.0 (\text{kN} \cdot \text{m})$$

取对称钢筋:

$$A_s = A_s' = \frac{M_c^{rc}}{f_{sy} (h_{c0} - a')} = \frac{1013.0 \times 10^6}{310 \times (706 - 94)} = 5340 (\text{mm}^2)$$

可见,按第二种情况计算的钢筋面积大于按第一种情况计算的结果,因此应按第一种情况计算结果进行配筋。

4. 双向偏压柱正截面承载力计算

承受压力和双向弯矩作用的角柱,其正截面受弯应按下列方法计算。

(1)一般方法

不管柱中的型钢和纵向钢筋是对称还是非对称配置的,承受轴力和双向弯矩的型钢混凝土柱,其正截面受弯承载力满足下列公式:

$$N \leqslant N_{cy}^{ss} + N_{cu}^{rc} \tag{6.4.39}$$

$$M_x \leqslant M_{cy,x}^{ss} + M_{cu,x}^{rc} \tag{6.4.40}$$

$$M_y \leqslant M_{cy,y}^{ss} + M_{cu,y}^{rc} \tag{6.4.41}$$

式中 M_x、M_y——分别为绕 x 轴和 y 轴的弯矩设计值;

$M_{cy,x}^{ss}$、$M_{cy,y}^{ss}$——分别为柱中钢骨部分绕 x 轴和 y 轴受弯承载力;

$M_{cu,x}^{rc}$、$M_{cu,y}^{rc}$——分别为柱中钢筋混凝土部分绕 x 轴和 y 轴受弯承载力。

（2）简算方法

①适用条件

当钢骨和钢筋为对称配置的矩形截面时，可按此方法。当钢骨和钢筋为非对称配置的型钢混凝土柱可偏于安全地转化为对称截面（前已述及）。

②计算方法

先假定柱内钢筋及钢骨的截面面积，用下列两种情况得到的轴力和弯矩设计值分别进行承载力验算；选取钢筋和钢骨截面较小值作为型钢混凝土柱的设计结果。

③计算公式

A. 第一种情况，按下列公式计算：

a. 当 $N \geqslant N_{c0}^{rc}$ 时，钢筋混凝土部分仅承受轴力，钢骨部分承载力按下式进行验算：

$$N_c^{ss} = N - N_{c0}^{rc} \tag{6.4.42}$$

$$\frac{M_x}{M_{cy,x0}^{ss}(N_c^{ss})} + \frac{M_y}{M_{cy,y0}^{ss}(N_c^{ss})} \leqslant 1 \tag{6.4.43}$$

b. 当 $N < N_{c0}^{rc}$ 时，钢筋部分仅承受弯矩，钢筋混凝土部分的承载力按下式进行验算：

$$N_c^{rc} = N \tag{6.4.44}$$

$$\frac{M_x}{M_{cu,x0}^{rc}(N_c^{rc}) + M_{cy,x0}^{ss}(0)} + \frac{M_y}{M_{cu,y0}^{rc}(N_c^{rc}) + M_{cy,y0}^{ss}(0)} \leqslant 1 \tag{6.4.45}$$

B. 第二种情况，按下列公式计算：

a. 当 $N \geqslant N_{c0}^{ss}$ 时，钢骨部分仅承受轴力，钢筋混凝土部分的承载力按下式计算：

$$N_c^{rc} = N - N_{c0}^{ss} \tag{6.4.46}$$

$$\frac{M_x}{M_{cu,x0}^{rc}(N_c^{rc})} + \frac{M_y}{M_{cu,y0}^{rc}(N_c^{rc})} \leqslant 1 \tag{6.4.47}$$

b. 当 $N < N_{c0}^{ss}$ 时，钢筋混凝土部分仅承受弯矩，钢骨部分的承载力按下式进行验算：

$$N_c^{ss} = N \tag{6.4.48}$$

$$\frac{M_x}{M_{cy,x0}^{ss}(N_c^{ss}) + M_{cu,x0}^{rc}(0)} + \frac{M_y}{M_{cy,y0}^{ss}(N_c^{ss}) + M_{cu,y0}^{rc}(0)} \leqslant 1 \tag{6.4.49}$$

式中　$M_{cy,x0}^{ss}(0)$、$M_{cy,y0}^{ss}(0)$——钢骨部分轴力为 0 时，分别仅绕 x 轴和仅绕 y 轴的受弯承载力；

　　　$M_{cy,x0}^{ss}(N_c^{ss})$、$M_{cy,y0}^{ss}(N_c^{ss})$——钢骨部分轴力为 N_c^{ss} 时，分别仅绕 x 轴和仅绕 y 轴的受弯承载力；

　　　$M_{cu,x0}^{rc}(0)$、$M_{cu,y0}^{rc}(0)$——钢筋混凝土部分轴力为 0 时，分别仅绕 x 轴和仅绕 y 轴的受弯承载力；

　　　$M_{cu,x0}^{rc}(N_c^{rc})$、$M_{cu,y0}^{rc}(N_c^{rc})$——钢骨部分轴力为 N_c^{rc} 时，分别仅绕 x 轴和仅绕 y 轴的受弯承载力。

6.5　关于绕"弱轴"方向弯曲的验算

型钢混凝土柱在两个主轴方向均受偏心弯矩，尽管在某一主轴方向（例如 x 方向）偏心矩较大，因此在该方向抗弯配筋较强；但在另一主轴方向（例如 y 方向）的较小弯矩也不可忽略，此时尚应进行绕"弱轴"的承载力验算。如果"弱轴"方向的弯矩较小,可以忽略,则"弱轴"方向可按轴心受压进行验算。前面所讲内容均按"强轴"方向进行承载力计算[12]。对于"弱轴"方向承载力验算仅以下面例题来说明。

【例 6.5.1】 例如图 6.4.4 所示型钢混凝土柱,承受轴力设计值 $N = 7000\text{kN}$ 时,试求绕弱轴的受弯承载力(按简单叠加法)。

【解】 钢骨绕弱轴的抵抗矩为:$W_{ss} = 630000\text{mm}^3$,$A_s = 17800\text{mm}^2$

1. 按第一种情况计算

(1)钢骨部分受弯承载力为:
$$M_{y0}^{ss} = \gamma_s W_{ss} f_{ss} = 1.1 \times 630000 \times 315 = 218.3(\text{kN} \cdot \text{m})$$

(2)钢筋混凝土部分受压承载力为:
$$N_{c0}^{rc} = f_c A_c + 2 f_{sy} A_s = 14.3 \times 800^2 + 2 \times 360 \times 1884 = 10508.5(\text{kN}) > N = 7000(\text{kN})$$

假设 $M > M_{y0}^{ss}$,按第(1)项公式计算,则钢筋混凝土部分承担的轴力为:
$$N_c^{rc} = N = 7000(\text{kN})$$

而由于采用对称配筋,此时混凝土部分所承受的最大压力为:
$$N_b = \zeta_b \alpha_1 f_c b h_0 + f_y' A_s' - f_y A_s = 0.518 \times 14.3 \times 800 \times 736.7$$
$$= 4365.6(\text{kN}) < N_c^{rc} = 7000(\text{kN})$$

所以按小偏压情况计算。
$$N_c^{rc} = \alpha_1 f_c b x + f_y' A_s' - f_y A_s \frac{\xi - \beta_1}{\xi_b - \beta_1}$$

由于采用 C30 混凝土,HRB 400 级钢筋,则 $\beta_1 = 0.8$,$\xi_b = 0.518$,$\xi = x/h_0$。
$$7000 \times 10^3 = 1.0 \times 14.3 \times 800 x + 360 \times 1884 - 360 \times 1884 \times \frac{(x/736.7) - 0.8}{0.518 - 0.8}$$
$$x = 560.8(\text{mm})$$

代入下式:
$$Ne = \alpha_1 f_c b x (h_0 - x/2) + f_y' A_s' (h_0 - a_s')$$
$$7000 \times 10^3 e = 1 \times 14.3 \times 800 \times 560.8 \times (736.7 - 0.5 \times 560.8) + 360 \times 1884 \times (736.7 - 63.3)$$
$$e = 483.5\text{mm}$$

取 $\eta = 1.0$,则 $e = \eta e_i + h/2 - a_s'$,$e_i = e_0 + e_a$
$$e_0 = e - h/2 + a_s' - e_a = 483.5 - 800/2 + 63.3 - 26.7 = 120.1(\text{mm})$$
$$M_{cu}^{rc} = N_c^{rc} e_0 = 7000 \times 10^3 \times 120.1 = 840700 \times 10^3 (\text{N} \cdot \text{mm}) = 840.7(\text{kN} \cdot \text{m})$$

故截面受弯承载力为:
$$M_{cu} = M_{cu}^{rc} + M_{y0}^{ss} = 840.7 + 218.3 = 1059(\text{kN} \cdot \text{m})$$

2. 按第二种情况计算

(1)钢骨部分的受压承载力:
$$N_{c0}^{ss} = f_{ss} A_{ss} = 315 \times 17800 = 5607(\text{kN}) < N = 7000(\text{kN})$$

所以按第(2)项公式计算。

(2)钢筋混凝土部分的轴力为:
$$N_c^{rc} = N - N_{c0}^{ss} = 7000 - 5607 = 1393(\text{kN})$$

根据对称截面配筋:

$$x = \frac{N_c^{rc}}{\alpha_1 f_c b} = \frac{1393 \times 10^3}{1 \times 14.3 \times 800} = 121.8(\text{mm}) < 2a_s' = 2 \times 63.3 = 126.6(\text{mm})$$

$$N_c^{rc} e' = f_y A_s (h_0 - a_s') = 360 \times 1884 \times (736.7 - 63.3) = 456.7(\text{kN} \cdot \text{m})$$

$$e' = \frac{456.7}{1393} = 0.328(\text{m}) = 328(\text{mm})$$

$$e_0 = 0.5h - a_s' - e' = 0.5 \times 800 - 63.3 - 328 = 8.7(\text{mm})$$

$$M = M_{cu}^{rc} = N_c^{rc} e_0 = 1393 \times 10^3 \times 8.7 = 12119 \times 10^3 (\text{N} \cdot \text{mm}) = 12.1(\text{kN} \cdot \text{m})$$

比较以上两种计算结果,取较大者为弱轴受弯承载力,即 1059kN·m。

前边的设计例题均没有考虑纵向弯曲对承载力的影响,现通过下面的例题说明它的计算方法:

【例 6.5.2】 设有一框架柱截面尺寸 $b \times h_c = 400\text{mm} \times 600\text{mm}$,混凝土强度等级采用 C30,钢骨采用 Q235,钢筋采用 HPB235,柱的计算长度 $l_0 = 6\text{m}$,柱承受的轴力和弯矩设计值为 $N = 1500\text{kN}$, $M = 630\text{kN} \cdot \text{m}$,计算该柱的钢筋。

【解】 设钢骨采用I50a, $A_{ss} = 11900\text{mm}^2$, $W_{ss} = 1858800\text{mm}^3$。

1. 柱截面弯矩设计值

因为 $\frac{l_0}{h_c} = \frac{6000}{600} = 10 > 8$,应考虑纵向弯曲变形的影响。

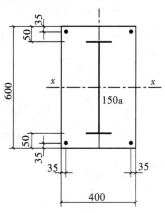

$$N_{c0}^{ss} = f_{ss} A_{ss} = 215 \times 11900 = 2558.5(\text{kN})$$

$$N_{c0}^{rc} = f_c A_c = 15 \times 400 \times 600 = 3600(\text{kN})$$

$$\alpha = \frac{N - 0.4 f_c A_c}{N_{c0}^{rc} + N_{c0}^{ss} - 0.4 f_c A_c} = \frac{1500 - 0.4 \times 3600}{3600 + 2558.5 - 0.4 \times 3600}$$
$$= 0.0127$$

$\zeta = 1.3 - 0.026 l_0/h_c = 1.3 - 0.026 \times 10 = 1.04$,取 1.0

图 6.5.1 型钢混凝土柱设计

初始偏心矩:

$$e_0 = \frac{M}{N} = \frac{630 \times 10^6}{1500 \times 10^3} = 420(\text{mm})$$

$$\eta = 1 + 1.25 \frac{(7 - 6\alpha)}{e_0/h_c} \zeta \left(\frac{l_0}{h_c}\right) 2 \times 10^{-4}$$

$$= 1 + 1.25 \times \frac{7 - 6 \times 0.0127}{420/600} \times 1.0 \times 10^2 \times 10^{-4}$$

$$= 1.124$$

因此矩形截面的弯矩设计值为:

$$M = 1.124 \times 630 = 708.1(\text{kN} \cdot \text{m})$$

2. 配筋计算

(1)按第一种情况计算

$$N < N_{c0}^{rc} = 3600\text{kN}$$

且 $M_{y0}^{ss} = \gamma_s f_{ss} W_{ss} = 1.05 \times 215 \times 1858800 = 419.6(\text{kN} \cdot \text{m}) < M = 708.1(\text{kN} \cdot \text{m})$,因此按第一种情况的状态(1)计算,钢筋混凝土部分的轴力和弯矩设计值分别为:

$$N_c^{rc} = N = 1500(\text{kN})$$

$$M_c^{rc} = M - M_{y0}^{ss} = 708.1 - 419.6 = 288.5(\text{kN} \cdot \text{m})$$

钢筋混凝土部分的偏心矩：

$$e_0 = \frac{M_c^{rc}}{N_c^{rc}} = \frac{288.5 \times 10^6}{1500 \times 10^3} = 192.3(\text{mm}) > 0.3h_{c0} = 0.3 \times 565 = 169.5(\text{mm})$$

按大偏心受压计算，对称配筋：

$$x = \frac{N_c^{rc}}{\alpha_1 f_c b} = \frac{1500 \times 10^3}{1 \times 15 \times 400} = 250(\text{mm})$$

$$e = e_0 + 0.5h_c - a = 192.3 + 0.5 \times 600 - 35 = 457.3(\text{mm})$$

$$A_s = A_s' = \frac{N_c^{rc} e - \alpha_1 f_c bx(h_{c0} - 0.5x)}{f_{sy}'(h_{c0} - a')}$$

$$= [1500 \times 10^3 \times 457.3 - 15 \times 400 \times 250 \times (565 - 0.5 \times 250)]/[210 \times (565 - 35)]$$

$$= 233.2(\text{mm}^2)$$

$$0.002bh_c = 480(\text{mm}^2)$$

因此，应按最小配筋率配筋，实配2Φ18。

（2）按第二种情况计算

$N_{c0}^{ss} = f_{ss} A_{ss} = 215 \times 11900 = 2558.5(\text{kN}) > N = 1500(\text{kN})$，设 $M > M_{u0}^{rc}$，则钢骨部分的轴力和弯矩设计值为：

$$N_c^{ss} = N = 1500(\text{kN})$$

$$M_c^{ss} = \gamma_s W_{ss}\left(f_{ss} - \frac{N_c^{ss}}{A_{ss}}\right) = 1.05 \times 1858800 \times \left(215 - \frac{1500 \times 10^3}{11900}\right) = 173.6(\text{kN} \cdot \text{m})$$

钢筋混凝土部分仅承受弯矩，设计值为：

$$M_c^{rc} = M - M_c^{ss} = 708.1 - 173.6 = 534.5(\text{kN} \cdot \text{m})$$

取对称配筋

$$A_s' = A_s = \frac{M_c^{rc}}{f_{sy}(h_c - a')} = \frac{534.5 \times 10^6}{210 \times (600 - 35 - 35)} = 4802.3(\text{mm}^2)$$

可见，按第二种情况计算的钢筋面积大于第一种情况的计算结果，因此按第一种情况的计算结果进行配筋。

6.6 型钢混凝土柱斜截面承载能力计算

6.6.1 试验研究分析

型钢混凝土柱的斜截面抗剪性能与型钢混凝土梁有许多相似之处，但是与型钢混凝土梁又有不同之处。由于柱上作用较大轴力，使柱处于压、弯、剪复合受力状态。

根据剪跨比的大小不同，型钢混凝土柱的剪切的破坏形式主要有两种：剪切斜压破坏和剪切粘结破坏[11]。

1. 当剪跨比 $\lambda < 1.5$ 的型钢混凝土柱，常发生斜压破坏。在剪力作用下，其破坏特征是：首先在柱的表面对角线方向产生斜向裂缝，随着荷载的增加及反复作用，斜裂缝相继出现并发展，形成正、反两个方向的斜裂缝，最后形成交叉裂缝，并且在破坏前将型钢混凝土柱分成若干个斜压小柱体，最后这些小柱体被压溃而剥落，柱破坏。如图 6.6.1a 所示。

2. 当剪跨比 $1.5 < \lambda < 2.5$ 时，且箍筋配筋量较少时，常发生剪切粘结破坏。这种破坏在弯、剪作用下，其破坏特征是：首先在柱根部出现弯曲水平裂缝。但随着剪力的增加，这种弯曲

裂缝发展一般较慢,继而出现斜裂缝。破坏前沿着型钢翼缘出现竖向裂缝。在反复荷载下将出现两个方向的斜裂缝,沿着柱的两侧型钢翼缘均出现竖向粘结裂缝。最后竖向粘结裂缝混凝土保护层剥落,剪切承载力下降,最后导致破坏,如图 6.6.1b 所示。

由于在型钢混凝土柱中,竖向作用有较大的轴力,其斜截面上的受弯性能与型钢混凝土梁不同。当轴向力不大时,轴向压力的存在对柱承载力起有利作用,并提高极限受剪承载力。这是由于轴向力的存在将使斜裂缝的出现相对延迟,斜裂缝宽度发展也相对较慢。当 $N/f_cbh < 0.5$ 时,柱的斜截面受剪承载力随着轴压力的增加而增加,但随着轴压比的增加,构件延性有所下降。当轴压比很大时,柱的破坏形态有所改变,破坏时受压起控制作用。因此剪切承载力并不随轴压比的增大而无限提高。

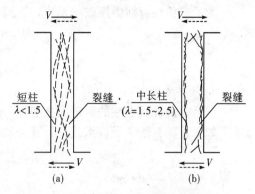

图 6.6.1　型钢混凝土柱的剪切破坏形态
(a)剪切斜压破坏;(b)剪切粘结破坏

3. 型钢混凝土柱除上述两个主要破坏形态以外,当剪跨比 $\lambda > 2.5$ 时,弯矩对破坏有明显的影响,一般称为弯剪型破坏(或弯压破坏)。

型钢混凝土柱受剪破坏特征与普通钢筋混凝土柱受剪破坏特征有明显不同。钢筋混凝土柱出现的斜裂缝较少且很快发展成主裂缝,破坏过程相对较快;而型钢混凝土柱,特别是配置实腹式工字钢、H 型钢的柱子,由于型钢的存在,很难形成主斜裂缝,破坏过程相对较慢,延性较好。

4. 影响斜截面承载力除了剪跨比、轴压比因素而外,还有箍筋的配筋率、混凝土强度等级等。

6.6.2　斜截面承载力计算

1. 试验结果表明,型钢混凝土柱斜截面受剪承载力大致等于型钢腹板和钢筋混凝土两部分斜截面受剪承载力之和,并考虑轴力的影响。

2. 计算方法(一)

对框架柱的斜截面受剪,行业标准《型钢混凝土组合结构技术规程》(JGJB 138—2001)给出了如下受剪承载力计算公式:

(1)基本公式

$$V_c \leqslant \frac{0.2}{\lambda + 1.5}\alpha_c f_c b h_0 + f_{yv}\frac{A_{sv}}{s}h_0 + \frac{0.58}{\lambda}f_a t_w h_w + 0.07N \tag{6.6.1}$$

式中　　λ——框架柱的计算剪跨比,其值取上下端较大弯矩设计值 M 与对应的剪力设计值 V 和截面有效高度 h_0 的比值,即 M/Vh_0;当框架结构中的框架柱的反弯点在柱层高范围内时,柱剪跨比也可采用 1/2 柱净高与柱截面有效高度 h_0 的比值,当 $\lambda < 1$ 时,取 1;当 $\lambda > 3$ 时,取 3;

　　　　N——考虑地震作用的框架柱的轴向压力设计值,当 $N > 0.3f_cA_c$ 时,取 $N = 0.3f_cA_c$;

　　f_{yv}、A_{sv}——箍筋的抗拉强度设计值及同一水平截面的箍筋各肢截面面积之和;

　　　　s——箍筋的竖向间距;

t_w、h_w、f_a——型钢腹板的厚度,截面高度和抗拉强度设计值;

V_c——柱的抗剪设计值；

α_c——柱受剪时高强混凝土折减系数。

（2）柱受剪时的截面限制条件

为了避免柱剪切斜压破坏发生，其受剪截面应满足下列两项要求：

$$V_c \leqslant 0.45\beta_c f_c b h_0 \tag{6.6.2}$$

$$\frac{f_a t_w h_w}{f_c b h_0} \geqslant 0.1 \tag{6.6.3}$$

3. 计算方法（二）

对于型钢混凝土柱的斜截面抗剪，行业标准《钢筋混凝土结构设计规程》（YB 9028—97），给出如下验算方法和受剪承载力计算公式：

$$V \leqslant V_y^{ss} + V_{cu}^{rc} \tag{6.6.4}$$

其中　$V_y^{ss} = f'_{ssv} \sum t_w h_w$

$$V_{cu}^{rc} = \frac{0.2}{\lambda + 1.5}\alpha_c f_c b_c h_{c0} + 1.25 f_{yv}\frac{A_{sv}}{s}h_{c0} + 0.07 N_c^{rc} \tag{6.6.5}$$

且应满足

$$V_{cu}^{rc} \leqslant 0.25\alpha_c f_c b_c h_{c0} \tag{6.6.6}$$

$$N_c^{rc} = \frac{f_c A_c}{f_c A_c + f_{ss} f_{sy}}N \tag{6.6.7}$$

式中　V——剪力设计值；

V_y^{ss}——柱内的钢骨部分的受剪承载力；

V_{cu}^{rc}——柱内钢筋混凝土部分的受剪承载力；

f_{ssv}——钢骨板材的抗剪强度设计值；

$\sum t_w h_w$——与剪力方向一致所有钢骨板材的净截面面积之和；

N_c^{rc}——钢筋混凝土部分承担的轴力设计值，当 $N_c^{rc} > 0.3\alpha_c f_c A_c$ 时，取 $N_c^{rc} = 0.3\alpha_c f_c A_c$；

λ——框架柱的计算剪跨比，取 $\lambda = H_n/2h_{c0}$；当 $\lambda < 1$ 时，取 $\lambda = 1$；当 $\lambda > 3$ 时，取 $\lambda = 3$；

b_c——柱的截面宽度；

h_{c0}——柱截面受拉钢筋形心至截面边缘的距离；

A_c——柱中的混凝土的截面面积。

其余符号意义同前。

【例 6.6.1】　设有一型钢混凝土柱，柱净高为 $H_n = 3.15$m，剪力设计值 $V = 800$kN，柱截面尺寸为 $b_c \times h_c = 800$mm×800mm，钢骨采用拼接的十字形截面，截面尺寸为 500mm×200mm×20mm×20mm，截面面积为 $A_{ss} = 34000$mm^2，截面弹性抵抗矩为 $W_{ss} = 2601 \times 10^3$mm^3，竖向钢筋为 12Φ18，受拉区和受压区钢筋截面面积为 $A_s = A'_s = 1526$mm^2，钢骨采用 Q235 钢，抗剪强度 $f_{ssv} = 120$N/mm^2，纵向钢筋为 HRB 335 级钢筋，箍筋为 HPB235 级钢筋，混凝土采用 C30 级，试进行该型钢柱的抗剪承载力验算。

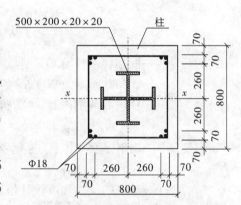

图 6.6.2　型钢混凝土框架柱受剪承载力验算截面

140

【解】 1. 柱内十字形钢骨的受剪承载力为：

$$V_y^{ss} = f_{ssv} \sum t_w h_w = 120 \times (460 \times 20 + 2 \times 200 \times 20) = 2064000(N) = 2064(kN)$$

若假定十字形钢骨翼缘不参与受剪，则钢骨的受剪承载力为：

$$V_y^{ss} = f_{ssv} t_w h_w = 120 \times 20 \times 460 = 1104000(N) = 1104(kN)$$

2. 柱中的钢筋混凝土承担的剪力 V_{cu}^{rc}

由于 $V_y^{ss} > V = 800kN$，故柱的钢筋混凝土部分不承担剪力。

仅按构造要求配置箍筋。对柱身的一般区段，采用双肢箍 Φ10@200；柱端加密区，采用双肢箍 Φ10@150。

【例 6.6.2】 同[例 6.6.1]，仅把柱子承受的剪力值由 $V = 800kN$ 变为 $V = 1500kN$，其他条件不变，试进行该柱的抗剪承载力验算。

【解】 1. 柱内十字形钢骨的受剪承载力为（不考虑翼缘参与受剪）：

$$V_y^{ss} = f_{ss} t_w h_w = 120 \times 20 \times 460 = 1104000(N) = 1104(kN)$$

2. 柱中的钢筋混凝土承担的剪力为：

$$V_{cu}^{rc} = V - V_y^{ss} = 1500 - 1104 = 396(kN)$$

且满足

$$V_{cu}^{rc} \leqslant 0.25\alpha_c f_c b_c h_{c0} = 0.25 \times 1 \times 14.3 \times 800 \times (800 - 70) = 2087800(N) = 2087.8(kN)$$

3. 计算柱中的箍筋

由公式

$$V_{cu}^{rc} = \frac{0.2}{\lambda + 1.5}\alpha_c f_c b_c h_{c0} + 1.25 f_{yv} \frac{A_{sv}}{s} h_{c0} + 0.07 N_c^{rc}$$

此时忽略 N_c^{rc} 的影响，取 $N_c^{rc} = 0$

$$\lambda = H_n / 2h_{c0} = 3.15 / 2 \times 0.73 = 2.16$$

$$\frac{A_{sv}}{s} = \frac{396 \times 10^3 - \dfrac{0.2}{2.16 + 1.5} \times 1 \times 14.3 \times 800 \times 730}{1.25 \times 210 \times 730} < 0$$

说明还是按构造要求配置钢筋。

6.7 型钢混凝土梁、柱节点

梁、柱节点的核心区是结构受力的关键部位，应保证传力明确、安全可靠、施工方便。不允许有过大的局部变形。

梁、柱节点包括下列几种形式：

(1)型钢混凝土梁与型钢混凝土柱的连接；

(2)钢梁与型钢混凝土柱的连接；

(3)钢筋混凝土梁与型钢混凝土柱的连接。

节点构造要求如下：

1. 型钢混凝土柱与型钢混凝土梁、钢筋混凝土梁、钢梁的连接，柱内型钢的拼接构造应满足钢结构的连接要求。型钢柱沿高度方向，在对应于型钢梁的上、下翼缘处或钢筋混凝土梁的上下边缘处，应设置水平加劲肋，如图 6.7.1 所示。加劲肋的形式宜便于混凝土浇筑，水平加劲肋应与梁端型钢翼缘等厚，且厚度不小于 12mm。

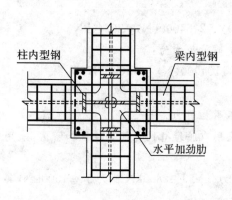
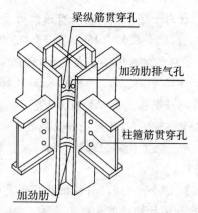

图 6.7.1 型钢混凝土内型钢梁、柱节点及水平加劲肋

2. 型钢混凝土柱与钢筋混凝土梁或型钢混凝土梁、柱节点应采用刚性连接,梁的纵向钢筋应伸入柱节点,且满足钢筋锚固要求。柱内型钢的截面形式和纵向钢筋的配置,应便于梁纵向钢筋的贯穿,还应减少纵向钢筋穿过柱内型钢的数量,且不宜穿过型钢翼缘,也不应与柱内型钢直接焊接起来,如图 6.7.2 所示。当必须在柱内型钢腹板上预留贯穿孔时,型钢腹板截面损失率宜小于腹板面积的 25%;当必须在柱内型钢翼缘上预留贯穿孔时,宜按柱端最不利组合的 M、N 验算预留孔截面的承载力,若不满足承载力,应采取补强措施。

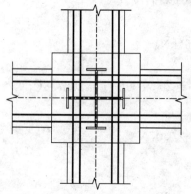

图 6.7.2 型钢混凝土梁、柱节点穿筋构造

3. 梁、柱的连接也可在柱型钢上设置工字钢牛腿,钢牛腿的高度不宜小于 0.7 倍的梁高,梁纵向钢筋中一部分钢筋可与钢牛腿焊接或搭接,如图 6.7.3 所示,其长度应满足钢筋内力传递要求;当采用搭接时,钢牛腿上、下翼缘应设置两排栓钉,其间距不应小于 100mm。从梁端至牛腿端部以外 1.5 倍梁高范围内箍筋应满足国家标准《混凝土结构设计规范》(GB 50010—2002)梁端箍筋加密区的要求。

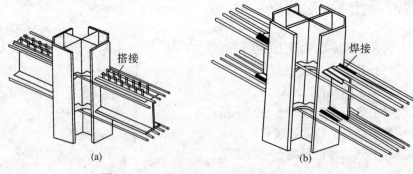

图 6.7.3 型钢梁纵向钢筋与钢牛腿的连接
(a)搭接;(b)焊接

4. 型钢混凝土柱与型钢混凝土梁或钢梁连接时,其柱内型钢与梁内型钢或钢梁的连接应采用刚性连接,且梁内型钢翼缘与柱内型钢翼缘应采用全熔透焊接连接;梁腹板与柱宜采用摩擦型高强度螺栓连接;悬臂梁段与柱应采用全焊接连接,且连接构造符合国家标准《钢构造设

142

计规范》(GB 50017—2003)以及行业标准《高层民用建筑钢结构技术规程》(JGJ 99—98)的要求,如图 6.7.4 所示。

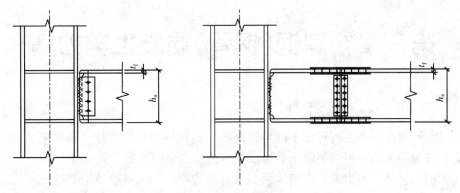

图 6.7.4　型钢混凝土内型钢梁与柱连接构造

5. 在跨度较大的框架结构中,当采用型钢混凝土梁和钢筋混凝柱时,梁内的型钢应伸入柱内,且应采用可靠的支承和锚固措施,保证型钢混凝土梁端承受的内力向柱中传递,其连接构造宜经专门试验确定。

第7章　型钢(钢骨)混凝土剪力墙

7.1　概述

型钢(钢骨)混凝土剪力墙可用于高层建筑物中的抗侧力构件。依其截面形式不同,型钢混凝土剪力墙分为无边框型钢混凝土剪力墙和带边框的型钢混凝土剪力墙。

无边框型钢混凝土剪力墙是指墙体两端没有设置明柱的无翼缘或有翼缘的剪力墙,如图7.1.1a 所示。

带有边框型钢混凝土剪力墙是指剪力墙周边设置框架梁和型钢混凝土框架柱,且梁和柱与墙体同时浇筑为整体的剪力墙,如图 7.1.1b 所示,常用于框架-剪力墙结构中。

剪力墙端部均配置型钢,且周边还应配置纵向钢筋和箍筋。

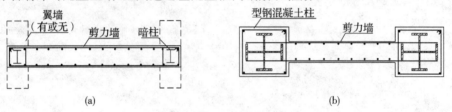

图 7.1.1　型钢混凝土剪力墙类型
(a)无边框剪力墙;(b)带边框剪力墙

7.2　型钢混凝土剪力墙构造要求

7.2.1　剪力墙端部的型钢

1. 型钢混凝土墙两端应配置实腹式型钢(如工字钢、槽钢等)。当水平剪力很大时,也可以在剪力墙腹板内增设型钢斜撑或型钢暗柱。

2. 带边框型钢混凝土剪力墙的边框柱,其型钢的形式、含钢率及边框柱内纵向钢筋的构造要求以及混凝土保护层厚度大小,构造要求与第 6.2 节中型钢混凝土柱的一样。

7.2.2　剪力墙腹板的配筋、厚度及混凝土强度等级

1. 配筋率

不管是无边框剪力墙,还是带边框剪力墙的腹板,其水平和竖向的分布钢筋均应符合下列要求:

(1)剪力墙,应根据墙厚配置多排钢筋网,各排钢筋网的横向间距不宜大于 300mm。当墙厚不大于 100mm 时,可采用双排钢筋网;当墙厚在 450～650mm 时,宜采用三排钢筋网;墙厚大于 650mm 时,钢筋网不宜少于 4 排。

（2）非抗震设防结构，配筋率不小于 0.20%，双排配筋，直径不小于 Φ8，间距不大于 300mm。抗震设防结构，配筋率不小于 0.25%，双排配筋，直径不小于 Φ8，间距不大于 200mm。

（3）腹板中水平钢筋应在型钢（钢骨）外绕过或与钢骨焊接。当设暗柱时，水平钢筋伸入暗柱部分锚固的长度应符合现行国家标准《混凝土结构设计规范》（GB 50010—2002）的规定。

2. 腹板厚度

（1）非抗震及 6 度、7 度抗震设防的结构，剪力墙厚度不小于墙净高和净宽两者中较小值的 1/25，且无边框剪力墙的厚度不小于 180mm，带有边框剪力墙腹板部分的厚度不小于 160mm。8 度、9 度抗震设防结构，剪力墙厚度不小于墙净高和净宽两者中较小值的 1/20，且无边框剪力墙厚度不小于 200mm，带有边框的剪力墙腹板部分厚度不小于 160mm。

（2）腹板的厚度还应能保证墙端部型钢暗柱的混凝土保护层厚度不小于 50mm。

3. 剪力墙的混凝土强度等级

应与型钢混凝土柱的混凝土强度等级一致，且不宜低于 C30。

7.3 型钢混凝土剪力墙正截面承载力计算

7.3.1 试验研究分析

通过对无边框型钢混凝土剪力墙、带有边框型钢混凝土剪力墙的偏心受压试验研究，试验结果表明：达到最大承载力时，端部的型钢都能达到屈服强度。型钢达到屈服后，剪力墙下部的混凝土达到极限抗压强度被压碎，以及型钢周围的混凝土裂缝破碎而剥落，产生剪切滑移破坏或腹板剪压破坏。

同钢筋混凝土剪力墙偏心受压试验对比，在端部暗柱（两端集中放置纵向受力钢筋和配有箍筋的柱）达到最大承载力时，端部暗柱中的纵向受力钢筋达到屈服强度后，除了产生整体滑移破坏外，还会产生平面外的错断破坏，承载力下降很快，塑性性能发挥不充分。

由于无边框型钢混凝土剪力墙厚度一般较薄，为了提高剪力墙平面外的稳定性，应将型钢惯性矩较大的形心轴（强轴）与墙面平行放置。

7.3.2 型钢混凝土剪力墙正截面承载力计算

1. 型钢混凝土剪力墙正截面承载力计算方法[3]（一）

对于两端配置型钢暗柱的混凝土剪力墙（无边框剪力墙），或框架-剪力墙体系中周边设置型钢混凝土柱和钢筋混凝土梁的现浇钢筋混凝土剪力墙（有边框剪力墙），其正截面偏心受压承载力计算，其行业标准《型钢混凝土组合技术规程》（JGJ 138—2001）给出了如下计算方法。

（1）基本假定

型钢混凝土剪力墙的基本假定，同型钢混凝土梁、柱的基本假定是一样的，见 7.1 节或 7.2 节。

(2)计算原则

试验结果表明:有、无边框的型钢混凝土剪力墙的正截面偏心受压承载力可以采用《混凝土结构设计规范》(GB 50010—2002)对"沿截面腹部均匀,配置竖向钢筋的偏心受压构件"中规定的正截面受压承载力公式计算。计算中只要将剪力墙体两端配置的型钢作为竖向受力钢筋来考虑即可。

(3)承载力计算

①计算简图

型钢混凝土剪力墙的计算简图如图 7.3.1 所示。

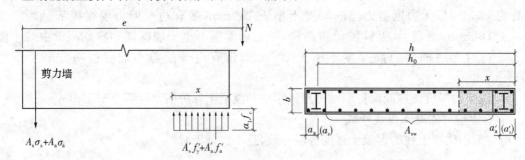

图 7.3.1　剪力墙正截面偏心受压承载力计算简图

②计算公式

$$N \leqslant \alpha_1 f_c \xi b h_0 + f'_y A'_s + f'_a A'_a - \sigma_s A_s - \sigma_a A_a + N_{aw} \tag{7.3.1}$$

$$Ne \leqslant \alpha_1 f_c \xi (1 - 0.5\xi) b h_0^2 + f'_y A'_s (h_0 - a'_s) + f'_a A'_a (b_0 - a'_a) + M_{aw} \tag{7.3.2}$$

$$N_{aw} = (1 + \frac{\xi - B_1}{0.5\beta_1 \omega}) f_{yw} A_{sw} \tag{7.3.3}$$

$$M_{aw} = [0.5 - (\frac{\xi - \beta_1}{\beta_1 \omega})^2] f_{yw} A_{sw} h_{sw} \tag{7.3.4}$$

$$\xi = x/h_0 \qquad \omega = h_{sw}/h_0 \tag{7.3.5}$$

当 $\xi > \beta_1$ 时,取 $N_{yw} = f_{gw} A_{sw}$,$M_{sw} = 0.5 f_{yw} A_{sw} h_{sw}$

式中　　x、ξ——分别为剪力墙水平截面的混凝土受压区高度,混凝土相对受压区高度;

A_a、A'_a——分别为剪力墙受拉端、受压端所配置型钢的截面面积;

A_s、A'_s——分别为剪力墙受拉区、受压区的竖向分布钢筋的总截面面积;

A_{sw}——剪力墙竖向分布钢筋的总截面面积;

σ_s、σ_a——分别为剪力墙受拉区的竖向分布钢筋、型钢的拉应力;

f_c、f'_y、f'_a——分别为混凝土、竖向分布钢筋、型钢的抗压强度设计值;

f_{yw}——剪力墙竖向分布钢筋的强度设计值;

b——剪力墙的厚度;

h_0——型钢受拉边缘和纵向受拉钢筋合力点至混凝土受压边缘的距离;

e——轴向力作用点到竖向受拉钢筋和型钢受拉翼缘合力点的距离;

N_{sw}——剪力墙竖向分布钢筋所承担的轴向力;

M_{sw}——剪力墙竖向分布钢筋的合力对型钢截面重心的力矩;

ω——剪力墙水平截面上,配置的竖向分布钢筋的截面高度 h_{sw} 与截面有效高度 h_0

的比值，即 $\omega = h_{sw}/h_0$。

其余符号意义同前。

2. 型钢（钢骨）混凝土剪力墙正截面承载力计算方法（二）

对于型钢（钢骨）混凝土剪力墙正截面承载力计算，行业标准《钢骨混凝土结构设计规程》（YB 9082—97）给出了如下计算方法。

无边框和有边框钢骨混凝土剪力墙在压弯作用下，在已知轴力设计值时，正截面受弯应满足如下要求：

$$M \leqslant M_{wu} \tag{7.3.6}$$

式中　M_{wu}——正截面受弯承载力，其计算方法与普通钢筋混凝土矩形和工字形截面剪力墙相同，可按现行国家标准《混凝土结构设计规范》（GB 50010—2002）或现行标准《钢筋混凝土高层建筑结构设计与施工规程》（JGJ 3）第 5.3.8 条有关公式计算，但公式中，$f_{sy}A_s$ 用 $f_{sy}A_s + f_{ss}A_{ss}$ 代替；

f_{sy}、A_s——分别为端部钢筋强度设计值和钢筋截面面积；

f_{ss}、A_{ss}——分别为端部钢骨强度设计值和钢骨截面面积。

7.4　型钢混凝土剪力墙斜截面承载力计算

7.4.1　试验研究分析

1. 对无边框型钢混凝土剪力墙在低周反复荷载作用下，首先在剪力墙的中下部出现斜向裂缝，大致与墙底呈 45°，随着荷载不断增加，又有许多斜向裂缝出现，且斜裂缝变长、加宽；随着荷载的进一步加大，可能形成了一两条主要的斜裂缝，主要的斜裂缝呈交叉状，把墙体分成了四个块体，且主要斜裂缝附近的混凝土被逐渐压碎而剥落，承载力下降，墙体产生剪切破坏。由于在剪力墙两端设置了型钢，而又由于型钢的暗销作用和对墙体的约束作用，其受剪承载力大于钢筋混凝土剪力墙。

2. 对有边框型钢的混凝土剪力墙（周边有型钢混凝土柱和钢筋混凝土梁或型钢混凝土梁的现浇剪力墙）在低周反复荷载作用下，首先在边框柱与腹板相交根部附近出现弯曲裂缝，然后，边框中剪力墙出现剪切斜裂缝，大致与墙底呈 45°。随着荷载的不断增加，又有许多斜裂缝出现，且与最初出现的斜裂缝大致平行，而且裂缝变长。随着荷载的进一步加大，最后剪力墙中的部分斜裂缝连通而发生剪切破坏。由于在剪力墙两边增加了边框，且上边又有梁，因此，与无边框的型钢混凝土剪力墙相比，它对墙体的约束作用胜于后者，且延性也比后者要好。当然比带边框的钢筋混凝土剪力墙承担的剪力更大，延性更好。

7.4.2　型钢混凝土剪力墙斜截面承载力计算

1. 型钢混凝土剪力墙斜截面抗剪能力计算方法（一）

行业标准《型钢混凝土组合结构技术规程》（JGJ 138—2001）对于有、无边框的型钢混凝土剪力墙分别给出了其斜截面受剪承载力的计算公式。

（1）无边框型钢混凝土剪力墙

①承载力计算方法

对于型钢混凝土剪力墙处于偏心受压状态时，其斜截面的抗剪承载力等于墙体的混凝土、水平分布钢筋和型钢的销键作用三部分抗剪作用之和。

②计算公式及计算图形

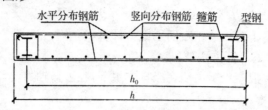

图 7.4.1　无边框型钢的混凝土剪力墙斜截面受剪承载力计算

$$V_{w} = \frac{1}{\lambda - 0.5}(0.05\alpha_{c}f_{c}bh_{0} + 0.13N\frac{A_{w}}{A}) + f_{yv}\frac{A_{sb}}{S}h_{0} + \frac{0.4}{\lambda}f_{a}A_{a} \quad (7.4.1)$$

式中　λ——计算截面处的剪跨比，$\lambda = M/Vh_{0}$；当 $\lambda < 1.5$ 时，取 1.5；当 $\lambda > 2.2$ 时，取 $\lambda = 2.2$；

　　　N——当考虑地震作用组合的剪力墙轴向压力设计值，当 $N > 0.2f_{c}bh$ 时，取 $N = 0.2f_{c}bh$；

　　　A——剪力墙的水平截面面积，有翼缘时，其翼缘有效宽度可取下列值中的较小值；剪力墙厚度加两侧各 6 倍翼缘墙的厚度，墙间距的 1/2 和剪力墙肢总高度的 1/20 中的最小值；

　　　A_{w}——T 形、工字形截面剪力墙腹板的截面面积，对矩形截面剪力墙，取 $A = A_{w}$；

　　　A_{sh}——配置在同一水平截面内的水平分布钢筋的全截面面积；

　　　A_{a}——剪力墙一端暗柱中型钢的截面面积；

　　　S——水平分布钢筋的竖向间距。

其余符合意义同前。

③公式适用条件

受剪截面应符合以下要求：

$$V_{w} \leqslant 0.25\beta_{c}f_{c}bh \quad (7.4.2)$$

(2)有边框型钢混凝土剪力墙

①承载力计算方法

对于有边框的型钢混凝土剪力墙处于偏压状态时，其斜截面的受剪承载力等于剪力墙的混凝土，水平分布钢筋和两边柱内型钢腹板三部分受剪承载力之和，其中混凝土项考虑了边框柱对混凝土墙体约束作用的提高系数 β_{r}。

②计算公式及计算图形

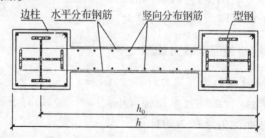

图 7.4.2　带边框型钢混凝土剪力墙斜截面受剪承载力计算

$$V_{w} = \frac{1}{\lambda - 0.5}(0.05\alpha_{c}\beta_{r}f_{c}bh_{0} + 0.13N\frac{A_{w}}{A} + f_{yv}\frac{A_{v}}{S}h_{0} + \frac{0.4}{\lambda}f_{a}A_{a}) \quad (7.4.3)$$

式中 β_r ——周边柱对混凝土墙体的约束系数,取值 1.2。

2. 型钢混凝土剪力墙斜截面抗剪能力计算方法[5](二)(简单叠加法)

对于有、无边框的型钢混凝土剪力墙斜截面抗剪,其行业标准《钢骨混凝土结构设计规程》(YB 9082—97)中给出了如下计算方法和公式。

(1)无边框型钢(钢骨)混凝土剪力墙

①计算方法

型钢(钢骨)混凝土剪力墙的抗剪承载力等于型钢(钢骨)的受剪承载力与钢筋混凝土腹板受剪承载力之和。

②计算公式

$$V_w = V_{wu}^{rc} + V_{wu}^{ss} \tag{7.4.4}$$

$$V_{wu}^{rc} = \frac{1}{\lambda - 0.5}(0.05\alpha_c f_c b_w h_{w0} + 0.13N \frac{A_w}{A}) + f_{yh} \frac{A_{sh}}{S} h_{w0} \tag{7.4.5}$$

$$V_{wu}^{ss} = 0.15 f_{ssv} \sum A_{ss}$$

式中 V_w ——钢骨混凝土剪力墙承受的剪力设计值;

V_{wu}^{rc} ——剪力墙中钢筋混凝土腹板部分的受剪承载力;

V_{wu}^{ss} ——无边框剪力墙中钢骨部分的受剪承载力;

N ——剪力墙的轴向压力设计值,当 $N > 0.2f_c b_w h_{w0}$ 时,应取 $N = 0.2f_c b_w h_{w0}$;

A、A_w ——分别为剪力墙计算截面的全面积及钢筋混凝土腹板的面积,对无边框剪力墙取 $A = A_w$;

A_{sh} ——剪力墙同一水平截面内水平钢筋各肢面积之和;

λ ——计算截面处的剪跨比,$\lambda = M/Vh_{w0}$;$\lambda < 1.5$ 时,取 $\lambda = 1.5$,$\lambda > 2.2$ 时,取 $\lambda = 2.2$;

f_{ss}、f_{yh} ——钢骨的抗拉强度设计值及水平钢筋的抗拉强度设计值。

③公式适用条件

$$V_{wu}^{rc} \leqslant 0.25 f_c b_w h_{w0} \tag{7.4.6}$$

$$V_{wu}^{ss} \leqslant 0.25 V_{wu}^{rc} = 0.0625 f_c b_w h_{w0} \tag{7.4.7}$$

(2)有边框型钢(钢骨)混凝土剪力墙

①计算方法

型钢(钢骨)混凝土剪力墙的抗剪承载力等于剪力墙中钢筋混凝土腹板部分的受剪承载力与带有边框剪力墙中钢骨混凝土边框柱受剪承载力的一半(计入 50%,是为了安全考虑)。

②计算公式

$$V_w \leqslant V_{wu}^{rc} + \frac{1}{2} \sum V_{cu} \tag{7.4.8}$$

$$V_{cu} = 0.057\alpha_c f_c b_c h_{c0} + 1.25 f_{yv} \frac{A_{sv}}{S} h_{c0} + 0.07\eta N \frac{A_c}{A} + f_{ssv} t_w h_w \tag{7.4.9}$$

$$\eta = \frac{f_c A_c}{f_c A_c + f_{ss} A_{ss}} \tag{7.4.10}$$

式中 V_{cu} ——带有边框剪力墙中钢骨混凝土边框柱的受剪承载力;

A_c ——单根钢骨混凝土边框柱的截面面积;

A ——钢骨混凝土剪力墙全截面面积(包括所有边框柱);

b_c——边框柱的截面宽度；

h_{c0}——边框柱水平截面内受拉钢筋形心至截面受压区外边缘的距离；

A_{sv}——边框柱同一水平截面内各肢箍筋的截面面积之和；

f_{yv}, f_{ssv}——箍筋的柱拉强度设计值及型钢抗剪强度设计值；

$t_w h_w$——一根型钢混凝土边框柱内，与剪力墙受剪方向平行的所有型钢板件水平截面面积之和；当有孔洞时，应扣除孔洞的水平截面面积；

f_{ss}, A_{ss}——分别为钢骨的抗拉强度设计值及钢骨的截面面积。

其余符合意义同前。

【例 7.4.1】[5] 设有一带边框剪力墙，已知其内力、截面尺寸以及其边框梁、柱内的钢骨和钢筋（图 7.4.3）。混凝土强度等级为 C30；钢骨为 Q235 号钢；边框梁、柱内的主筋，采用 HRB 335 级钢筋；箍筋采用 HPB 235 级钢筋；腹板内的水平和竖向分布钢筋也都采用 HPB 235 级钢筋。

作用在剪力墙上的竖向压力、水平剪力和弯矩设计值分别为 $N=8000\text{kN}$，$V=2000\text{kN}$，$M=19500\text{kN·m}$，试求腹板内水平和竖向分布钢筋的截面面积。

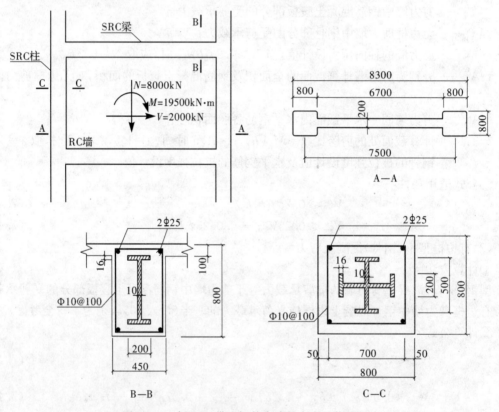

图 7.4.3 例 7-1 带边框剪力墙的内力及截面尺寸

【解】 根据剪力墙正截面偏压和斜截面受剪两种受力状态的承载力计算，来确定墙腹板的配筋。

1. 材料强度

C30 混凝土 $f_c=15\text{N/mm}^2$， $\alpha_1=1.0$

Q235 钢材　　　　　　　$f_{ss}=215\text{N/mm}^2$，$f_{ssv}=125\text{N/mm}^2$

HPB 235 级钢筋　　　　$f_{sy}=210\text{N/mm}^2$

HRB 335 级钢筋　　　　$f_{sy}=300\text{N/mm}^2$

2. 正截面压弯承载力

按照工字形截面剪力墙计算。在竖向压力 $N=8000\text{kN}$ 和弯矩 $M=19500\text{kN·m}$ 的作用下，假设其水平截面的中和轴是位于翼缘内，则计算时取厚度等于翼缘宽度的矩形截面，即 $b=800\text{mm}$，$h_{w0}=h_w-a_{ss}=8300-400=7900\text{mm}$

先按构造要求配置竖向分布钢筋，取 Φ8@200mm，双排，则

竖向分布钢筋的配筋率　　　$\rho_s=\dfrac{50\times2}{200\times200}=0.25\%$

腹板内竖向钢筋的总截面面积　　　$A_{sw}=\dfrac{6700}{200}\times50\times2=3350\,(\text{mm}^2)$

带边框剪力墙的混凝土受压区高度为

$$x=\frac{N+A_{sw}f_{sy}}{\alpha_1 f_c b+1.5\dfrac{A_{sw}f_{sy}}{h_{w0}}}$$

$$=\frac{8000\times10^3+3350\times210}{1\times15\times800+1.5\times\dfrac{3350\times210}{7900}}=717.3\,(\text{mm})\quad(<800\text{mm})$$

上式计算出的受压区高度，小于剪力墙翼缘（边框柱）厚度，说明中和轴确实位于翼缘内，应按大偏心受压状态计算，剪力墙端部钢骨和钢筋需要抵抗的弯矩，应满足下式要求：

$$M_{w0}=M-M_{sw}\leqslant(A_{ss}f_{ss}+A_s f_{sy})(h_{w0}-a_s)$$

式中　M_{su}——分布钢筋的抵抗弯矩。

令剪力墙的混凝土受压区高度　　$x=2a=800\,(\text{mm})$

则剪力墙腹板内竖向布钢筋所能承担的弯矩为

$$M_{sw}=\frac{A_{sw}f_{sy}h_{w0}}{2}\left(1-\frac{x}{h_{w0}}\right)\left(1+\frac{N}{A_{sw}f_{wy}}\right)$$

$$=\frac{3350\times210\times7900}{2}\times\left(1-\frac{800}{7900}\right)\times\left(1+\frac{8000\times10^3}{3350\times210}\right)=30893\times10^6\,(\text{N·mm})$$

$$=30893\,(\text{kN·m})$$

从上式计算结果可以看出，M_{sw} 已经大于作用于带框剪力墙上的总弯矩 M（19500kN·m），因此，不必再校核边柱内的钢骨和钢筋的截面面积及其受弯承载力。

3. 斜截面受剪承载力

(1)对于有边框的型钢混凝土剪力墙，其斜截面受剪应满足下式要求：

$$V\leqslant V_{wu}^{rc}+\frac{1}{2}\sum V_{cu}$$

(2)先计算边框柱的受剪承载力 V_{cu}

剪力墙水平截面的总截面面积为

$$A=200\times6700+2\times800\times800=262\times10^4\,(\text{mm}^2)$$

一根边柱的截面面积　　　$A_c=800\times800=64\times10^4\,(\text{mm}^2)$

一根边柱内的型钢截面积　　$A_{ss}=2(16\times200\times2+10\times468)=22160\,(\text{mm}^2)$

一根边框柱所分担的竖向压力为

$$\eta \frac{A_c}{A} N = \frac{f_c A_c}{f_c A_c + f_{ss} A_{ss}} \cdot \frac{A_c}{A} \cdot N$$

$$= \frac{15 \times 64 \times 10^4}{15 \times 64 \times 10^4 + 215 \times 22160} \times \frac{64 \times 10^4}{262 \times 10^4} \times 8000 = 1305 (\text{kN})$$

一根边柱的受剪承载力为

$$V_{cu} = 0.057 \alpha_c f_c b_c h_{c0} + 1.25 f_{yv} \frac{A_{sv}}{S} h_{c0} + 0.07 \eta \frac{A_c}{A} N + f_{ssv} t_w h_w$$

$$= 0.057 \times 1.0 \times 15 \times 800 \times 750 + 1.25 \times 210 \times \frac{157}{100} \times 750 + 0.07 \times 1305 \times 10^3$$

$$+ 125 \times \frac{1}{2} \times 22160$$

$$= 2298 \times 10^3 (\text{N})$$

$$\frac{1}{2} \sum V_{cu} = \frac{1}{2} \times 2 \times 2298 \times 10^3 = 2298 \times 10^3 (\text{N})$$

从上式计算结果可以看出,两根边柱的受剪承载力已经大于总水平剪力 V(2000kN),不再需要腹板承担剪力,所以,腹板中的水平分布钢筋仅需按构造要求配置,采用 Φ8@200,双排。

第8章 钢管混凝土组合结构的计算

8.1 概述

钢管混凝土是指在钢管中填充混凝土而形成的构件或结构。按钢管的截面形式不同,分为圆形钢管混凝土、方形钢管混凝土及矩形钢管混凝土构件,如图 8.1.1 所示。目前工程中最常用的是圆形钢管混凝土。

(a)   (b)   (c)   (d)

图 8.1.1 钢管混凝土柱的截面形式

(a)圆钢管;(b)方钢管;(c)矩形钢管;(d)双重钢管

本章主要涉及圆截面钢管混凝土柱,其次为方形截面、矩形截面、格构式钢管混凝土柱。

钢管混凝土主要用作受压构件,其优势在于更好地发挥钢管与混凝土两种材料的受力性能。混凝土受到钢管的横向约束而处于三向受压状态,具有更高的抗压强度和变形能力(这种情况实质上同螺旋箍筋中的混凝土受力类似),由于钢管壁的厚度较薄,在受压状态下容易局部失稳,在其中填充了混凝土后,则显著增加了钢管壁的稳定性,其承载力也得到了充分发挥。

对于钢管混凝土柱,最能发挥其特长的是轴心受压,因此,钢管混凝土柱最适用于做轴心受压或小偏心受压构件。当轴向力偏心较大时或采用单肢钢管混凝土柱不够经济合理时,宜采用双肢或多肢钢管混凝土柱结构,如图8.1.2 所示。

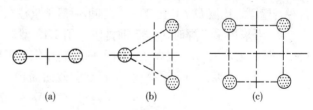

(a)   (b)   (c)

图 8.1.2 截面形式

(a)等截面双肢柱;(b)等截面三肢柱;(c)等截面四肢柱

钢管混凝土结构构件广泛用作高层建筑柱、大跨度桥梁拱或桁架受压构件,以及各种设备支架、塔架、画廊与仓库支柱等各种构筑物中。

钢管混凝土结构由于其受力性能及结构特点使其具有以下优点:

(1)受力合理,能充分发挥混凝土与钢材的特长,从而使构件的承载力大大提高。

(2)具有良好的塑性性能。三向压应力避免了核心高强混凝土的脆性破坏。

(3)具有良好的耐疲劳、耐冲击韧性。

(4)施工简单,缩短工期。钢管本身就是模板,同时本身又是纵筋和箍筋。

(5)具有很好的经济效果。与钢结构相比,节约大量钢材,钢管混凝土大约能节约钢材

50%,因而相应降低造价。与钢筋混凝土结构相比,大约可减少混凝土量50%,用钢量大致相等。

(6)具有良好的抗震性能。由于结构自重大大减轻,对地震力减小大为有利,而且结构有很好的延性。这在抗震设计中是极为重要的。

(7)具有优美的造型与最小的受风面积。钢管混凝土的不足之处,主要是梁、柱节点的连接构造和施工比较复杂,耐火性能和耐腐蚀性能不如混凝土结构。

8.2 钢管混凝土结构的构造要求

钢管混凝土结构的构造除了应满足一般钢结构设计规范与施工规程的要求外,还应考虑钢管混凝土结构的特点,保证构造要求。

8.2.1 钢管

1. 钢管可采用螺旋缝焊接钢管,直缝焊接钢管或无缝钢管。

(1)一般情况下宜采用螺旋缝焊接钢管,因为它容易达到焊缝与母材等强度的要求。

(2)当采用螺旋缝焊接钢管的常用规格不能满足要求或钢管壁厚度比较大时,可采用钢板卷成的直缝焊接钢管,且采用对接坡口焊缝,确保焊缝强度不低于钢管强度,不允许采用钢板搭接的角焊缝。

(3)无缝钢管的造价较高,且管壁相对较厚,必要时也可采用。

2. 焊接钢管必须采用双面或单面 V 形坡口全熔透对接焊缝,并达到与母材等强度的要求;直缝、环缝和螺旋缝的焊接质量均应符合《钢结构工程施工质量验收规范》(GB 50205—2001)中一级焊缝标准;现场安装分段接头的受压环焊缝,应符合二级焊缝的标准。

3. 钢管的钢材应采用屈强比 $f_y/f_u \le 0.8$ 的 Q235 或 Q345 号钢,也可采用 Q390 号钢或 Q420 号钢。钢管壁的厚度 t 不应小于 8mm,也不宜大于 25mm;钢管的外直径 D 不宜小于 100mm,钢管的外径与壁厚之比值 D/t 宜在 20~70 之间,一般承重柱在 70 左右,桁架杆件在 25 左右。

4. 当采用手工焊时,Q235 钢材应采用 E43 型焊条,Q345 钢材应采用 E50 焊条,Q390 及 Q420 钢材应采用 E55 型焊条。用于加工制作钢管的钢板,尚应具有冷弯 180° 的合格保证。

5. 钢管混凝土的含钢率 ρ_s,是指钢管截面面积 A_s 与内填混凝土截面面积 A_c 的比值,即

$$\rho_s = \frac{A_s}{A_c} \approx \frac{4t}{D} \tag{8.2.1}$$

式中　D,t——分别为钢管的外直径和壁厚。

为了保证空钢管的局部稳定,含钢率 ρ_s 不应小于 4%,它相当于径厚 $D/t = 100$。对于 Q235 钢,宜取 $\rho_s = 4\% \sim 16\%$,对于 Q345 钢,宜取 $\rho_s = 4\% \sim 12\%$,一般情况下,比较合适的含钢率为 $\rho_s = 6\% \sim 10\%$。

6. 为了防止钢管壁发生局部屈曲,圆钢管混凝土受压杆件的径厚比[10],不宜超过表 8.2.1 的限值。

表 8.2.1　圆钢管混凝土受压杆件的钢管径厚比限值

钢　　号	Q235	Q345	Q390
径厚比 D/t	20~90	20~61	20~54

7. 国产无缝钢管的规格和截面尺寸见表 8.2.2。

表 8.2.2 热轧圆管的规格

外径(mm)	299	325	351	377	402	426	450	480	500	530
壁厚(mm)	8[①]、8.5[①]、9、9.5、10、11、12、13、14、15、16、17、18、19、20、22、25、28、30、32、36、40、50、56、60、63、70、75									
外径(mm)	560		600		630					
壁厚(mm)	9、9.5、10、11、12、13、14、15、16、17、18、19、20、22、(24)									

注:1. 表中带括号的规格不推荐使用。

2. 钢管长度为 3~12m。

① 仅用于 Φ299~Φ351。

8. 焊接圆钢管的规格和截面特性见表 8.2.3[10]。

表 8.2.3 圆钢管混凝土杆件的几何特征

尺 寸 (mm)		截面面积 (cm²)			截面特征		每米重量 (kg/m)		含钢率
D	t	A_{sc}	其 中		I_{sc} (cm⁴)	W_{sc} (cm³)	钢管重	杆件重	ρ_s
			A_s	A_c					
102	4.0	81.7	12.3	69.4	531.3	104.2	9.7	27.0	0.177
108		91.6	13.1	78.5	667.9	123.7	10.3	29.9	0.167
114		102.0	13.8	88.2	829.0	145.4	10.9	32.9	0.156
121		115.0	14.7	100.3	1052.3	173.9	11.5	36.6	0.146
127	4.0	126.7	15.5	111.2	1277.0	201.1	12.1	39.9	0.139
	4.5		17.3	109.4			13.6	40.9	0.158
	5.0		19.2	107.5			15.0	41.9	0.178
133	4.0	139.0	16.2	122.8	1535.9	231.0	12.7	43.4	0.134
	4.5		18.2	120.8			14.3	44.5	0.150
	5.0		20.1	118.9			15.8	45.5	0.160
140	4.0	153.9	17.1	136.8	1885.8	269.4	13.4	47.6	0.125
	4.5		19.1	134.8		269.1	15.0	48.7	0.142
	5.0		21.2	132.7		299.4	16.6	49.8	0.160
146	4.0	167.4	17.8	149.6	2230.4	305.5	14.0	51.4	0.119
	4.5		20.0	147.4			15.7	52.6	0.136
	5.0		22.1	145.3			17.4	53.7	0.152
150	4.0	176.7	18.3	158.4	2485.0	331.3	14.4	54.0	0.115
	4.5		20.6	156.1			16.1	55.2	0.132
	5.0		22.8	153.9			17.9	56.4	0.148
	5.5		25.0	151.7			19.6	57.5	0.165
	6.0		27.1	149.6			21.3	58.7	0.181
152	4.0	181.5	18.6	162.9	2620.3	344.8	14.6	55.3	0.114
	4.5		20.9	160.6			16.4	56.5	0.130
	5.0		23.1	158.4			18.1	57.7	0.146
	5.5		25.3	156.2			19.9	58.9	0.162
	6.0		27.5	154.0			21.2	60.1	0.178

155

尺寸 (mm)		截面面积 (cm²)			截面特征		每米重量 (kg/m)		含钢率
D	t	A_{sc}	其中		I_{sc} (cm⁴)	W_{sc} (cm³)	钢管重	杆件重	ρ_s
			A_s	A_c					
159	4.0	198.6	19.5	179.1	3137.3	394.7	15.3	60.1	0.109
	4.5		21.8	176.8			17.1	61.3	0.123
	5.0		24.2	174.4			19.0	62.6	0.139
	5.5		26.5	172.1			20.8	63.8	0.154
	6.0		28.8	169.8			22.6	65.1	0.170
168	4.0	221.7	20.6	201.1	3910.3	465.5	16.2	66.4	0.102
	4.5		23.1	198.6			18.1	67.8	0.116
	5.0		25.6	196.1			20.1	69.1	0.130
	5.5		28.1	193.6			22.0	70.4	0.145
	6.0		30.5	191.2			24.0	71.6	0.160
180	4.0	254.4	22.0	232.4	5153.0	572.5	17.4	75.4	0.095
	4.5		24.8	229.6			15.5	76.9	0.108
	5.0		27.4	227.0			21.6	78.3	0.121
	5.5		30.2	224.2			23.7	79.7	0.135
	6.0		32.8	221.6			25.7	81.2	0.148
	6.5		35.4	219.0			27.8	82.6	0.162
	7.0		38.0	216.4			29.9	84.0	0.176
194	4.0	295.6	23.9	271.7	6953.1	716.8	18.7	86.7	0.088
	4.5		26.8	268.8	6953.4		21.0	88.2	0.100
	5.0		29.7	265.9	6953.1		23.3	89.8	0.112
	5.5		32.6	263.0	6953.1		25.6	91.3	0.124
	6.0		35.4	260.2	6953.1		27.8	92.9	0.136
	6.5		38.3	257.3	6953.1		30.1	94.4	0.149
	7.0		41.1	254.4	6953.1		32.3	95.9	0.161
219	4.0	376.7	27.0	349.7	11291.4	1031.2	21.2	108.6	0.077
	4.5		30.3	346.4			23.8	110.4	0.087
	5.0		33.6	343.1			26.4	112.2	0.098
	5.5		36.9	339.8			29.0	113.9	0.108
	6.0		40.1	336.5			31.5	115.7	0.119
	6.5		43.4	333.3			34.1	117.4	0.130
	7.0		46.6	330.1			36.6	119.1	0.141
	8.0		53.0	323.7			11.6	122.5	0.164
245	4.0	471.4	30.3	441.1	17686.2	1443.8	23.8	134.1	0.069
	4.5		34.0	437.4			26.7	136.0	0.078
	5.0		37.7	433.7			29.6	138.0	0.087
	5.5		41.4	430.0			32.5	140.0	0.096
	6.0		45.0	426.4			35.4	142.0	0.105
	6.5		48.7	422.7			38.2	143.9	0.115
	7.0		52.3	419.1			41.1	145.9	0.125
	8.0		59.5	411.9			46.8	149.7	0.144

尺寸 (mm)		截面面积 (cm²)			截面特征		每米重量 (kg/m)		含钢率
D	t	A_{sc}	其中		I_{sc} (cm⁴)	W_{sc} (cm³)	钢管重	杆件重	ρ_s
			A_s	A_c					
273	4.0	585.3	33.8	551.5	27265.9	1997.5	26.5	164.4	0.061
	4.5		38.0	547.3			29.8	166.6	0.069
	5.0		42.1	543.2			30.0	168.9	0.077
	5.5		46.2	539.1			36.3	171.1	0.086
	6.0		50.3	535.0			36.5	173.3	0.094
	6.5		54.4	530.9			42.7	175.5	0.102
	7.0		58.5	526.8			45.9	177.6	0.111
	8.0		66.6	518.7			52.3	182.0	0.128
	9.0		74.6	510.7			58.6	196.3	0.146
299	4.0	702.2	37.1	665.1	39233.2	2624.4	29.1	195.4	0.056
	4.5		41.6	660.6			32.7	197.8	0.063
	5.0		46.2	656.0			36.3	200.2	0.070
	5.5		50.7	651.5			39.8	202.7	0.078
	6.0		55.2	647.0			43.4	205.1	0.085
	6.5		59.7	642.5			46.9	207.5	0.093
	7.0		64.2	638.0			50.4	209.9	0.101
	8.0		73.2	629.0			57.4	214.7	0.116
	9.0		82.0	620.2			64.4	219.4	0.132
325	4.0	829.5	40.3	789.2	54765.0	3370.0	31.7	229.0	0.051
	4.5		45.2	781.3			35.6	231.6	0.058
	5.0		50.2	779.3			39.5	234.3	0.064
	5.5		55.1	774.4			43.3	236.9	0.071
	6.0		60.1	769.4			47.2	239.6	0.078
	6.5		65.0	764.5			51.1	242.2	0.085
	7.0		69.9	759.6			54.9	244.8	0.092
	8.0		79.7	749.9			62.5	250.0	0.106
	9.0		89.3	740.2			70.1	252.2	0.121
351	4.0	967.6	43.6	924.0	74507.2	4245.4	34.2	265.2	0.047
	4.5		49.0	918.6			38.5	268.1	0.053
	5.0		54.2	913.3			42.7	271.0	0.059
	5.5		59.7	907.9			46.9	273.8	0.066
	6.0		65.0	902.6			51.0	276.7	0.072
	6.5		70.3	897.3			55.2	279.5	0.078
	7.0		75.6	892.0			59.4	282.4	0.085
	8.0		86.2	881.4			67.7	288.0	0.098
	9.0		96.7	870.9			75.9	293.6	0.111
	10.0		107.1	860.5			84.1	299.2	0.124
377	4.0	1116.3	46.9	1069.4	99159.7	5260.5	36.8	304.1	0.044
	4.5		52.7	1063.6			41.3	307.2	0.050
	5.0		58.4	1057.9			45.9	310.3	0.055

尺 寸 (mm)		截面面积 (cm²)			截面特征		每米重量 (kg/m)		含钢率
D	t	A_{sc}	其 中		I_{sc} (cm⁴)	W_{sc} (cm³)	钢管重	杆件重	ρ_s
			A_s	A_c					
377	5.5	1116.3	64.2	1052.1	99159.7	5260.5	50.4	313.4	0.061
	6.0		69.9	1046.4			54.9	316.5	0.067
	6.5		75.7	1040.6			59.4	319.5	0.073
	7.0		81.4	1034.9			63.9	322.6	0.079
	8.0		92.7	1023.6			72.8	328.7	0.091
	9.0		104.0	1012.3			81.7	334.7	0.103
	10.0		115.3	1001.0			90.5	340.8	0.115
400	4.0	1256.7	49.8	1206.9	125663.7	6283.2	39.1	340.8	0.041
	4.5		55.9	1200.8			43.9	344.1	0.047
	5.0		62.0	1194.7			48.7	347.4	0.052
	5.5		68.2	1188.5			53.3	350.9	0.057
	6.0		74.3	1182.4			58.3	353.9	0.063
	6.5		80.4	1176.3			63.1	357.1	0.068
	7.0		86.4	1170.3			67.3	360.4	0.074
	8.0		98.5	1158.2			77.3	366.9	0.085
	9.0		110.6	1146.4			86.8	373.3	0.097
	10.0		122.5	1134.2			96.2	379.7	0.108
	12.0		146.3	1110.4			114.8	392.4	0.132
426	5.0	1425.3	66.1	1359.2	161662.1	7589.8	51.9	391.7	0.049
	5.5		72.7	1352.6			57.0	395.2	0.054
	6.0		79.2	1346.1			62.1	398.7	0.059
	6.5		85.7	1339.6			67.2	402.2	0.064
	7.0		92.1	1333.2			72.3	405.6	0.069
	8.0		105.1	1320.3			82.5	412.5	0.080
	9.0		117.9	1307.4			92.6	419.4	0.090
	10.0		130.7	1294.6			102.6	426.2	0.100
	12.0		156.1	1269.2			122.5	439.7	0.123
450	5.0	1590.4	69.9	1520.5	201288.9	8946.2	54.9	435.0	0.046
	5.5		76.8	1513.6			60.3	438.7	0.051
	6.0		83.7	1506.7			65.7	442.4	0.056
	6.5		90.6	1499.8			71.1	446.1	0.060
	7.0		97.4	1493.0			76.5	449.7	0.065
	8.0		111.1	1479.3			87.2	457.0	0.075
	9.0		142.7	1465.7			97.9	464.3	0.085
	10.0		138.2	1452.2			108.5	471.6	0.095
	12.0		156.1	1425.3			129.6	485.9	0.116
	14.0		191.8	1398.7			150.5	500.2	0.137
478	5.0	1794.5	74.3	1720.2	256260.4	10722.2	58.3	488.4	0.043
	5.5		81.6	1712.9			64.1	492.3	0.048
	6.0		89.0	1705.5			69.8	496.2	0.055

续表

尺寸(mm)		截面面积(cm²)			截面特征		每米重量(kg/m)		含钢率
D	t	A_{sc}	其中		I_{sc}(cm⁴)	W_{sc}(cm³)	钢管重	杆件重	ρ_s
			A_s	A_c					
478	6.5	1794.5	96.3	1678.2	256260.4	10722.2	75.6	500.1	0.057
	7.0		103.6	1690.9			81.3	504.0	0.061
	8.0		118.1	1676.4			92.7	511.8	0.070
	9.0		132.6	1661.9			104.1	519.6	0.080
	10.0		147.0	1647.5			115.4	527.3	0.089
	12.0		175.7	1618.8			137.9	542.6	0.109
	14.0		204.1	1990.4			160.2	557.3	0.128
500	5.0	1963.5	77.8	1885.7	306796.1	12271.8	61.0	532.5	0.041
	5.5		85.4	1878.1			67.1	536.6	0.045
	6.0		93.1	1870.4			73.1	540.7	0.050
	6.5		100.8	1862.7			59.1	544.8	0.054
	7.0		108.4	1855.1			85.1	548.9	0.058
	8.0		123.7	1839.8			97.1	557.0	0.067
	9.0		138.8	1824.7			109.0	565.1	0.076
	10.0		153.9	1809.6			120.8	573.8	0.085
	12.0		184.0	1779.5			144.4	589.3	0.103
	14.0		213.8	1749.7			167.8	605.2	0.122
	16.0		243.3	1720.2			191.0	621.0	0.141
529	6.0	2197.9	98.6	2099.3	384408.1	14533.3	77.4	602.2	0.047
	6.5		106.7	2091.2			83.8	606.5	0.051
	7.0		114.8	2083.1			90.1	610.9	0.055
	8.0		130.9	2066.9			102.8	619.5	0.063
	9.0		147.0	2050.8			115.4	628.1	0.072
	10.0		163.0	2034.8			128.0	636.7	0.080
	12.0		194.9	2003.0			153.0	653.7	0.097
	14.0		226.5	1971.4			177.8	670.6	0.115
	16.0		257.9	1940.0			202.4	687.4	0.133
550	6.0	2375.8	102.5	2273.3	449180.2	16333.8	80.5	648.8	0.045
	6.5		111.0	2264.8			87.1	653.3	0.049
	7.0		119.4	2256.4			93.7	657.8	0.053
	8.0		136.2	2239.6			106.9	666.8	0.061
	9.0		153.0	2222.8			120.1	675.8	0.069
	10.0		169.6	2206.2			133.2	684.7	0.077
	12.0		202.8	2173.0			159.2	702.5	0.093
	14.0		235.7	2140.1			185.1	720.1	0.110
	16.0		268.4	2107.4			210.7	737.6	0.127
	18.0		300.8	2075.0			236.2	754.9	0.145
	20.0		333.0	2042.8			261.4	772.1	0.163
600	8.0	2827.4	148.8	2678.6	636172.5	21205.7	116.8	786.5	0.055
	9.0		167.1	2660.3			131.2	796.3	0.063

159

尺 寸 (mm)		截面面积 (cm²)			截面特征		每米重量 (kg/m)		含钢率
D	t	A_{sc}	其 中		I_{sc} (cm⁴)	W_{sc} (cm³)	钢管重	杆件重	ρ_s
			A_s	A_c					
600	10.0	2827.4	185.4	2642.0	636172.5	21205.7	145.5	806.0	0.070
	12.0		221.7	2605.7			174.0	825.5	0.085
	14.0		257.7	2569.7			202.3	844.7	0.100
	16.0		293.6	2533.8			230.4	863.9	0.110
	18.0		329.1	2498.8			258.4	882.9	0.131
	20.0		364.4	2463.0			286.1	901.8	0.148
	22.0		399.5	2427.9			313.6	920.6	0.165
630	8.0	3117.2	156.3	2960.3	773271.7	24548.3	122.7	862.9	0.053
	9.0		175.6	2941.6			137.8	873.2	0.060
	10.0		194.8	2922.4			152.9	883.5	0.067
	12.0		233.0	2884.2			182.9	904.0	0.081
	14.0		270.9	2846.3			212.7	924.3	0.095
	16.0		308.6	2808.6			242.3	944.4	0.110
	18.0		346.1	2771.1			271.7	964.5	0.125
	20.0		383.2	2734.0			300.9	984.4	0.140
	22.0		420.2	2697.0			329.9	1004.1	0.156
650	8.0	3318.3	161.3	3157.0	876240.5	26961.2	126.7	915.9	0.051
	9.0		181.2	3137.1			142.3	926.5	0.058
	10.0		201.1	3117.2			157.8	937.1	0.064
	12.0		240.5	3077.8			188.8	958.3	0.078
	14.0		279.7	3038.6			219.6	979.2	0.092
	16.0		318.7	2999.6			250.2	1000.1	0.106
	18.0		357.4	2960.9			280.5	1020.8	0.121
	20.0		395.8	2922.5			310.7	1041.4	0.135
	22.0		434.0	2884.3			340.7	1061.8	0.150
	24.0		472.0	2846.3			370.5	1082.1	0.166
700	8.0	3848.4	173.9	3674.5	1178588.1	33673.9	136.5	1055.2	0.047
	9.0		195.4	3653.0			153.4	1066.6	0.053
	10.0		216.8	3631.6			170.2	1078.1	0.060
	12.0		259.4	3589.0			203.6	1100.9	0.067
	14.0		301.7	3546.7			236.8	1123.5	0.085
	16.0		343.8	3504.6			269.9	1146.1	0.098
	18.0		385.7	3462.7			302.7	1168.4	0.111
	20.0		427.3	3421.1			335.4	1190.7	0.125
	22.0		468.6	3379.8			367.9	1212.8	0.139
	24.0		509.7	3338.7			400.1	1234.8	0.153
	26.0		550.5	3297.9			432.2	1256.6	0.167
720	8.0	4071.5	178.9	3892.6	1319167.3	36643.5	140.5	1113.6	0.046
	9.0		201.0	3870.5			157.8	1125.4	0.052
	10.0		223.1	3848.4			175.1	1137.2	0.058

尺　寸 (mm)		截面面积 (cm²)			截面特征		每米重量 (kg/m)		含钢率
D	t	A_{sc}	其　中		I_{sc} (cm⁴)	W_{sc} (cm³)	钢管重	杆件重	ρ_s
			A_s	A_c					
720	12.0	4071.5	266.9	3804.6	1319167.3	36643.5	209.5	1160.7	0.070
	14.0		310.5	3761.0			243.8	1184.0	0.082
	16.0		353.9	3717.6			277.8	1207.2	0.095
	18.0		397.0	3674.5			311.6	1230.3	0.108
	20.0		439.8	3631.7			345.3	1253.2	0.121
	22.0		482.4	3589.1			378.7	1276.0	0.134
	24.0		524.8	3546.7			411.9	1298.6	0.148
	26.0		566.9	3504.6			445.0	1321.1	0.162
750	8.0	4417.9	186.5	4231.4	1553155.5	41417.5	146.4	1204.2	0.044
	9.0		209.5	4208.4			164.5	1216.6	0.050
	10.0		232.5	4185.4			182.5	1228.8	0.055
	12.0		278.2	4139.7			218.4	1253.3	0.067
	14.0		323.7	4094.2			254.1	1277.6	0.079
	16.0		368.9	4049.0			289.6	1301.9	0.091
	18.0		413.9	4004.0			324.9	1325.9	0.103
	20.0		458.7	3959.2			360.1	1349.9	0.116
	22.0		503.2	3914.7			395.0	1373.7	0.129
	24.0		547.4	3870.5			429.7	1397.3	0.141
	26.0		591.4	3826.5			464.2	1420.8	0.154
	28.0		635.1	3782.8			498.6	1444.2	0.168
	30.0		678.6	3739.3			532.7	1467.5	0.181
800	8.0	5026.6	199.1	4827.5	2010619.3	50265.5	156.3	1363.1	0.041
	9.0		223.6	4803.0			175.6	1376.3	0.046
	10.0		248.2	4778.4			194.8	1389.4	0.052
	12.0		297.1	4729.5			233.2	1415.6	0.063
	14.0		345.7	4680.9			271.4	1441.6	0.074
	16.0		394.1	4632.5			309.4	1467.5	0.085
	18.0		442.2	4584.4			347.1	1493.2	0.096
	20.0		490.1	4536.5			384.7	1518.8	0.108
	22.0		537.7	4488.9			422.1	1544.3	0.120
	24.0		585.1	4441.5			459.3	1569.7	0.132
	26.0		632.2	4394.4			496.3	1594.9	0.144
	28.0		679.1	4347.5			533.1	1619.9	0.156
	30.0		725.7	4300.9			569.1	1644.9	0.169
	32.0		772.1	4254.5			606.1	1669.7	0.181
850	8.0	5674.5	211.6	5462.9	2562392.2	60291.6	166.1	1531.8	0.039
	9.0		237.8	5436.7			186.7	1545.8	0.044
	10.0		263.9	5410.6			207.2	1559.8	0.049
	12.0		315.9	5358.6			248.0	1587.6	0.059
	14.0		367.7	5306.8			288.6	1615.3	0.069

续表

尺寸 (mm)		截面面积 (cm²)			截面特征		每米重量 (kg/m)		含钢率
			其　中		I_{sc}	W_{sc}			
D	t	A_{sc}	A_s	A_c	(cm⁴)	(cm³)	钢管重	杆件重	ρ_s
	16.0		419.2	5255.3			329.1	1642.9	0.080
	18.0		470.5	5204.0			369.3	1670.3	0.090
	20.0		521.5	5153.0			409.4	1697.6	0.101
	22.0		572.3	5102.2			449.2	1724.8	0.112
850	24.0	5674.5	622.8	5051.7	2562392.2	60291.6	488.9	1751.8	0.123
	26.0		673.1	5001.4			528.3	1778.7	0.134
	28.0		723.1	4951.4			567.6	1805.5	0.146
	30.0		772.8	4901.7			606.7	1832.1	0.158
	32.0		822.3	4852.2			645.5	1858.6	0.169
	10.0		279.6	6082.1			219.5	1740.0	0.046
	12.0		334.7	6027.0			262.8	1769.5	0.055
	14.0		389.3	5972.4			305.9	1798.9	0.065
	16.0		444.3	5917.4			348.8	1828.2	0.075
	18.0		498.7	5863.0			391.5	1857.3	0.085
	20.0		552.0	5808.8			434.0	1886.2	0.095
900	22.0	6361.7	606.8	5754.9	3220623.3	71569.4	476.4	1915.1	0.105
	24.0		660.5	5701.2			518.5	1943.8	0.115
	26.0		713.9	5647.8			560.4	1972.4	0.126
	28.0		767.0	5594.7			602.1	2000.8	0.137
	30.0		820.0	5541.7			643.7	2029.1	0.147
	32.0		872.6	5489.1			685.0	2057.3	0.159
	34.0		925.0	5436.7			726.1	2085.3	0.170
	10.0		295.3	6792.9			231.8	1930.0	0.044
	12.0		353.6	6734.6			277.6	1961.2	0.043
	14.0		411.7	6676.5			323.2	1992.3	0.062
	16.0		469.5	6618.7			363.5	2023.2	0.071
	18.0		527.0	6561.2		84172.6	413.7	2054.0	0.080
	20.0		584.3	6503.9			458.7	2084.7	0.090
950	22.0	7088.2	641.4	6446.8	3998198.2		503.5	2115.2	0.100
	24.0		698.2	6390.0			548.1	2145.6	0.109
	26.0		754.7	6333.0			592.5	2175.8	0.119
	28.0		811.0	6277.2			636.7	2206.0	0.129
	30.0		867.1	6221.1			680.7	2235.9	0.139
	32.0		922.9	6165.3		84172.5	724.5	2265.8	0.150
	34.0		978.4	6109.8			768.1	2295.5	0.160
	12.0		372.5	7481.5			292.4	2162.8	0.049
	14.0		433.7	7420.3			340.4	2195.5	0.058
1000	16.0	7854.0	494.6	7359.4	4908738.5	98174.8	388.3	2228.1	0.067
	18.0		555.3	7298.7			435.9	2260.6	0.076
	20.0		615.8	7238.2			483.4	2292.9	0.085

续表

尺寸 (mm)		截面面积 (cm²)			截面特征		每米重量 (kg/m)		含钢率
			其 中						
D	t	A_{sc}	A_s	A_c	I_{sc} (cm⁴)	W_{sc} (cm³)	钢管重	杆件重	ρ_s
1000	22.0	7854.0	675.9	7178.1	4908738.5	98174.8	530.6	2325.1	0.094
	24.0		735.9	7118.1			577.7	2357.2	0.103
	26.0		765.6	7058.4			624.5	2389.1	0.112
	28.0		855.0	6999.0			671.2	2420.9	0.122
	30.0		914.2	6939.8			717.6	2452.6	0.131
	32.0		973.1	6880.9			763.9	2484.1	0.141
	34.0		1013.8	6822.2			810.0	2515.5	0.151
	36.0		1090.3	6763.7			855.9	2546.3	0.161
1050	12.0	8659.0	391.3	8267.7	5966602.4	113649.6	307.2	2374.1	0.047
	14.0		455.6	8203.4			357.6	2408.5	0.056
	16.0		519.7	8139.3			408.0	2442.8	0.064
	18.0		583.6	8075.4			458.1	2477.0	0.072
	20.0		647.2	8011.8			508.1	2511.0	0.081
	22.0		710.5	7948.5			557.7	2544.9	0.089
	24.0		733.6	7885.4			607.3	2578.6	0.098
	26.0		836.4	7822.6			656.6	2612.2	0.107
	28.0		899.0	7760.0			705.7	2645.7	0.116
	30.0		961.3	7697.7			754.6	2679.0	0.125
	32.0		1023.4	7635.6			803.4	2712.3	0.134
	34.0		1085.2	7573.8			851.9	2745.3	0.143
	36.0		1146.8	7512.2			900.2	2778.3	0.153
1100	14.0	9503.3	477.6	9025.7	7186884.1	130670.6	374.9	2631.3	0.053
	16.0		544.9	8958.4			427.7	2667.3	0.061
	18.0		611.8	8891.5			480.3	2703.1	0.069
	20.0		678.6	8824.7			532.7	2738.9	0.077
	22.0		745.0	8752.3			584.8	2774.4	0.085
	24.0		811.8	8692.0			536.9	2809.9	0.093
	26.0		877.2	8626.1			688.6	2845.1	0.102
	28.0		943.0	8560.3			740.3	2880.3	0.110
	30.0		1068.4	8494.9			791.6	2915.3	0.119
	32.0		1073.7	8429.6			842.9	2950.3	0.127
	34.0		1138.6	8364.7			893.8	2985.0	0.136
	36.0		1203.3	8300.0			944.6	3019.6	0.145
	38.0		1267.8	8235.5			995.2	3054.1	0.154
1150	16.0	10386.9	570.0	9816.9	8585414.4	149311.6	447.5	2901.7	0.058
	18.0		640.1	9746.8			502.5	2939.2	0.066
	20.0		710.0	9676.9			557.4	2976.6	0.073
	22.0		779.6	9607.3			612.0	3013.8	0.081
	24.0		849.0	9537.9			666.5	3050.9	0.089
	26.0		918.1	9468.8			720.7	3087.9	0.097

续表

尺寸 (mm)		截面面积 (cm²)			截面特征		每米重量 (kg/m)		含钢率
D	t	A_{sc}	其中		I_{sc} (cm⁴)	W_{sc} (cm³)	钢管重	杆件重	ρ_s
			A_s	A_c					
1150	28.0	10386.9	987.0	9399.9	8585414.4	149311.6	774.8	3124.7	0.105
	30.0		1055.6	9331.3			826.6	3161.5	0.113
	32.0		1123.9	9263.0			882.3	3198.0	0.121
	34.0		1192.1	9194.8			935.8	3234.5	0.130
	36.0		1259.9	9127.0			989.0	3270.8	0.138
	38.0		1327.5	9059.4			1042.1	3306.9	0.147
1200	18.0	11309.7	668.4	10641.3	10178760.2	169646.0	524.7	3185.0	0.063
	20.0		741.4	10568.3			582.0	3224.1	0.070
	22.0		814.1	10495.6			639.1	3263.0	0.078
	24.0		886.6	10423.1			696.0	3301.8	0.085
	26.0		958.9	10350.8			752.7	3340.4	0.093
	28.0		1030.9	10278.8			809.3	3379.0	0.100
	30.0		1102.7	10207.0			865.6	3417.4	0.108
	32.0		1174.2	10135.5			921.7	3455.6	0.116
	34.0		1245.4	10064.3			977.6	3493.7	0.124
	36.0		1316.4	9993.3			1033.4	3531.7	0.132
	38.0		1387.7	9922.5			1089.0	3569.6	0.140
	40.0		1457.7	9852.0			1144.3	3607.3	0.148
1250	18.0	12271.8	696.6	11575.2	11984224.9	191747.6	546.8	3440.6	0.060
	20.0		772.8	11499.0			606.6	3481.4	0.067
	22.0		848.7	11423.1			666.2	3522.0	0.074
	24.0		924.3	11347.5			725.6	3562.5	0.081
	26.0		999.7	11272.1			784.8	602.8	0.089
	28.0		1074.9	11196.9			843.8	3643.0	0.096
	30.0		1149.8	11122.0			902.6	3683.1	0.103
	32.0		1224.4	11047.4			961.2	3723.0	0.111
	34.0		1298.8	10973.0			1019.6	3762.8	0.118
	36.0		1373.0	10898.8			1077.8	3802.5	0.126
	38.0		1446.8	10825.0			1135.7	3842.0	0.134
	40.0		1520.5	10751.3			1193.6	3881.4	0.141
	42.0		1593.9	10677.9			1251.2	3920.7	0.149
1300	18.0	13273.2	724.9	12548.3	14019848.1	215690.0	569.0	3706.1	0.058
	20.0		804.2	12469.0			631.3	3748.5	0.061
	22.0		883.3	12389.9			693.4	3790.9	0.071
	24.0		962.1	12311.1			755.2	3833.0	0.078
	26.0		1040.6	12232.6			816.9	3875.0	0.085
	28.0		1118.9	12154.3			878.3	3916.9	0.092
	30.0		1196.9	12076.3			939.6	3958.6	0.099
	32.0		1274.7	11998.5			1000.6	4000.3	0.106
	34.0		1352.2	11921.0			1061.5	4041.7	0.113

尺　寸 (mm)		截面面积 (cm²)			截面特征		每米重量 (kg/m)		含钢率
D	t	A_{sc}	其　　中		I_{sc} (cm⁴)	W_{sc} (cm³)	钢管重	杆件重	ρ_s
			A_s	A_c					
1300	36.0	13273.2	1429.5	11843.7	14019848.1	215690.0	1122.2	4083.1	0.121
	38.0		1506.7	11766.6			1182.8	4124.4	0.128
	40.0		1583.3	11689.9			1242.9	4165.4	0.135
	42.0		1659.9	11613.3			1303.0	4206.3	0.143
	44.0		1736.1	11537.1			1362.8	4247.1	0.150
1350	18.0	14313.9	753.2	13560.7	16304405.7	241546.8	591.3	3985.4	0.056
	20.0		835.7	13478.2			656.0	4025.6	0.062
	22.0		917.9	13396.0			720.6	4096.6	0.069
	24.0		999.8	13314.1			784.8	4113.4	0.075
	26.0		1081.5	13232.4			849.0	4157.1	0.082
	28.0		1162.9	13151.0			912.9	4200.6	0.088
	30.0		1244.1	13069.8			976.6	4244.1	0.095
	32.0		1325.0	12988.9			1040.1	4287.1	0.102
	34.0		1405.7	12908.2			1103.5	4330.5	0.109
	36.0		1486.0	12827.8			1116.6	4373.5	0.110
	38.0		1566.3	12747.6			1229.5	4416.5	0.123
	40.0		1646.2	12667.7			1292.3	4459.2	0.130
	42.0		1725.9	12588.0			1354.8	4501.8	0.137
	44.0		1805.3	12508.6			1417.2	4544.3	0.144
1400	20.0	15393.8	867.1	14526.7	18857409.9	269391.6	680.7	4312.3	0.060
	22.0		952.4	14441.4			747.6	4358.0	0.066
	24.0		1037.5	14356.3			814.4	4403.5	0.072
	26.0		1122.3	14271.5			881.0	4448.9	0.079
	28.0		1206.9	14186.9			947.4	4494.1	0.085
	30.0		1291.2	14102.6			1013.6	4539.2	0.092
	32.0		1375.3	14018.5			1079.6	4584.2	0.098
	34.0		1459.1	13934.7			1145.4	4629.1	0.106
	36.0		1542.6	13851.2			1210.9	4673.7	0.111
	38.0		1626.0	13767.8			1276.4	4718.4	0.118
	40.0		1709.0	13684.8			1341.6	4762.8	0.125
	42.0		1791.8	13602.0			1406.6	4807.1	0.132
	44.0		1874.4	13519.4			1471.4	4831.6	0.139
	46.0		1956.7	13437.1			1536.0	4895.3	0.146
1450	20.0	16513.0	898.5	15614.5	2169109.3	299298.1	705.3	4608.9	0.058
	22.0		987.5	15526.0			774.8	4656.3	0.064
	24.0		1075.2	15437.8			844.0	4703.5	0.070
	26.0		1163.1	15349.9			913.0	4750.5	0.076
	28.0		1250.9	15266.1			982.0	4797.5	0.082
	30.0		1338.3	15174.7			1050.6	4844.2	0.088
	32.0		1425.5	15087.5			1119.0	4890.9	0.094

尺 寸 (mm)		截面面积 (cm²)			截面特征		每米重量 (kg/m)		含钢率
			其 中		I_{sc} (cm⁴)	W_{sc} (cm³)			
D	t	A_{sc}	A_s	A_c			钢管重	杆件重	ρ_s
1450	34.0	16513.0	1512.5	15000.5	2169109.3	299298.1	1187.3	4937.4	0.101
	36.0		1599.2	14943.8			1255.4	4983.8	0.107
	40.0		1771.9	14741.1			1390.9	5076.2	0.120
	42.0		1857.8	14655.2			1458.4	5122.2	0.127
	44.0		1943.5	15569.5			1525.6	5168.0	0.133
	46.0		2029.0	14484.0			1592.8	5213.8	0.140
1500	22.0	17671.5	1021.6	16649.9	24850488.8	331339.9	802.0	4964.4	0.070
	24.0		1112.5	16558.6			873.6	5013.3	0.067
	26.0		1204.0	16467.5			945.1	5062.0	0.073
	28.0		1294.9	16376.6			1016.5	5110.6	0.079
	30.0		1385.5	16286.0			1087.6	5159.1	0.085
	32.0		1475.8	16195.7			1158.5	5207.4	0.091
	34.0		1565.9	16105.6			1229.2	5252.6	0.097
	36.0		1655.8	16015.7			1299.8	5303.7	0.103
	38.0		1745.4	15926.1			1370.1	5351.7	0.110
	40.0		1834.7	15836.8			1440.2	5399.4	0.116
	42.0		1923.8	15747.7			1510.2	5447.1	0.122
	44.0		1012.3	15658.5			1580.0	5494.7	0.129
	46.0		2102.3	15570.2			1650.3	5542.9	0.135
	48.0		2189.6	15481.9			1718.8	5589.3	0.141
1550	22.0	18869.2	1056.1	17813.1	28333269.4	365590.6	829.0	5282.3	0.059
	24.0		1150.6	17718.6			903.2	5332.9	0.065
	26.0		1244.8	17624.4			977.2	5383.8	0.071
	28.0		1338.8	17530.4			1051.0	5433.6	0.076
	30.0		1432.6	17436.6			1124.6	5483.7	0.082
	32.0		1526.1	17343.1			1198.0	5533.8	0.088
	34.0		1619.3	17249.9			1271.2	5583.6	0.094
	36.0		1712.3	17156.9			1344.2	5633.4	0.100
	38.0		1805.0	17064.2			1416.9	5683.0	0.106
	40.0		1897.5	16971.7			1489.5	5732.5	0.112
	42.0		1989.8	16879.4			1562.0	5781.8	0.118
	44.0		2081.7	16787.4			1634.1	5831.0	0.124
	46.0		2173.4	16695.7			1706.1	5880.0	0.130
	48.0		2265.0	16604.2			1778.0	5929.1	0.136
	50.0		2365.2	17513.0			1849.6	5977.9	0.143
1600	24.0	20106.2	1188.3	18917.9	32169908.8	402123.9	932.8	5662.3	0.063
	26.0		1285.7	18820.5			1009.3	5729.4	0.068
	28.0		1382.8	18723.4			1085.5	5766.3	0.074
	30.0		1479.7	18626.5			1161.6	5818.2	0.079
	32.0		1576.3	18529.9			1237.4	5869.9	0.085

尺 寸 (mm)		截面面积 (cm²)			截面特征		每米重量 (kg/m)		含钢率
D	t	A_{sc}	其 中		I_{sc} (cm⁴)	W_{sc} (cm³)	钢管重	杆件重	ρ_s
			A_s	A_c					
1600	34.0	20106.2	1672.7	18433.5	32169908.8	402123.9	1313.1	5921.4	0.091
	36.0		1768.8	18337.4			1388.5	5972.9	0.096
	38.0		1864.7	18241.5			1463.8	6024.2	0.102
	40.0		1960.4	18145.8			1538.9	6075.4	0.108
	42.0		2055.7	18050.5			1613.7	6126.3	0.114
	44.0		2150.9	17956.3			1688.5	6177.3	0.120
	46.0		2245.7	17860.5			1762.9	6228.0	0.126
	48.0		2340.4	17765.8			1837.2	6278.7	0.132
	50.0		2434.7	17671.5			1911.2	6329.1	0.138
	52.0		2528.9	17757.3			1985.2	6379.5	0.144
1650	22.0	21382.5	1125.2	20257.3	36383600.6	441013.3	883.3	5947.6	0.053
	24.0		1226.0	20156.5			962.4	6001.5	0.061
	26.0		1326.5	20056.0			1041.3	6055.3	0.066
	28.0		1426.5	1995.7			1120.0	6109.0	0.071
	30.0		1526.8	19855.7			1198.5	6162.5	0.077
	32.0		1626.6	19755.9			1276.9	6215.9	0.082
	34.0		1726.2	19656.3			1355.1	6269.1	0.088
	36.0		1825.4	19557.1			1432.9	6322.2	0.093
	38.0		1924.4	19458.1			1510.7	6375.2	0.096
	40.0		2023.2	19359.3			1588.2	6428.0	0.105
	42.0		2121.7	19260.8			1665.5	6480.7	0.110
	44.0		2220.0	19162.5			1742.7	6534.6	0.116
	46.0		2318.0	19064.5			1819.6	6585.8	0.122
	48.0		2415.3	18966.7			1896.4	6638.1	0.127
	50.0		2513.3	18869.2			1972.9	6690.2	0.133
	52.0		2610.5	18771.9			2049.2	6742.2	0.139
1700	24.0	22698.0	1263.7	21434.3	40998275.0	482332.6	992.0	6350.6	0.059
	26.0		1367.3	21330.7			1073.3	6406.0	0.064
	28.0		1470.8	21227.2			1154.6	6416.7	0.069
	30.0		1573.9	21124.0			1235.5	6516.5	0.075
	32.0		1676.9	21021.2			1316.4	6571.7	0.080
	34.0		1779.5	21918.5			1396.9	6626.5	0.085
	36.0		1881.9	20816.1			1477.3	6681.3	0.090
	38.0		1984.1	20713.9			1557.5	6736.0	0.096
	40.0		2086.4	20612.0			1637.5	6790.5	0.101
	42.0		2287.7	20510.3			1717.3	6844.9	0.107
	44.0		2289.1	20408.9			1796.9	6899.2	0.112
	46.0		2390.2	20307.8			1876.3	6953.3	0.118
	48.0		2491.2	20206.8			1955.6	7007.3	0.123
	50.0		2591.8	20106.2			2034.6	7061.0	0.129

尺寸 (mm)		截面面积 (cm²)			截面特征		每米重量 (kg/m)		含钢率
			其 中		I_{sc} (cm⁴)	W_{sc} (cm³)			
D	t	A_{sc}	A_s	A_c			钢管重	杆件重	ρ_s
	52.0		2692.2	20005.8			2113.4	7114.8	0.135
1700	54.0	22698.0	2792.4	19905.6	40998275.0	482332.6	2192.0	7168.4	0.140
	56.0		2892.3	19805.7			2270.5	7221.9	0.0146
	26.0		1408.2	22644.6			1105.4	6766.6	0.062
	28.0		1514.7	22538.1			1189.0	6823.6	0.067
	30.0		1621.0	22431.8			1272.5	6880.4	0.072
	32.0		1727.1	22325.7			1355.8	6937.2	0.077
	34.0		1832.8	22220.0			1438.7	6993.7	0.082
	36.0		1938.5	22114.3			1521.7	7050.3	0.088
	38.0		2043.8	22009.0			1604.4	7106.6	0.093
1750	40.0	24052.8	2148.8	21904.0	46038598.4	526155.4	1686.8	7162.8	0.098
	42.0		2253.6	21799.2			1769.1	7218.9	0.103
	44.0		2358.2	21694.6			1851.2	7274.8	0.109
	46.0		2462.5	21590.3			1933.1	7330.6	0.114
	48.0		2566.5	21486.3			2014.7	7386.3	0.119
	50.0		2670.3	21382.5			2096.2	7441.8	0.125
	52.0		2773.9	21278.9			2177.5	7497.2	0.130
	54.0		2877.2	21175.6			2258.6	7552.6	0.136
	56.0		2980.2	21072.5			2339.5	7607.5	0.141
	28.0		1558.7	23888.2			1223.6	7195.6	0.065
	30.0		1668.2	23778.7			1309.5	7254.2	0.070
	32.0		1777.4	23669.5			1395.3	7321.6	0.075
	34.0		1886.3	23506.6			1480.7	7370.9	0.080
	36.0		1995.0	23451.9			1566.1	7429.1	0.085
	38.0		2103.5	23343.4			1651.2	7487.1	0.090
	40.0		2211.7	23235.2			1736.2	7545.0	0.095
	42.0		2319.6	23127.3			1820.9	7602.7	0.100
1800	44.0	28446.9	2427.3	23019.6	51529973.5	572555.3	1905.4	7660.3	0.105
	46.0		2534.8	22912.1			1989.8	7717.8	0.111
	48.0		2642.0	22804.9			2074.0	7775.2	0.116
	50.0		2748.9	22698.0			2157.9	7832.4	0.121
	52.0		2855.6	22591.3			2241.6	7889.5	0.126
	54.0		2962.0	22484.9			2325.2	7946.4	0.132
	56.0		3068.2	22378.7			2408.5	8003.2	0.137
	58.0		3174.0	22272.8			2491.7	8059.5	0.143
	60.0		3279.8	22167.1			2574.6	8116.4	0.148
	28.0		1602.8	25277.5			1258.2	7577.6	0.063
1850	30.0	26880.3	1715.4	25164.9	57498539.4	621605.8	1346.6	7637.8	0.068
	32.0		1827.7	25052.6			1414.7	7697.9	0.073
	34.0		1939.8	24940.5			1522.7	7757.9	0.078

续表

尺寸(mm)		截面面积(cm²)			截面特征		每米重量(kg/m)		含钢率
D	t	A_{sc}	其中		I_{sc}(cm⁴)	W_{sc}(cm³)	钢管重	杆件重	ρ_s
			A_s	A_c					
1850	36.0	26880.3	2051.6	24828.7	57498539.4	621605.8	1610.5	7817.7	0.081
	38.0		2163.2	24717.7			1698.1	7877.4	0.088
	40.0		2274.6	24605.7			1785.6	7937.0	0.092
	42.0		2385.6	24494.7			1872.7	7996.4	0.097
	44.0		2496.5	24383.8			1959.8	8055.7	0.102
	46.0		2607.1	24273.2			2046.6	8114.9	0.107
	48.0		2717.4	24162.9			2133.2	8173.9	0.112
	50.0		2827.5	24052.8			2219.6	8232.8	0.118
	52.0		2937.3	23943.0			2305.8	8291.5	0.123
	54.0		3046.9	23833.4			2391.8	8350.5	0.128
	56.0		3156.2	23724.1			2477.6	8408.6	0.133
	58.0		3265.3	23615.0			2563.3	8467.0	0.238
	60.0		3374.1	23506.2			2648.7	8525.2	0.144
1900	30.0	28352.9	1762.5	26590.4	63971171.3	673380.8	1383.6	8031.2	0.066
	32.0		1877.9	29475.0			1474.2	8292.9	0.071
	34.0		1993.2	26359.7			1564.7	8154.6	0.076
	36.0		2108.2	26244.7			1654.9	8216.1	0.080
	38.0		2222.9	26130.0			1745.0	8277.5	0.085
	40.0		2337.4	26015.5			1834.9	8330.7	0.090
	42.0		2451.6	25901.3			1924.5	8390.8	0.095
	44.0		2565.6	25787.3			2014.0	8460.8	0.099
	46.0		2679.3	25673.6			2103.3	8521.7	0.104
	48.0		2792.8	25560.1			2192.3	8582.4	0.109
	50.0		3906.0	25446.9			2281.2	8642.9	0.114
	52.0		3019.0	25333.9			2370.0	8703.4	0.119
	54.0		3131.7	25221.2			2458.4	8763.7	0.124
	56.0		3244.2	25108.7			2546.7	8823.9	0.129
	58.0		3356.4	24996.5			2634.8	8883.9	0.134
	60.0		3468.3	24884.6			2722.6	8943.8	0.139
	62.0		3580.1	24771.8			2810.4	9003.6	0.145
	64.0		3691.5	24661.4			2897.8	9063.2	0.150
1950	32.0	29864.8	1928.2	27936.6	70975481.0	727953.7	1513.6	8497.8	0.069
	34.0		2046.6	27818.2			1606.6	8561.1	0.074
	36.0		2164.7	27700.1			1699.3	8624.3	0.078
	38.0		2282.6	27582.2			1791.8	8687.4	0.083
	40.0		2400.2	27464.6			1884.2	8750.3	0.087
	42.0		2517.6	27347.2			1976.3	8813.1	0.092
	44.0		2634.7	27230.1			2068.2	8875.8	0.097
	46.0		2751.6	27113.2			2160.0	8938.3	0.101
	48.0		2868.2	26996.6			2251.5	9000.7	0.106
	50.0		2984.5	26880.3			2342.8	9062.9	0.111

尺寸 (mm)		截面面积 (cm²)			截面特征		每米重量 (kg/m)		含钢率
D	t	A_{sc}	其 中		I_{sc} (cm⁴)	W_{sc} (cm³)	钢管重	杆件重	ρ_s
			A_s	A_c					
	52.0		3100.7	26764.1			2434.0	9125.1	0.116
	54.0		3216.5	26648.3			2525.0	9187.0	0.121
	56.0		3332.1	26542.7			2615.7	9248.9	0.126
1950	58.0	29864.8	3447.5	26417.3	70975481.0	727953.7	2706.3	9310.6	0.131
	60.0		3562.6	26302.2			2796.6	9372.2	0.135
	62.0		3677.5	26187.3			2886.8	9433.7	0.140
	64.0		3792.1	26072.7			2976.8	9495.0	0.145
	34.0		2099.9	29316.0			1648.4	8977.4	0.072
	36.0		2221.2	29194.7			1743.6	9042.3	0.076
	38.0		2342.2	29073.7			1838.6	9107.1	0.081
	40.0		2463.0	28952.9			1933.5	9171.1	0.085
	42.0		2583.5	28832.4			2028.0	9236.0	0.090
	44.0		2703.8	28712.1			2122.5	9300.5	0.094
	46.0		2823.8	28592.1			2216.7	9364.7	0.099
	48.0		2943.5	28472.9			2310.6	9428.7	0.103
2000	50.0	31415.9	3063.0	28352.9	78539816.3	785398.2	2404.5	9492.7	0.108
	52.0		3182.3	28233.6			2498.1	9556.5	0.113
	54.0		3301.3	28114.6			2591.5	9620.2	0.117
	56.0		3420.6	27995.9			2684.1	9683.7	0.122
	58.0		3538.5	27877.4			2777.7	9747.1	0.127
	60.0		3656.8	27759.1			2870.6	9810.4	0.132
	62.0		3774.8	27641.1			2963.2	9873.5	0.137
	64.0		3892.5	27523.4			3055.6	9936.5	0.141
	66.0		4010.0	27405.9			3147.9	9999.3	0.146

9. 矩形钢管混凝土构件的截面最小边尺寸不宜小于 100mm,钢管壁厚度不宜小于 4mm,截面的高宽比 h/b 不宜大于 2。当有可靠依据时,上列限值可适当放宽。当矩形钢管混凝土构件截面最大边尺寸不小于 800mm 时,宜采用在柱子内壁上焊接栓钉、纵向加劲肋等构造措施。

10. 矩形钢管混凝土构件钢管管壁板件的宽厚比 b/t、h/t,如图 8.2.1 所示,应不大于表

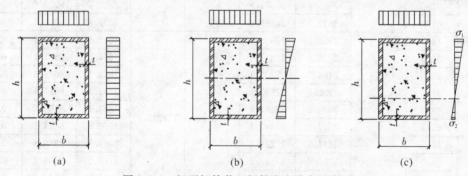

图 8.2.1 矩形钢管截面板件应力分布示意图
(a)轴压;(b)弯曲;(c)压弯

8.2.4 的规定[6]。

表 8.2.4　矩形钢管管壁板件宽厚比 b/t、h/t 的限值

构 件 类 型	b/t	h/t
轴压(图 8.2.1a)	60ε	60ε
弯曲(图 8.2.1b)	60ε	150ε
压弯(图 8.2.1c)	60ε	当 $0<\varphi\leqslant1$ 时，$30(0.9\varphi^2-1.7\varphi+2.8)\varepsilon$ 当 $-1<\varphi\leqslant0$ 时，$30(0.74\varphi^2-1.44\varphi+2.8)\varepsilon$

注:1. $\varepsilon=\sqrt{235/f_y}$，$f_y$——钢筋的屈服强度，对 Q235 钢 $f_y=235\text{N/mm}^2$，对 Q345 钢 $f_y=345\text{N/mm}^2$，对 Q390 钢 f_y $=390\text{N/mm}^2$，对 Q420 钢 $f_y=420\text{N/mm}^2$。

2. $\varphi=\sigma_2/\sigma_1$，$\sigma_1$，$\sigma_2$——分别为构件最外边缘的最大、最小应力(N/mm²)，压应力为正，拉应力为负。

3. 当施工验算时，表 8.2.4 中的限值应除以 1.5，但 $\varepsilon=\sqrt{235/1.1\sigma_0}$，$\sigma_0$ 取施工阶段荷载作用下的板件实际应力 设计值，压弯时 $\sigma_0=\sigma_1$。

11. 矩形钢管在每层钢管混凝土柱下部的钢管壁上应对称开两个排气孔，孔径为 20mm。

8.2.2　混凝土

1. 混凝土宜采用水泥混凝土。由于钢管是封闭的，多余水分不能排出，故混凝土水灰比 不宜过大，应控制在 0.45 及以下。

2. 为了确保混凝土易于振捣密实，可掺入引气量小的减水剂，使混凝土的坍落度保持在 160mm 左右。

3. 从优化钢管与混凝土的共同作用，减小变形和经济方面考虑，混凝土强度等级宜在 C30~C80 之间。

4. 管内混凝土的强度等级，应根据承载力大小的要求及与钢管的钢号相匹配。一般情况 下：Q235 钢材，配 C30、C40 或 C50 级混凝土；Q345 钢材，配 C40、C50 或 C60 级混凝土；Q390 钢，配 C50 或 C60 级以上混凝土。

5. 采用泵送混凝土工艺或抛落无振捣浇灌时使用流动性混凝土，采用振捣浇灌工艺时， 使用塑性混凝土。

6. 对于直径大于 500mm 的钢管混凝土柱，管内混凝土宜选用自补偿或微膨胀混凝土。

8.2.3　柱的计算长度

1. 柱的计算长度 　　　　　　　　　　$l_0=\mu l$ 　　　　　　　　　　　　(8.2.2)

式中　l_0，l——分别为柱的计算长度和自然长度；

　　　μ——考虑柱端约束条件的计算长度系数。

2. μ 的取值

当柱在上、下两端支承点之间无侧向荷载作用时，柱的计算长度系数 μ 可按下列规定取值：

(1)无侧移框架

无侧移框架柱的计算长度系数 μ，根据梁与柱的刚度比值 K_1 和 K_2，按表 8.2.5 取值。

无侧移框架是指框架结构中设有竖向支撑、剪力墙、电梯井筒等侧向支撑的结构且侧向支 持结构的抗侧刚度等于或大于框架抗侧移刚度的 5 倍。

(2)有侧移框架

有侧移框架柱的计算长度系数 μ，根据梁与柱的刚度比值 K_1 和 K_2，按表8.2.6取值。

有侧移框架是指框架结构中未设上述侧向支撑的结构，或侧向支持的抗侧刚度小于框架抗侧移刚度的5倍。

表8.2.5　无侧移框架的计算长度系数 μ

K_2	K_1														
	0	0.05	0.1	0.2	0.3	0.4	0.5	1	2	3	4	5	10	20	∞
0	1.000	0.990	0.981	0.964	0.949	0.935	0.922	0.875	0.820	0.791	0.773	0.760	0.732	0.706	0.699
0.05	0.990	0.918	0.971	0.955	0.940	0.926	0.914	0.867	0.814	0.784	0.766	0.754	0.726	0.711	0.694
0.1	0.981	0.971	0.962	0.946	0.931	0.918	0.906	0.860	0.807	0.778	0.760	0.748	0.721	0.705	0.689
0.2	0.964	0.955	0.946	0.930	0.916	0.903	0.891	0.846	0.795	0.767	0.749	0.737	0.711	0.696	0.679
0.3	0.949	0.940	0.931	0.916	0.902	0.889	0.878	0.834	0.784	0.756	0.739	0.728	0.701	0.687	0.671
0.4	0.935	0.926	0.918	0.903	0.889	0.887	0.866	0.823	0.774	0.747	0.730	0.719	0.693	0.678	0.663
0.5	0.922	0.914	0.906	0.891	0.878	0.866	0.855	0.813	0.765	0.738	0.721	0.710	0.685	0.671	0.656
1	0.875	0.867	0.860	0.846	0.834	0.823	0.813	0.774	0.729	0.704	0.688	0.677	0.654	0.640	0.626
2	0.820	0.814	0.807	0.795	0.784	0.774	0.765	0.729	0.686	0.663	0.648	0.638	0.615	0.603	0.590
3	0.791	0.784	0.778	0.767	0.756	0.747	0.738	0.704	0.663	0.640	0.625	0.616	0.593	0.581	0.568
4	0.773	0.766	0.760	0.749	0.739	0.730	0.721	0.688	0.648	0.625	0.611	0.601	0.580	0.568	0.556
5	0.760	0.754	0.748	0.737	0.728	0.719	0.700	0.677	0.638	0.611	0.601	0.592	0.570	0.558	0.546
10	0.732	0.726	0.721	0.711	0.701	0.693	0.685	0.654	0.615	0.601	0.580	0.570	0.549	0.537	0.524
20	0.716	0.711	0.705	0.696	0.687	0.678	0.671	0.640	0.603	0.580	0.568	0.558	0.537	0.525	0.512
∞	0.699	0.694	0.689	0.679	0.671	0.663	0.656	0.626	0.590	0.568	0.555	0.546	0.524	0.512	0.500

注：1. 表中的计算常数 μ 值按下式算得：

$$\left[\left(\frac{\pi}{\mu}\right)^2 + 2(K_1 + K_2) - 4K_1K_2\right]\frac{\pi}{\mu} \times \sin\frac{\pi}{\mu} - 2\left[(K_1 + K_2)\left(\frac{\pi}{\mu}\right)^2 + 4K_1K_2\right]\cos\frac{\pi}{\mu} + 8K_1K_2 = 0$$

式中　　K_1、K_2——分别为相交于柱上端、柱下端的横梁线刚度之和于柱线刚度值和比值。

2. 当横梁与柱铰接时，取横梁线刚度为零。

3. 对底层框架柱，当柱与基础铰接时，取 $K_2 = 0$；当柱与基础刚接时，取 $K_2 = \infty$。

表8.2.6　有侧移框架的计算长度系数 μ

K_2	K_1														
	0	0.05	0.1	0.2	0.3	0.4	0.5	1	2	3	4	5	10	20	∞
0	∞	6.02	4.46	3.42	3.01	2.78	2.64	2.33	2.17	2.11	2.08	2.07	2.03	2.02	2.00
0.05	6.02	4.16	3.47	2.86	2.58	2.42	2.31	2.07	1.94	1.90	1.87	1.86	1.86	1.82	1.80
0.1	4.46	3.47	3.01	2.56	2.33	2.20	2.11	1.99	1.79	1.75	1.73	1.72	1.70	1.63	1.67
0.2	3.42	2.86	2.56	2.23	2.05	1.94	1.87	1.70	1.60	1.57	1.55	1.54	1.52	1.51	1.50
0.3	3.01	2.58	2.33	2.05	1.90	1.80	1.74	1.58	1.49	1.46	1.45	1.44	1.42	1.41	1.40
0.4	2.78	2.42	2.20	1.94	1.80	1.71	1.65	1.50	1.42	1.39	1.37	1.37	1.35	1.34	1.33
0.5	2.64	2.31	2.11	1.87	1.74	1.65	1.59	1.45	1.37	1.34	1.32	1.32	1.30	1.29	1.28
1	2.33	2.07	1.90	1.70	1.58	1.50	1.45	1.32	1.24	1.21	1.20	1.19	1.17	1.17	1.16
2	2.17	1.94	1.79	1.60	1.49	1.42	1.37	1.24	1.16	1.14	1.12	1.12	1.10	1.09	1.08
3	2.11	1.90	1.75	1.57	1.46	1.39	1.34	1.21	1.14	1.11	1.10	1.09	1.07	1.06	1.06
4	2.08	1.87	1.73	1.55	1.45	1.37	1.32	1.20	1.12	1.10	1.08	1.08	1.06	1.05	1.04
5	2.07	1.86	1.72	1.54	1.44	1.37	1.32	1.19	1.12	1.09	1.08	1.07	1.05	1.04	1.03
10	2.03	1.83	1.70	1.52	1.42	1.35	1.30	1.17	1.10	1.07	1.06	1.05	1.03	1.03	1.02
20	2.02	1.82	1.68	1.51	1.41	1.34	1.29	1.17	1.09	1.06	1.05	1.04	1.03	1.02	1.01
∞	2.00	1.80	1.67	1.50	1.40	1.33	1.28	1.16	1.08	1.06	1.04	1.03	1.02	1.01	1.00

注：1. 表中的计算长度系数 μ 值按下式计算：

$$\left[36K_1K_2 - \left(\frac{\pi}{\mu}\right)^2\right]\sin\left(\frac{\pi}{\mu}\right) + 6(K_1 + K_2)\left(\frac{\pi}{\mu}\right) \times \cos\left(\frac{\pi}{\mu}\right) = 0$$

式中　　K_1、K_2——分别为相交与柱上端、柱下端的横梁线刚度之和与柱线刚度之和的比值。

2. 当横梁于柱铰接时，取横梁的线刚度为零。

3. 对底层框架柱，当柱与基础铰接时，取 $K_2 = 0$；当柱与基础刚接时，取 $K_2 = \infty$。

8.2.4 柱的长径比和长细比[10]

钢管混凝土柱的长径比ψ和长细比λ，分别按下列公式计算：

$$\psi = l_0/D \qquad (8.2.3)$$
$$\lambda = l_0 / i = 4l_0/D \qquad (8.2.4)$$

式中　　l_0——柱的计算长度；

D、i——钢管混凝土柱的外直径和截面回转半径。

对于非抗震设计的结构，其钢管混凝土受压柱的长径比或长细比不宜超过表8.2.7所列数值。

表 8.2.7　钢管混凝土受压杆件的长径比ψ和长细比λ的限值

项　　次	构　件　名　称	l_c/D	λ
1	轴心受压柱、偏心受压柱	20	80
2	桁架受压杆件	30	120
3	其他受压杆件	35	140

8.3　钢管混凝土结构力学性能

钢管混凝土柱由钢管与混凝土两者组成。钢管与混凝土存在粘结力，因此钢管都处于纵向受压、环向受拉的双向应力状态（径向压力较小，可忽略不计），而混凝土处于三向受压状态。即便是最简单的轴心受压柱，也由于加载方式、构件构造及施工工艺原因，其传力情况也不同。大体来说传力情况分为三类：

1. 外荷载直接施加于混凝土，通过混凝土与钢管之间的粘结力，将纵向压力传递给钢管，钢管并不直接承受纵向荷载。

2. 外荷载通过加载板同时将纵向力传递到钢管与混凝土上，两者同时受力。

3. 由于施工时空钢管已经承受了纵向压力，或者因为混凝土的凝缩，使得于混凝土顶面低于钢管顶面，因此都是钢管先受纵向压力，只有当钢管压短至与混凝土顶面相同时，混凝土才与钢管共同分担纵向压力。

这三种加载情况，根据国内外许多科研院所及许多学者的研究结果表明，它们的极限承载力大致相当并无明显差别。

8.3.1　钢管混凝土短柱轴压试验研究

钢管混凝土受压柱中，由于钢管与混凝土相互约束，改善了各自的性能，使其承载力有显著提高，其承载力并不是空管与核心混凝土两者极限承载力之和，大致相当于核心混凝土的承载力与两倍钢管承载力之和，而极限应变远大于普通钢筋混凝土，超过几倍甚至几十倍，可见钢管混凝土是延性良好的组合构件。

在荷载作用下，当轴压力不大时，钢管混凝土构件基本处于弹性阶段工作，钢管与混凝土之间的粘结没有被破坏，两者之间可传递应力，钢管受到一定的压应力，但数值很小，N-ε曲线基本呈直线段，如图8.3.1所示的AB段。当荷载继续加大，混凝土内部开始出现微裂缝，向外膨胀变形，钢管受到环向拉力。同时，钢管与混凝土之间粘结力虽被逐渐破坏，但摩阻力仍然存在，因而，在钢管中还有一定的纵向力。随着荷载的继续增加，钢管中主要为环向力，核心混凝土受到钢管的环向压力而处于三向受压状态，其轴心抗压强度显著提高，直到钢管表面出现斜向的剪切滑移线[14]，如图 8.3.2 所示，钢管开始屈服，$N\text{-}\varepsilon$ 已呈现明显曲线，进入了弹塑性阶段（BC 段），荷载达到最大值（C 点）。破坏时钢管处于纵向受压、环向受拉的应力状态，混凝土处于三向受压状态。过 C 点后，$N\text{-}\varepsilon$ 曲线开始下降，但构件仍能继续承载。对于径厚比 D/t（D——钢管外直径，t——钢管壁厚）较大的薄壁钢管，曲线下降较快，最后因钢管胀裂出现纵向裂缝而破坏。对于径厚比 D/t 较小的试件，曲线下降缓慢，表现很大的变形能力。因此，我们可以把 B 点的荷载定义为屈服荷载，C 点的荷载定义为极限荷载，对应的应变称为极限压应变[12]。

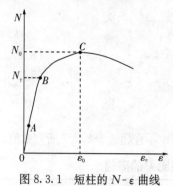

图 8.3.1　短柱的 $N\text{-}\varepsilon$ 曲线

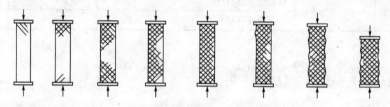

图 8.3.2　剪切滑移线的发展

8.3.2　影响钢管混凝土短柱受压性能的主要因素

钢管混凝土的受压性能、工作机理与破坏过程与长径比、含钢率、径厚比、套箍系数（或套箍指数）$\theta = \dfrac{fA_s}{f_cA_c}$ 等诸多因素有关。

这里主要讲一下含钢率与套箍系数（或套箍指数）。

钢管混凝土中的含钢率对其受力性能与破坏形态有着直接的影响。当含钢率很低（$\rho <$ 4%）时，钢管对核心混凝土的侧向约束很小，基本上属于单向受压，其承载力相当于钢管与核心混凝土两者承载力的代数和。其 $N\text{-}\varepsilon$ 曲线也与单向受压曲线类似，破坏仍属于脆性破坏性质，见图 8.3.3 曲线 1。当含钢率在 5% ～6% 时，已经表现出明显的塑性性质，强度与变形都有显著提高，见图 8.3.3 曲线 2。当含钢率较高，在 6% ～8% 时，则充分显示了钢管混凝土的优越性，见图 8.3.3 曲线 3。因此，在实际工程中，钢管混凝土含钢率大多在 5% 以上，通常在 6% ～18% 的范围内[10]。

钢管混凝土中的套箍系数（或套箍指数）的大小对其受力性能和破坏形态也有直接影响。

当套箍系数 $0.4 < \theta < 1$ 时，$N\text{-}\varepsilon$ 的曲线关系如图 8.3.4 中的曲线 1 所示。这种情况，钢管对核心混凝土的约束力不大，曲线有下降段。随着套箍系数 θ 的减小，塑性阶段越来越短；当 $\theta = 0.4 ～0.5$ 时，几乎无塑性阶段，呈脆性破坏。

当套箍系数 $\theta = 1$ 时，工作分弹性、弹塑性和塑性三个阶段，如图 8.3.4 中的曲线 2 所示。

当套箍系数 $\theta > 1$ 时，工作分弹性、弹塑性和塑性三个阶段，如图 8.3.4 中的曲线 3 所示。

实际工程应用中，最常遇到的情况是第二种和第三种类型，均属于延性破坏。

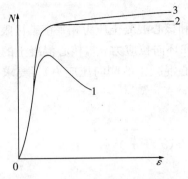

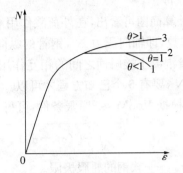

图 8.3.3　含钢率对受力性能的影响　　　图 8.3.4　套箍系数对受力性能的影响

8.4　圆钢管混凝土结构受压构件承载力计算

圆钢管混凝土柱受压承载力计算有几种不同的途径和方法。承载力计算的公式也有许多表达形式,对于深入研究各自都具有一定的意义,但对于工程界来讲,最关心的是能有一种概念清晰、形式简单、计算简便且具有相对精度的实用计算方法,本节主要介绍用极限平衡分析法来计算钢管混凝土柱的承载力,其他方法仅简单叙述。

8.4.1　圆钢管混凝土柱极限平衡理论计算法

1. 圆钢管混凝土短柱承载力分析

这种分析方法实质也是《钢筋混凝土设计与施工规程》(CECS 28:90)采用的计算方法。此法经过国内外学者大量的试验结果验证符合较好,并且具有广泛的适用范围。其计算简图如图 8.4.1 所示。

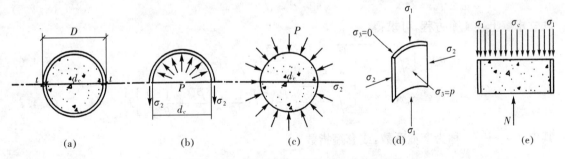

图 8.4.1　钢管混凝土短柱受力分析图

基本假定:

(1)把钢管混凝土短柱看成是由钢管和核心混凝土两种构件组成的结构体系;

(2)钢管混凝土的极限平衡条件服从 VonMises 屈服条件;

(3)钢管混凝土侧限强度为侧压指数 P/f_c 的函数;

(4)钢材屈服,混凝土达到极限压应变后均为理想塑性;

(5)在极限状态时,对于径厚比 $D/t \geqslant 20$ 的薄壁钢管,其径向应力远小于环向应力与纵向应力,可以忽略不计。钢管的应力状态为纵向受压、环向受拉双向异号受力状态,且沿壁厚应

175

力均匀分布[11]。

从计算简图可看出，在外荷载作用下，钢管应力和核心混凝土应力相平衡。极限分析时有5个未知数，即轴向压力 N，钢管的纵向压应力 σ_1 和环向拉应力 σ_2，核心混凝土的压应力 σ_c 以及钢管混凝土接触面之间的相互作用力 P（对核心混凝土的侧向压应力）。要求解短柱的承载力 N，要有5个已知方程才可以。

（1）根据 VonMises 屈服条件，可得：

$$\sqrt{\frac{1}{2}\left[(\sigma_1-\sigma_2)^2+(\sigma_2-\sigma_3)^2+(\sigma_3-\sigma_1)^2\right]}=f_y \qquad (8.4.1)$$

式中 f_y——软钢的屈服极限。

根据基本假定5，侧向压应力 σ_3 与纵向压应力 σ_1 和环向拉应力 σ_2 相比很小。可忽略不计。因此，式(8.4.1)可简化为：

$$\sigma_1^2+\sigma_2^2-\sigma_1\sigma_2=f_y^2 \qquad (8.4.2)$$

（2）混凝土的屈服条件：

$$\sigma_c=f_c\left(1+1.5\sqrt{\frac{P}{f_c}}+2\frac{P}{f_c}\right) \qquad (8.4.3)$$

式中 f_c——混凝土轴心抗压强度；

　　P——混凝土周边受到的侧向压应力；

　　σ_c——有侧压力时核心混凝土的抗压强度。

（3）轴力平衡条件：

$$N=\sigma_cA_c+\sigma_1A_a \qquad (8.4.4)$$

因钢管壁较薄，可近似取钢管截面面积 $A_a=\pi d_ct$；核心混凝土面 $A_c=\dfrac{\pi d_c^2}{4}$

（4）环向力平衡条件：

$$2\sigma_2t=d_cP \qquad (8.4.5)$$

联立求解上述4个方程，可求得：

$$\sigma_1=\left[\sqrt{1-\frac{3}{\theta^2}\left(\frac{P}{f_c}\right)^2}-\frac{1}{\theta}\frac{P}{f_c}\right]f_y \qquad (8.4.6)$$

$$N=f_cA_c\left\{1+\left[\sqrt{1+\frac{3}{\theta^2}\left(\frac{P}{f_c}\right)^2}+\frac{1.5}{\theta}\sqrt{\frac{P}{f_c}}+\frac{1}{\theta}\frac{P}{f_c}\right]\theta\right\} \qquad (8.4.7)$$

其中 $\theta=\dfrac{f_yA_s}{f_cA_c}$，称为套箍系数，或套箍指数。

可见，荷载 N 是侧压力 P 的函数。为了求得极限荷载 N_{max}，可由极值条件 $\dfrac{dN}{dP}=0$ 建立第5个方程。

（5）
$$\frac{\dfrac{3P}{f_c}}{\sqrt{\theta^2-3\left(\dfrac{P}{f_c}\right)^2}}-\frac{3}{4\sqrt{\dfrac{P}{f_c}}}-1=0 \qquad (8.4.8)$$

一般进行构件设计时，套箍系数 θ 已初步确定了，则可由上式求得相当于极限荷载 N_{max} 时的混凝土的侧向压力 P'。因而，可得极限承载力公式为：

176

$$N_u = f_c A_c (1 + \alpha \theta) \tag{8.4.9}$$

式中系数 $\alpha = \sqrt{1 + \dfrac{3}{\theta}\left(\dfrac{P'}{f_c}\right)^2} + \dfrac{1.5}{\theta}\sqrt{\dfrac{P'}{f_c}} + \dfrac{1}{\theta}\dfrac{P'}{f_c}$

同时钢管的纵向压应力最大值 σ_1' 和钢管的环向拉应力最大值 σ_2' 为：

$$\frac{\sigma_1'}{f_y} = \sqrt{1 - \frac{3}{\theta^2}\left(\frac{P'}{f_c}\right)} - \frac{P'}{\theta f_c} \tag{8.4.10}$$

$$\frac{\sigma_2'}{f_y} = \sqrt{1 - \frac{3}{4}\left(\frac{P'}{f_c}\right)^2} - \frac{\sigma_1'}{2 f_y} \tag{8.4.11}$$

经分析，系数 α 可简化为：$\alpha = 1.1 + \dfrac{1}{\sqrt{\theta}}$ 其计算误差不超过 2%。于是，单肢圆钢管混凝土短柱极限承载力可按下式计算：

$$N_0 = f_c A_c (1 + \sqrt{\theta} + 1.1\theta) \tag{8.4.12}$$

工程设计中将其进一步简化为：

$$N_0 = f_c A_c (1 + \sqrt{\theta} + \theta) \tag{8.4.13}$$

根据大量的试验研究及工程实践，套箍系数 θ 宜控制在 $0.4\sim3.0$ 之间。θ 在这个范围内受压构件在使用荷载作用下都处于弹性工作状态，且破坏时有足够的延性，要求 $\theta > 0.4$ 是为了防止混凝土强度等级过高时，钢管的套箍能力不足而引起管内的混凝土脆性破坏。要求 $\theta \leqslant 3.0$ 只是为了防止因混凝土强度等级过低而使结构在使用荷载作用下产生塑性变形。

2. 影响受压承载力的因素

以上是对单肢圆钢管轴心受压短柱的承载力理论分析，实际上影响钢管混凝土承载力的因素还有很多，其中主要有：构件长细比、偏心率、柱子两端弯矩的比值、柱两端的约束条件。对这些影响因素可采用不同的方法予以反映。在《钢管混凝土结构设计与施工规程》(CECS 28:90)中，对前两个影响因素采用用短柱承载力乘以修正系数来修正的方法，对后两个影响因素则采用修正柱子计算长度的方法。

3. 具体计算方法

(1)轴心受压柱

①承载力计算

轴心受压圆钢管混凝土柱的轴向压力设计值 N，应满足下式要求：

$$N \leqslant \varphi_0 N_0 \tag{8.4.14}$$

$$N_0 = f_c A_c (1 + \sqrt{\theta} + \theta) \tag{8.4.15}$$

当管内混凝土强度等级大于等于 C50，且套箍系数 $\theta \leqslant \zeta$ 时，应按下式计算：

$$N_0 = f_c A_c (1 + \alpha\theta) \tag{8.4.15a}$$

$$\theta = \frac{f A_s}{f_c A_c} = \frac{\rho_s f}{f_c}, \qquad \zeta = 1/(\alpha - 1)^2 \tag{8.4.15b}$$

式中　N_0 ——钢管混凝土短柱的轴心受压承载力设计值；

　　θ、ρ_s ——分别为钢管混凝土的套箍系数和含钢率；

　　α、ζ ——与混凝土强度等级有关的系数，按表 8.4.1 的规定取值；

　　A_s、A_c ——分别为钢管和内填混凝土的截面面积；

f、f_c——分别为钢管和混凝土的抗压强度设计值；

φ_0——轴心受压柱考虑构件长细比影响的受压承载力折减系数。

表 8.4.1　系数 α、ζ 的值

混凝土等级	C50	C55	C60	C65	C70	C75	C80
α	2.00	1.95	1.90	1.85	1.80	1.75	1.70
ζ	1.00	1.11	1.23	1.38	1.56	1.78	2.04

② φ_0 的计算

考虑长细比对轴心受压圆钢管混凝土柱承载力的折减系数 φ_0，其计算按下列计算公式考虑。

A. 当 $\dfrac{l_0}{D} \leqslant 4$ 时，即为短柱，取 $\varphi_0 = 1.0$ 　　　　　　　(8.4.16)

B. 当 $\dfrac{l_0}{D} > 4$ 时，$\varphi_0 = 1 - 0.115\sqrt{\dfrac{l_0}{D} - 4}$ 　　　　　(8.4.17)

$$l_0 = \mu l \tag{8.4.18}$$

(2) 偏心受压柱

① 承载力计算

偏心受压的钢管混凝土柱的轴向压力设计值 N 应满足下式要求：

$$N \leqslant \varphi_l \varphi_e N_0 \tag{8.4.19}$$

式中　N_0——钢管混凝土短柱 $\left(\dfrac{l_0}{D} \leqslant 4\right)$ 轴心受压时的承载力设计值，按式(8.4.15)计算；

φ_l——考虑长细比影响的承载力折减系数，按式(8.4.22)计算；

φ_e——考虑偏心率影响的承载力折减系数，按式(8.4.21)计算。

由于结构或构件可能承受各种荷载效应组合，当无侧向力或无弯矩时，柱子即为原长度的轴心受压柱。此时，其承载力有可能低于有侧向力、有弯矩的情况。为了避免这种可能，要求：

$$\varphi_l \varphi_e \leqslant \varphi_0 \tag{8.4.20}$$

式中　φ_0——轴心受压长柱或中长柱承载力折减系数，按式(8.4.17)计算。

② φ_e 的计算

圆钢管混凝土柱考虑偏心率影响的承载力折减系数 φ_e，分别按下列情况考虑：

A. 当 $e_0 / r_c \leqslant 1.55$ 时，可认为是小偏压柱。

$$\varphi_e = \frac{1}{1 + 1.85\dfrac{e_0}{r_c}} \qquad e_0 = \frac{M_2}{N} \tag{8.4.21a}$$

B. 当 $e_0 / r_c > 1.55$ 时，可认为是大偏压柱。

$$\varphi_e = \frac{0.4 r_c}{e_0} \qquad e_0 = \frac{M_2}{N} \tag{8.4.21b}$$

式中　e_0——柱上、下端较大弯矩一端轴向力对柱截面形心的偏心距；

r_c——钢管的内半径；

M_2——柱上、下端弯矩设计值两者中的较大值；

N——对应于柱的轴向压力设计值。

② φ_l 的计算

偏心受压钢管混凝土柱考虑长细比影响的承载力折减系数 φ_l，按下式计算：

A. 当 $l_0/D \leqslant 4$ 时（短柱）

$$\varphi_l = 1.0 \qquad (8.4.22a)$$

B. 当 $l_0/D > 4$ 时（长柱）

$$\varphi_l = 1 - 0.115\sqrt{l_e/D - 4} \qquad (8.4.22b)$$

$$l_e = k\mu l_0 \qquad (8.4.23)$$

式中　l_e——柱的等效计算长度；

　　　k——柱的等效计算长度系数。

其余符号如前所述。

④ k 的计算

当在柱子上、下两端之间无侧向荷载作用时，柱的等效长度系数 k 分两种情况考虑。

A. 对于无侧移框架柱

由于柱的两端常有弯矩作用，柱弯矩较小的截面对弯矩较大截面有一定的横向变形约束作用使柱的整体刚度变大，因而不容易失稳，从而提高了柱的承载力。

$$k = 0.5 + 0.3\beta + 0.2\beta^2 \qquad (8.4.24)$$

$$\beta = \frac{M_1}{M_2} \text{ 且 } |M_1| \leqslant |M_2| \qquad (8.4.25)$$

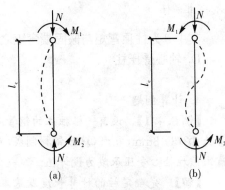

图 8.4.2　无侧移框架柱
(a)单曲压弯；(b)双曲压弯

式中　β——柱上、下端弯矩设计值两者中的较小值 M_1 与较大值 M_2 的比值，单曲压弯柱用图 8.4.2a，β 取正值；双曲压弯柱用图 8.4.2b，β 取负值[11]。

对于常见的 β 值及相应 k 值如下（图 8.4.3）。

$$\beta = 0, k = 0.5 \qquad (8.4.26a)$$

$$\beta = -1.0, k = 0.4 \qquad (8.4.26b)$$

$$\beta = 1.0, k = 1.0 \qquad (8.4.26c)$$

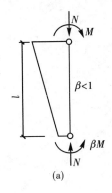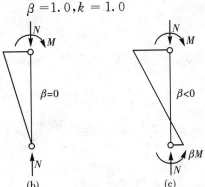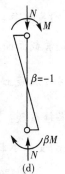

图 8.4.3　框架柱的弯矩图类型

B. 有侧移框架柱

对于有侧移的框架柱或悬臂柱(图8.4.4),由于侧移使偏心力的作用,而产生 $P\text{-}\Delta$ 效应,对于承载力有不利影响,所以,应考虑偏心距的影响:

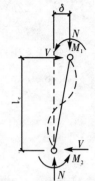

$$当 e_0/r_c \geqslant 0.8 时 \qquad k = 0.5 \qquad (8.4.27)$$

$$当 e_0/r_c < 0.8 时 \qquad k = 1 - 0.625\frac{e_0}{r_c} \qquad (8.4.28)$$

若计算的 k 值小于 0.5 时,取 $k = 0.5$。

C. 悬臂柱

对悬臂柱顶有偏心轴向力时,其柱的有效计算长度 $l_e = kH$,H 为悬臂柱的长度。 $\qquad (8.4.29)$

$$当 e_0/r_c < 0.8 时, \qquad k = 2 - 1.25\frac{e_0}{r_c} \qquad (8.4.30)$$

$$当 e_0/r_c > 0.8 时, \qquad k = 1.0 \qquad (8.4.31)$$

对悬臂柱顶有弯矩作用而使柱内产生剪力时,

$$k = 1 + \beta \geqslant 2 - 1.25\frac{e_0}{r_c} \qquad (8.4.32)$$

图 8.4.4 有侧移
框架柱

其中 β 为柱顶弯矩与嵌固端弯矩之比,当为双曲弯曲时 β 取负值。

D. 轴心受压柱

$$k = 1.0 \qquad (8.4.33)$$

4. 计算例题

【例 8.4.1】 设有一根独立的钢管混凝土轴心受压柱,上、下端为铰接,柱长 $l = 1000$mm,钢管为 $\Phi273 \times 8$mm,采用 Q345 钢材制成,$f = 310$N/mm²;钢管内填 C45 级混凝土 $f_c = 21.1$N/mm²,试求该柱轴心受压承载力设计值。

【解】 先确定柱的计算长度及基本参数

(1)计算长度 l_0

因题目已给为上、下端为铰接的独立柱,且为轴压,则 $k_1 = k_2 = 0$,即柱的计算长度系数 $\mu = 1.0$(表8.2.5),所以柱的计算长度 l_0 为:

$$l_0 = \mu l = 1.0 \times 1000 = 1000(\text{mm})$$

$$l_0/D = 1000/273 = 3.7 < 4(即属于短柱)$$

即 $$\varphi_0 = 1.0$$

(2)基本参数

钢管截面面积: $$A_s = \frac{\pi}{4}(273^2 - 257^2) = 6656(\text{mm}^2)$$

核心混凝土面积: $$A_c = \frac{\pi}{4} \times 257^2 = 51848(\text{mm}^2)$$

套箍系数: $$\theta = \frac{fA_s}{f_cA_c} = \frac{310 \times 6656}{21.1 \times 51848} = 1.89$$

(3)受压承载力 N

$$N = \varphi_0 N_0 = N_0 = f_cA_c(1 + \sqrt{\theta} + \theta)$$

$$= 21.1 \times 51848 \times (1 + \sqrt{1.89} + 1.89) = 4665631(\text{N}) = 4666(\text{kN})$$

(4)检验限制条件

180

①含钢率：
$$\rho_s = \frac{A_s}{A_c} \approx \frac{4t}{D} = \frac{4 \times 8}{273} = 0.11 = 11\%$$

满足对于 Q345 钢材 ρ_s 在 4%～12%范围。

②径厚比：
$$D/t = \frac{273}{8} = 34.13 < [D/t] = 100$$

满足钢管局部稳定。

③长径比：
$$l_0/D = 1000/273 = 3.67 < [l_0/D] = 20$$

长细比：
$$\lambda = 4l_0/D = 4 \times 1000/273 = 14.65 < [\lambda] = 80$$

【例 8.4.2】 某根钢管混凝土柱，材料及截面尺寸支座情况，同[例 8.4.1]，但柱长为 5400mm，试求其受压承载力设计值。

【解】 此题同[例 8.4.1]比较，仅柱子的长度不一样，其他条件完全相同。

(1) φ_0 计算如下：
$$l_0 = \mu l = 1.0 \times 5400 = 5400(\text{mm})$$
$$l_0/D = 5400/273 = 19.78 > 4 \text{（属于长柱）}$$

考虑长细比，对承载力影响的折减系数为
$$\varphi_0 = 1 - 0.115\sqrt{\frac{l_0}{D} - 4} = 1 - 0.115 \times \sqrt{19.78 - 4} = 0.54$$

(2) 受压承载力 N
$$N = \varphi_0 N_0 = 0.54 \times 4666 = 2520 \text{(kN)}$$

(3) 两例题比较

对于钢管混凝土柱来讲，长细比的增大对其承载力大小的影响是比较大的（本题题目长细比 $\lambda = 4l_0/D = (4 \times 5400)/273 = 79.12 < [\lambda] = 80$）。

(4) 问题：此题目是否可以把柱子高度改为 6600mm？其承载力为多少？

【例 8.4.3】 某根钢管混凝土柱，材料、截面尺寸和长度均同[例 8.4.2]，但两端轴向压力的偏心距为 $e_0 = 100$mm，试计算其受压承载力设计值。

【解】 先计算柱的长细比影响及偏心率影响的承载力折减系数 φ_l 和 φ_e，再计算柱在偏压情况下的承载力。

(1) 柱的有效计算长度

由于是上、下端均为铰接，则 $k_1 = k_2 = 0$，所以柱的长度系数 $\mu = 1.0$
$$k = 0.5 + 0.3\beta + 0.2\beta^2, \beta = \frac{M_1}{M_2} \text{ 但 } M_1 = M_2, \text{所以 } \beta = 1$$

那么
$$k = 0.5 + 0.3 \times 1 + 0.2 \times 1^2 = 1.0$$
$$l_0 = k\mu l = 4500\text{mm}$$

(2) φ_l 的计算

由于
$$l_0/D = 5400/273 = 19.78 > 4$$

所以
$$\varphi_l = 1 - 0.115\sqrt{l_0/D - 4}$$
$$= 1 - 0.115 \times \sqrt{19.78 - 4}$$
$$= 0.54$$

(3) φ_e 的计算

钢管的内半径：

$$r_c = \frac{1}{2} \times 257 = 128.5(\text{mm})$$

$$\frac{e_0}{r_c} = \frac{100}{128.5} = 0.78 < 1.55$$

按照式(8.4.25a)，考虑偏心率影响的承载力折减系数为：

$$\varphi_e = \frac{1}{1 + 1.85 \dfrac{e_0}{r_c}} = \frac{1}{1 + 1.85 \times 0.78} = 0.41$$

(4)承载力设计值 N

$$\begin{aligned} N &= \varphi_l \varphi_e N_0 \\ &= 0.54 \times 0.41 \times 4666 \\ &= 1033(\text{kN}) \end{aligned}$$

(5)从［例 8.4.2］及［例 8.4.3］比较可看出，其他条件完全一样，仅有个偏心距 $e_0 =$ 100mm，承载力从 2520kN 下降到了 1033kN，降低了 60％以上。

【例 8.4.4】 设有一无侧移框架柱，采用钢管混凝土，钢管为 $\Phi 800 \times 12$mm，Q345 钢材，$f = 310\text{N/mm}^2$；内填 C45 混凝土，柱的长度为 8500mm，轴向力设计值 $N = 15000$kN，柱的上端弯矩设计值 $M_1 = -125$kN·m，下端弯矩设计值 $M_2 = 500$kN·m，弯矩呈直线分布，如图 8.4.5 所示，由梁柱的刚度比已经查得柱长度系数 $\mu = 0.9$。试验算柱的受压承载力。

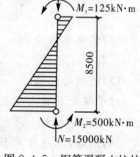

图 8.4.5 钢管混凝土柱的弯矩分布

【解】 先分别计算柱的偏心率影响及长细比影响的承载力折减系数 φ_e 和 φ_l，以及相应短柱的轴心受压承载力设计值 N_0，然后即可求得无侧移框架柱的受压承载力设计值。

(1)基本参数：

钢管截面面积：

$$A_s = \frac{\pi}{4}(800^2 - 776^2) = 29692(\text{mm}^2)$$

核心混凝土截面面积：

$$A_c = \frac{\pi}{4} \times 776^2 = 472708(\text{mm}^2)$$

套箍系数：

$$\theta = \frac{fA_s}{f_cA_c} = \frac{310 \times 29692}{21.1 \times 472708} = 0.923$$

(2)相应短柱的受压承载力 N_0

$$\begin{aligned} N_0 &= f_cA_c(1 + \sqrt{\theta} + \theta) \\ &= 21.1 \times 472708(1 + \sqrt{0.923} + 0.923) \\ &= 28762712(\text{N}) \\ &= 28763(\text{kN}) \end{aligned}$$

(3)偏心影响系数 φ_e 的计算

柱的较大弯矩一端的轴压力偏心矩为：

$$e_0 = \frac{M_2}{N} = \frac{500}{15000} = 0.033(\text{m}) = 33(\text{mm})$$

钢管的内半径：

$$r_c = \frac{1}{2} \times 776 = 388(\text{mm})$$

或

$$r_c = 400 - 12 = 388(\text{mm})$$

$$\frac{e_0}{r_c} = \frac{33}{388} = 0.085 < 1.55$$

因此，此柱为小偏心受压。

根据公式：

$$\varphi_e = \frac{1}{1 + 1.85 \dfrac{e_0}{r_c}} = \frac{1}{1 + 1.85 \times 0.085} = 0.864$$

(4)长细比影响系数 φ_l 的计算：

柱上、下端弯矩比值 β，根据弯矩分配情况，β 为负值。

即：

$$\beta = \frac{M_1}{M_2} = -\frac{125}{500} = -0.25$$

根据公式：

$$
\begin{aligned}
k &= 0.5 + 0.3\beta + 0.2\beta^2 \\
&= 0.5 + 0.3 \times (-0.25) + 0.2 \times (-0.25)^2 \\
&= 0.438
\end{aligned}
$$

柱的有效计算长度：$l_e = \mu k l = 0.9 \times 0.438 \times 8.5 = 3.351(\text{m})$

柱的长径比：

$$\frac{l_e}{D} = \frac{3351}{800} = 4.189 > 4 \text{（属长柱）}$$

考虑长细比影响的承载力折减系数为：

$$
\begin{aligned}
\varphi_l &= 1 - 0.115\sqrt{l_e/D - 4} \\
&= 1 - 0.115 \times \sqrt{\frac{3351}{800} - 4} \\
&= 0.95
\end{aligned}
$$

(5) $\varphi_l \varphi_e$ 与 φ_0 的比较：

若按轴心受压柱计算，$k = 1$，$l_0 = \mu k l = 0.9 \times 1 \times 8.5 = 7.65\text{m}$ 柱的长径比为：

$$l_0/D = 7650/800 = 9.56 > 4 \quad \text{（属长柱）}$$

按轴心受压，考虑长细比影响的承载力折减系数为：

$$\varphi_0 = 1 - 0.115\sqrt{l_0/D - 4} = 1 - 0.115\sqrt{9.56 - 4} = 0.729$$

$$\varphi_l \varphi_e = 0.95 \times 0.864 = 0.821 > 0.729$$

故取

$$\varphi_l \varphi_e = \varphi_0 = 0.729 \quad \text{（两者中的较小值）}$$

(6)承载力设计值

$$
\begin{aligned}
N &= \varphi_e \varphi_l N_0 \\
&= 0.729 \times 28763 \\
&= 20968(\text{kN}) > 15000(\text{kN})
\end{aligned}
$$

满足承载力要求。

(7)从计算结果还可以看出,承载力比较富余。因此在钢管直径与厚度不变的情况下,也可采用强度设计值比较低的 Q235 钢管,或者管内的混凝土强度等级可降低为 C40,读者可自行计算一下。

【例 8.4.5】 其他条件完全同[例 8.4.4],仅把 $M_1 = -125\text{kN·m}$ 变为 $M_1 = 125\text{kN·m}$。试验算柱的受压承载力(弯矩分布图见图 8.4.6)。

【解】 显然第(1),(2),(3)步骤的计算同[例 8.4.4]一样。

(4)长细比影响系数 φ_l 的计算

柱上、下端弯矩比值 β,根据弯矩分配情况,β 为正值:

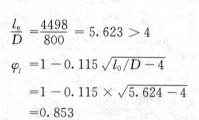

图 8.4.6 弯矩图分布情况

$$\beta = \frac{M_1}{M_2} = \frac{125}{500} = 0.25$$

$$\begin{aligned} k &= 0.5 + 0.3\beta + 0.2\beta^2 \\ &= 0.5 + 0.3 \times 0.25 + 0.2 \times 0.25^2 \\ &= 0.588 \end{aligned}$$

柱的有效计算长度:

$$l_0 = \mu k l = 0.9 \times 0.588 \times 8.5 = 4.498$$

柱的长径比:

$$\frac{l_e}{D} = \frac{4498}{800} = 5.623 > 4$$

$$\begin{aligned} \varphi_l &= 1 - 0.115\sqrt{l_0/D - 4} \\ &= 1 - 0.115 \times \sqrt{5.624 - 4} \\ &= 0.853 \end{aligned}$$

(5)$\varphi_l\varphi_e$ 与 φ_0 的比较

φ_e 与 φ_0 的计算结果同[例 5-4]结果,$\varphi_e = 0.864$,$\varphi_0 = 0.729$

$$\varphi_l\varphi_e = 0.853 \times 0.864 = 0.737 > 0.729$$

故取

$$\varphi_l\varphi_e = 0.729$$

(6)计算结果同[例 8.4.4]。

8.4.2 圆钢管混凝土柱强度提高系数计算法[10]

1. 思路和方法

圆钢管混凝土柱的受压承载力,等于钢管受压承载力与内填混凝土强度提高后受压承载力之和。此方法实质上相当于配有螺旋箍筋钢筋混凝土柱的承载力计算方法。

2. 具体计算方法

(1)轴心受压柱

圆钢管混凝土轴心受压柱的承载力设计值 N 应满足下式要求:

$$N \leqslant \varphi(fA_s + k_1 f_c A_c) \tag{8.4.34}$$

式中　f_c、A_c——管内混凝土轴心抗压强度设计值及截面面积;

　　　　k_1——由钢管约束作用引起的混凝土抗压强度提高系数,根据钢管混凝土柱的含

184

钢量 ρ_s 钢材牌号,混凝土强度等级查表 8.4.2。

φ——圆钢管混凝土轴心受压柱的稳定系数,根据长细比 $\lambda(\lambda = 4l/D)$,钢材牌号,混凝土强度等级查表 8.4.3 或表 8.4.4。

表 8.4.2　钢管内填混凝土的抗压强度提高系数 k_1

钢号		Q235			Q345		
混凝土		C30	C40	C50	C30	C40	C50
	0.04	1.43	1.32	1.27	1.62	1.43	1.39
	0.05	1.52	1.39	1.33	1.76	1.56	1.48
	0.06	1.61	1.45	1.38	1.89	1.66	1.56
	0.07	1.69	1.51	1.43	2.01	1.75	1.63
含	0.08	1.77	1.57	1.48	2.12	1.83	1.70
钢	0.09	1.83	1.62	1.52	2.21	1.90	1.76
率	0.10	1.89	1.66	1.55	2.29	1.96	1.81
ρ_s	0.11	1.93	1.69	1.58	2.35	2.01	1.85
	0.12	1.97	1.72	1.60	2.36	2.01	1.85
	0.13	1.99	1.73	1.62	2.36	2.01	1.85
	0.14	2.00	1.74	1.62	2.36	2.01	1.85
	0.15	2.00	1.74	1.62	2.36	2.01	1.85
	0.16	2.00	1.74	1.62	2.36	2.01	1.85

表 8.4.3　Q235 圆钢管混凝土轴心受压杆件的稳定系数 φ

	ρ_s λ	0.04	0.06	0.08	0.10	0.12	0.14	0.16
	10	1.00	1.00	1.00	1.00	1.00	1.00	1.00
	20	1.00	1.00	1.00	1.00	1.00	1.00	1.00
C30	30	0.99	0.99	0.99	0.99	0.99	0.99	0.99
混	40	0.97	0.97	0.96	0.96	0.96	0.96	0.96
凝	50	0.93	0.92	0.92	0.91	0.91	0.91	0.91
土	60	0.88	0.86	0.85	0.85	0.85	0.85	0.86
	70	0.81	0.79	0.78	0.77	0.77	0.77	0.78
	80	0.74	0.72	0.71	0.70	0.70	0.70	0.71
	10	1.00	1.00	1.00	1.00	1.00	1.00	1.00
	20	1.00	1.00	1.00	1.00	1.00	1.00	1.00
C40	30	0.99	0.99	0.99	0.99	0.99	0.99	0.99
混	40	0.96	0.96	0.96	0.96	0.96	0.96	0.96
凝	50	0.92	0.91	0.91	0.91	0.91	0.91	0.91
土	60	0.86	0.85	0.84	0.84	0.84	0.84	0.85
	70	0.78	0.77	0.76	0.76	0.76	0.76	0.77
	80	0.71	0.70	0.69	0.69	0.69	0.69	0.70
	10	1.00	1.00	1.00	1.00	1.00	1.00	1.00
	20	1.00	1.00	1.00	1.00	1.00	1.00	1.00
C50	30	0.99	0.99	0.99	0.99	0.99	0.99	0.99
混	40	0.96	0.96	0.96	0.96	0.96	0.96	0.96
凝	50	0.91	0.91	0.90	0.90	0.90	0.90	0.91
土	60	0.85	0.84	0.83	0.83	0.83	0.83	0.84
	70	0.77	0.76	0.75	0.75	0.75	0.75	0.76
	80	0.70	0.68	0.68	0.68	0.68	0.68	0.69

表 8.4.4　Q345 圆钢管混凝土轴心受压杆件的稳定系数 φ

λ ＼ ρ_s		0.04	0.06	0.08	0.10	0.12	0.14	0.16
C30 混凝土	10	1.00	1.00	1.00	1.00	1.00	1.00	1.00
	20	1.00	1.00	1.00	1.00	1.00	1.00	1.00
	30	0.99	0.98	0.98	0.98	0.98	0.98	0.98
	40	0.96	0.95	0.94	0.95	0.94	0.94	0.94
	50	0.90	0.89	0.87	0.87	0.87	0.87	0.87
	60	0.83	0.81	0.79	0.78	0.78	0.79	0.79
	70	0.76	0.73	0.71	0.70	0.70	0.70	0.71
	80	0.68	0.65	0.64	0.63	0.63	0.64	0.65
C40 混凝土	10	1.00	1.00	1.00	1.00	1.00	1.00	1.00
	20	1.00	1.00	1.00	1.00	1.00	1.00	1.00
	30	0.89	0.89	0.98	0.98	0.98	0.98	0.98
	40	0.95	0.94	0.94	0.93	0.93	0.94	0.94
	50	0.89	0.88	0.87	0.86	0.86	0.86	0.87
	60	0.82	0.80	0.78	0.77	0.73	0.78	0.78
	70	0.74	0.71	0.70	0.69	0.69	0.70	0.70
	80	0.67	0.64	0.63	0.62	0.62	0.63	0.64
C50 混凝土	10	1.00	1.00	1.00	1.00	1.00	1.00	1.00
	20	1.00	1.00	1.00	1.00	1.00	1.00	1.00
	30	0.98	0.98	0.98	0.98	0.98	0.98	0.98
	40	0.95	0.94	0.93	0.93	0.93	0.93	0.94
	50	0.89	0.87	0.86	0.86	0.86	0.86	0.87
	60	0.81	0.79	0.78	0.77	0.77	0.77	0.78
	70	0.73	0.71	0.69	0.68	0.68	0.69	0.70
	80	0.65	0.63	0.62	0.62	0.62	0.63	0.64

（2）偏心受压柱

圆钢管混凝土偏心受压柱的承载力设计值 N 应满足下式要求：

$$N \leqslant r\varphi_e(fA_s + k_1 f_c A_c) \tag{8.4.35}$$

$$r = 1.124 - \frac{2t}{D} - 0.0003f \tag{8.4.36}$$

$$e_0 = \frac{M}{N} \tag{8.4.37}$$

式中　φ_e ——圆钢管混凝土偏心柱的承载力折减系数；根据偏心率 e_0/D 和长细比 λ 按表 8.4.5 采用。

　　r —— φ_e 的修正系数；

M、N ——外荷载作用下在柱内产生的最大弯矩设计值及相应的轴心压力设计值；

　　t、D ——钢管壁的厚度和外直径；

　　e_0 ——圆钢管柱的偏心距。

其余符号意义见前。

表 8.4.5 偏心受压杆件设计承载力折减系数 φ_e

e_0/D \ λ	0.00	0.03	0.05	0.10	0.15	0.20	0.25	0.30	0.35	0.40	0.45
10	1.00	0.89	0.79	0.70	0.63	0.57	0.51	0.47	0.43	0.39	0.36
20	1.00	0.89	0.79	0.70	0.63	0.57	0.51	0.47	0.43	0.39	0.36
30	0.98	0.74	0.62	0.54	0.47	0.43	0.39	0.36	0.33	0.30	0.28
40	0.95	0.73	0.61	0.53	0.47	0.42	0.39	0.35	0.32	0.30	0.28
50	0.89	0.71	0.60	0.52	0.46	0.42	0.38	0.35	0.32	0.29	0.27
60	0.81	0.68	0.57	0.50	0.45	0.40	0.37	0.34	0.31	0.29	0.27
70	0.73	0.64	0.55	0.48	0.43	0.39	0.36	0.33	0.30	0.28	0.26
80	0.66	0.60	0.52	0.46	0.41	0.37	0.34	0.32	0.29	0.27	0.25

e_0/D \ λ	0.50	0.55	0.60	0.65	0.70	0.75	0.80	0.85	0.90	0.95	1.00
10	0.33	0.31	0.28	0.27	0.25	0.23	0.22	0.21	0.20	0.19	0.18
20	0.33	0.31	0.28	0.27	0.25	0.23	0.22	0.21	0.20	0.19	0.18
30	0.26	0.24	0.23	0.21	0.20	0.19	0.18	0.17	0.17	0.16	0.15
40	0.26	0.24	0.23	0.21	0.20	0.19	0.18	0.17	0.16	0.16	0.15
50	0.25	0.24	0.22	0.21	0.20	0.19	0.18	0.17	0.16	0.16	0.15
60	0.25	0.23	0.22	0.21	0.20	0.19	0.18	0.17	0.16	0.15	0.15
70	0.24	0.23	0.21	0.20	0.19	0.18	0.17	0.17	0.16	0.15	0.15
80	0.23	0.22	0.21	0.20	0.19	0.18	0.17	0.16	0.16	0.15	0.14

e_0/D \ λ	1.05	1.10	1.15	1.20	1.25	1.30	1.35	1.35	1.40	1.45	1.50
10	0.17	0.16	0.16	0.15	0.14	0.14	0.13	0.13	0.13	0.12	0.12
20	0.17	0.16	0.16	0.15	0.14	0.14	0.13	0.13	0.13	0.12	0.12
30	0.15	0.14	0.14	0.13	0.13	0.12	0.12	0.12	0.11	0.11	0.11
40	0.14	0.14	0.13	0.13	0.12	0.12	0.12	0.12	0.11	0.11	0.11
50	0.14	0.14	0.13	0.13	0.12	0.12	0.12	0.12	0.11	0.11	0.11
60	0.14	0.14	0.13	0.13	0.12	0.12	0.11	0.11	0.11	0.11	0.10
70	0.14	0.13	0.13	0.13	0.12	0.12	0.11	0.11	0.11	0.11	0.10
80	0.14	0.13	0.13	0.12	0.12	0.12	0.11	0.11	0.11	0.10	0.10

3. 计算例题

【例 8.4.6】 同[例 8.4.2](两种计算方法对轴压承载力的对比)。

【解】 (1)基本参数

含钢量：
$$\rho_s = \frac{A_s}{A_c} \approx \frac{4t}{D} = \frac{4 \times 8}{273} = 0.11 = 11\%$$

长细比：
$$\lambda = 4L/D = 4 \times 5400/273 = 79.12$$

钢管截面面积：
$$A_s = \frac{\pi}{4}(273^2 - 257^2) = 6656(\text{mm}^2)$$

核心混凝土面积：
$$A_c = \frac{\pi}{4} \times 257^2 = 51848(\text{mm}^2)$$

根据钢材等级、含钢率、混凝土强度等级查表 8.4.2 得 $k_1 = \dfrac{2.01 + 1.85}{2} = 1.93$

根据钢材等级、含钢率、混凝土强度等级、长细比查表 8.4.3 得 $\varphi = \dfrac{0.62 + 0.62}{2} = 0.62$

（2）承载力大小

$$N = \varphi(f_y A_s + k_1 f_c A_c) = 0.62 \times (310 \times 6656 + 1.93 \times 21.1 \times 51848)$$
$$= 2588355(\text{N}) = 2588(\text{kN})$$

（3）承载力结果对比

[**例 8.4.2**]　承载力大小为 2520kN；[例 8.4.6]的承载力大小为 2588kN；两种计算方法的最后结果相差不超过 3%。均可满足工程精度要求。

[例 8.4.7]等同[例 8.4.3]，用两种计算方法对偏压承载力的对比。

【**解**】　（1）基本参数

$$r = 1.124 - \frac{2t}{D} - 0.0003f$$
$$= 1.124 - \frac{2 \times 8}{273} - 0.0003 \times 310$$
$$= 0.972$$

$$e_0 = 100\text{mm} \qquad \frac{e_0}{D} = \frac{100}{273} = 0.366$$

$$\lambda = \frac{4L}{D} = \frac{4 \times 5400}{273} = 79.12$$

根据偏心率 e_0/D 和长细比 λ 查表 8.4.5 得 $\varphi_e = \dfrac{0.29 + 0.27}{2} = 0.28$

根据钢材等级、含钢率、混凝土强度等级查表 8.4.2 得，$k_1 = \dfrac{2.01 + 1.85}{2} = 1.93$

（2）承载力大小

$$N = r\varphi_e (f_y A_s + k_1 f_c A_c)$$
$$= 0.972 \times 0.28(310 \times 6656 + 1.93 \times 21.1 \times 51848)$$
$$= 1135(\text{kN})$$

（3）承载力结果对比

[例 8.4.3]承载力大小为 1033kN；[例 8.4.7]的承载力大小为 1135kN；两种计算方法的最后结果相差不超过 9%，均可满足工程精度要求。

8.4.3　圆钢管混凝土柱组合强度理论（钢管混凝土统一理论）计算法[13][14]

1. 思路和方法

把钢管混凝土视为统一体，研究这一统一体的性能，即组合性能。采用钢管混凝土的组合性能指标，即组合抗压屈服点 f_{sc}^y、组合抗剪屈服点 f_{sc}^{vy}，相应的组合抗压强度设计值 f_{sc} 和组合抗剪强度设计值 f_{sc}^v，组合轴压弹性模量 E_{sc} 等。同时，提高了用组合性能指标设计钢管混凝土构件的方法，用组合性能指标计算其承载力和变形，不再单独区分钢管和混凝土。

2. 具体计算方法

（1）轴心受压柱

轴心受压柱的承载力包括强度和稳定，此外，还有钢管的局部稳定和钢管柱的容许长细比规定。

　　钢管的局部稳定由限定钢管的壁厚来保证,要求壁厚不得小于直径的 1%,即：

$$D/t \leqslant 100 \tag{8.4.38}$$

这对于内填混凝土的钢管来说,完全可得到保证。

　　用作框架柱时,容许长细比应为：

$$[\lambda] = 80 \tag{8.4.39}$$

用作平台柱时,$[\lambda]=100$;用作桁架压杆时,$[\lambda]=120$。详见 DL/T 5085—1999 的规定。

　　①钢管混凝土柱强度设计

　　由组合抗压强度标准值规定

$$N \leqslant f_{sc}^{y} A_{sc} \tag{8.4.40}$$

引入钢管和混凝土材料分项系数后,写成设计公式

$$N \leqslant f_{sc} A_{sc} \tag{8.4.41}$$

其中：

$$f_{sc}^{y} = (1.212 + B\xi_0 + C\xi_0^2)f_{ck} \tag{8.4.42}$$

$$B = 0.1759 f_y / 235 + 0.974$$

$$C = -0.1038 f_{ck} / 20 + 0.0309$$

$$\xi_0 = \frac{f_y A_s}{f_{ck} A_c}$$

$$f_{sc} = (1.212 + B\xi + C\xi^2)f_c \tag{8.4.43}$$

$$\xi = \frac{f A_s}{f_c A_c} = \frac{\rho_s}{f_c} f$$

式中　　f_{sc}^{y}——轴心受压圆钢管混凝土柱的组合标准抗压强度(表 8.4.6)；

　　　　f_{sc}——轴心受压圆钢管混凝土柱的组合抗压强度设计值(表 8.4.7)；

　　　　A_{sc}——圆钢管混凝土柱的全截面面积；

　　　　N——圆钢管混凝土柱的轴向力设计值；

　　f_y、f_{ck}——钢材和混凝土强度的标准值；

　　f、f_c——钢材和混凝土强度的设计值；

　　　　ρ_s——含钢率,$\rho_s = \dfrac{A_s}{A_c}$；

　　ξ_0、ξ——套箍系数的标准值和设计值；

　　A_s、A_c——钢管及混凝土的截面面积。

表 8.4.6　组合抗压屈服点(组合标准抗压强度)f_{sc}^{y}(N/mm²)

钢　材	混凝土	ρ_s									
		0.04	0.05	0.08	0.10	0.12	0.14	0.15	0.16	0.18	0.20
Q235	C30	34.7	37.2	44.6	49.2	53.8	58.1	60.2	62.3	66.4	70.2
	C40	43.2	45.7	52.9	57.5	61.9	66.2	68.2	70.2	74.1	77.8
	C50	49.2	51.7	58.9	63.5	67.9	71.9	74.1	76.0	79.9	83.5
	C60	56.5	59.0	66.1	70.7	75.0	78.8	81.2	83.1	86.9	90.4
	C70	63.4	66.8	74.0	78.5	82.8	86.9	88.9	90.8	94.5	98.0
	C80	69.8	74.1	81.2	85.7	90.0	94.1	96.1	98.0	101.7	106.5

钢　材	混凝土	ρ_s									
		0.04	0.05	0.08	0.10	0.12	0.14	0.15	0.16	0.18	0.20
Q345	C30	40.6	44.4	55.5	62.4	69.0	75.3	78.2	81.2	86.7	91.9
	C40	49.0	52.8	63.7	70.4	76.8	82.8	85.7	88.4	93.6	98.5
	C50	55.0	58.8	69.6	76.3	82.6	88.4	91.2	93.9	99.0	103.7
	C60	62.2	66.0	76.7	83.4	89.6	95.4	98.1	100.7	105.7	110.2
	C70	70.1	73.9	84.5	91.1	97.2	103.0	105.7	108.3	113.1	117.6
	C80	77.3	81.1	91.7	98.3	104.4	110.0	112.7	115.3	120.1	124.4
Q390	C30	43.1	47.5	60.2	68.1	75.5	82.5	85.8	89.0	95.1	100.8
	C40	51.5	55.9	68.3	75.9	83.1	89.8	92.9	96.0	101.7	106.9
	C50	57.5	61.9	74.2	81.7	88.8	95.3	98.4	101.3	106.8	111.8
	C60	64.7	69.1	81.1	88.8	95.7	102.1	105.1	108.0	113.4	118.2
	C70	72.6	76.9	89.1	96.5	103.3	109.7	112.6	115.4	120.6	125.3
	C80	79.8	84.1	96.2	103.6	110.4	116.7	119.6	122.4	127.5	132.1

注：表中数值皆按第一组钢材计算所得。

表 8.4.7　（第一组钢材）组合轴压强设计值 f_{sc}（N/mm²）

钢管钢材	混凝土	含　钢　率　ρ_s																
		0.04	0.05	0.06	0.07	0.08	0.09	0.10	0.11	0.12	0.13	0.14	0.15	0.16	0.17	0.18	0.19	0.20
Q235	C30	27.7	30.0	32.2	34.4	36.5	38.6	40.7	42.7	44.6	46.5	48.4	50.2	52.0	53.7	55.4	57.0	58.6
	C40	33.1	35.4	37.5	39.7	41.8	43.8	45.8	47.7	49.6	51.4	53.2	54.9	56.6	58.3	59.8	61.3	62.8
	C50	37.9	40.2	42.4	44.5	46.6	48.6	50.5	52.5	54.3	56.1	57.9	59.6	61.2	62.8	64.4	65.9	67.3
	C60	43.4	45.6	47.8	49.9	52.0	54.0	55.9	57.8	59.6	61.4	63.2	64.8	66.5	68.0	69.5	71.0	72.4
	C70	49.4	51.7	53.8	55.9	58.0	60.6	61.9	63.8	65.6	67.4	69.1	70.8	72.4	73.9	75.4	76.9	78.2
	C80	49.4	51.7	53.8	55.9	58.0	60.6	61.9	63.8	65.6	67.4	69.1	70.8	72.4	73.9	75.4	76.9	78.2
Q345	C30	32.9	36.4	39.7	43.0	46.1	49.2	52.2	55.0	57.8	60.5	63.1	65.6	67.9	70.2	72.4	74.5	76.5
	C40	38.3	41.7	44.9	48.1	51.2	54.1	56.9	59.7	62.3	64.8	67.2	69.5	71.6	73.7	75.7	77.5	79.2
	C50	43.1	46.5	49.7	52.9	55.9	58.8	61.6	64.3	66.8	69.3	71.6	73.9	76.0	78.0	79.9	81.6	83.3
	C60	48.5	51.9	55.1	58.2	61.2	64.1	66.9	69.5	72.0	74.4	76.7	78.9	81.0	82.9	84.7	86.4	88.0
	C70	54.6	57.9	61.1	64.2	67.2	70.1	72.8	75.4	77.9	80.3	82.5	84.7	86.7	88.6	90.4	92.0	93.6
	C80	60.0	63.3	66.5	69.6	72.6	75.4	78.1	80.7	83.2	85.6	87.8	89.9	91.9	93.8	95.5	97.1	98.6
Q390	C30	35.0	38.8	42.6	46.3	49.8	53.2	56.5	59.7	62.8	65.7	68.5	71.2	73.3	76.3	78.6	80.9	83.0
	C40	40.3	44.1	47.8	51.3	54.7	58.0	61.1	64.1	67.0	69.7	72.3	74.8	77.1	79.3	81.4	83.3	85.1
	C50	45.1	48.9	52.5	56.0	59.4	62.7	65.7	68.7	71.5	74.2	76.7	79.1	81.3	83.4	85.4	87.2	88.9
	C60	50.5	54.3	57.9	61.4	64.7	67.9	71.0	73.9	76.6	79.2	81.7	84.0	86.2	88.2	90.1	91.9	93.4
	C70	56.5	60.3	63.9	67.4	70.7	73.9	76.9	79.7	82.5	85.0	87.5	89.7	91.9	93.8	95.7	97.4	98.9
	C80	62.0	65.7	69.3	72.8	76.1	79.2	82.2	85.0	87.7	90.3	92.7	94.9	97.0	98.9	100.7	102.4	103.9

当钢管板材属于第二组或第三组钢材时,其组合抗压强度设计值 f_{sc},应取表 8.4.7 中的数值再乘以换算系数 k,k 的取值规定如下:

A. 对于 Q235 和 Q345 牌号钢材,$k = 0.96$;

B. 对于 Q390 牌号钢材,$k = 0.94$。

对于组合抗压强度设计值 f_{sc} 的取值,还要考虑混凝土徐变和收缩对其大小的影响。

对于轴心受压构件和 $\dfrac{e}{r_0} \leqslant 0.3$ 的偏心受压构件:

A. 当 $\lambda \leqslant 50$,$\lambda > 120$ 时,不考虑徐变对 f_{sc} 的影响;

B. 其他情况应引入徐变系数 k_c,对 f_{sc} 的值乘以 k_c[14],见表 8.4.8。

表 8.4.8　徐变影响系数 k_c

构件长细比 λ	恒 载 占 设 计 荷 载 的 比 例		
	30%	50%	70%
$50 < \lambda \leqslant 70$	0.09	0.85	0.80
$70 < \lambda \leqslant 120$	0.85	0.80	0.75

对于 $\dfrac{e}{r_0} > 0.3$ 的偏心受压构件,可不考虑徐变对 f_{sc} 的影响,其中 e 为偏心距,r_0 为钢管的外半径。

一般情况下,工程设计中不考虑混凝土收缩对 f_{sc} 大小的影响。

②钢管混凝土的稳定设计

$$N \leqslant \varphi f_{sc}^y A_{sc} \tag{8.4.44}$$

考虑钢材与混凝土材料分项系数后,写成设计公式:

$$N \leqslant \varphi f_{sc} A_{sc} \tag{8.4.45}$$

式中　φ——稳定系数(表 8.4.9),它仅与钢材及构件长细比有关。已被《钢管混凝土组合结构设计规程》(DL/T 5085—1999)所采用。

表 8.4.9　稳 定 系 数

	$\lambda = 4L_0/d$	10	20	30	40	50	60	70	80
钢材	Q235	1.000	0.998	0.989	0.972	0.946	0.912	0.860	0.819
	Q345	1.000	0.998	0.987	0.966	0.935	0.895	0.844	0.783
	Q390	1.000	0.988	0.987	0.966	0.934	0.892	0.840	0.778

	$\lambda = 4L_0/d$	90	100	110	120	130	140	150
钢材	Q235	0.760	0.692	0.671	0.521	0.444	0.383	0.333
	Q345	0.712	0.632	0.541	0.455	0.387	0.334	0.291
	Q390	0.705	0.622	0.529	0.444	0.379	0.327	0.284

注:表内中间值可采用插入法求得。

③设计例题

【例 8.4.8】　设有一钢管混凝土轴心受压柱,已知轴心压力设计值 $N = 2500$ kN,两端铰接,柱长 5400mm。采用 Q345 钢材,内填 C45 混凝土,试设计此截面。

【解】　假设 $\lambda = 80$,查表 8.4.9 得 $\varphi = 0.783$

长细比：
$$\lambda = \frac{4L}{D}$$

钢管直径：
$$D = \frac{4L}{\lambda} = \frac{4 \times 5400}{80} = 270(\text{mm})$$

钢管混凝土截面面积：$A_{sc} = \frac{\pi}{4}D^2 = \frac{3.14}{4} \times 270^2 = 57227(\text{mm}^2)$

由公式 $N \leqslant \varphi f_{sc} A_{sc}$ 得：

$$f_{sc} = \frac{N}{\varphi A_{sc}} = \frac{2500}{0.783 \times 57227} = 0.0558(\text{kN}/\text{mm}^2) = 55.8(\text{N}/\text{mm}^2)$$

查表 8.4.7，含钢率要求为 $\rho_s = 0.09$

查表 8.2.3 选用 Φ273×8，含钢率为 0.128，$A_{sc} = 58530(\text{mm}^2)$

验算：$\lambda = \frac{4 \times 5400}{273} = 79.1$，查表 8.4.9 得 $\varphi = 0.789$

查表 8.4.7 得 $f_{sc} = \frac{64.8 + 69.3}{2} = 67.1(\text{N}/\text{mm}^2)$

那么
$$\begin{aligned}\varphi f_{sc} A_{sc} &= 0.789 \times 67.1 \times 58530\\ &= 3098689(\text{N})\\ &= 3099(\text{kN}) > N = 2500(\text{kN})\end{aligned}$$

修改截面：采用 Φ273×6，含钢率为 0.094
$$A_{sc} = 58530\text{mm}^2，f_{sc} = 58.6\text{N}/\text{mm}^2$$

那么
$$\begin{aligned}\varphi f_{sc} A_{sc} &= 0.789 \times 58.6 \times 58530\\ &= 2706158(\text{N})\\ &= 2706(\text{kN}) > N = 2500(\text{kN})\end{aligned}$$

相差不超过 10%，可认为满足。

注：此题目未考虑混凝土徐变对 f_{sc} 的影响。

(2)偏心受压柱(也称压弯柱)

①圆钢管混凝土柱强度承载力设计公式

当 $\frac{N}{A_{sc}} < 0.2 f_{sc}$ 时，$\qquad \frac{N}{1.4N_0} + \frac{M}{M_0} \leqslant 1$ （8.4.46）

当 $\frac{N}{A_{sc}} \geqslant 0.2 f_{sc}$ 时，$\qquad \frac{N}{N_0} + \frac{M}{1.071M_0} \leqslant 1$ （8.4.47）

②圆钢管混凝土柱稳定承载力设计公式

当 $\frac{N}{A_{sc}} < 0.2 \varphi f_{sc}$ 时，$\quad \frac{N}{1.4\varphi N_0} + \frac{\beta_m M}{\left(1 - 0.4\frac{N}{N_E}\right)M_0} \leqslant 1$ （8.4.48）

当 $\frac{N}{A_{sc}} \geqslant 0.2 \varphi f_{sc}$ 时，$\quad \frac{N}{\varphi N_0} + \frac{\beta_m M}{1.071\left(1 - 0.4\frac{N}{N_E}\right)M_0} \leqslant 1$ （8.4.49）

式中　N、M——分别为荷载引起的轴力和弯矩设计值；

$\quad N_0$、M_0——分别是构件内力设计值；
$$N_0 = f_{sc} A_{sc}；M_0 = \gamma_m W_{sc} f_{sc}$$

N_E ——钢管混凝土柱的欧拉临界力；

$$N_E = \frac{\pi^2 E_{scm} A_{sc}}{\lambda^2}$$

E_{scm} ——钢管混凝土柱抗弯组合弹性模量；

$$E_{scm} = k_2 E_{sc}$$

E_{sc} ——钢管混凝土柱的组合抗压弹性模量，第一组钢材，根据钢号、混凝土等级和含钢率 ρ_s，查表 8.4.10，第二、第三组钢材，取表 8.4.10 中数值分别乘以 0.96 和 0.94；

k_2 ——换算系数，根据含钢率和混凝土强度等级，查表 8.4.11；

W_{sc} ——钢管混凝土截面抗弯抵抗矩；

$$W_{sc} = \frac{1}{32}\pi D^3$$

γ_m ——钢管混凝土柱的塑性发展系数，为简化设计，在 DL/T 5085—1999 中采用如下塑性发展系数：

当 $\xi \geqslant 0.85$ 时，$\gamma_m = 1.4$

当 $\xi < 0.85$ 时 $\gamma_m = 1.2$

β_m ——弯矩沿钢管混凝土柱长度有变化时的等效弯矩系数，按下述规定采用：

有侧移的框架柱：$\beta_m = 1.0$

无侧移的框架柱，且柱上无横向荷载作用时：

$$\beta_m = 0.65 + 0.35\frac{M_2}{M_1} \geqslant 0.4，|M_1| \geqslant |M_2|$$

M_1、M_2 ——柱端弯矩，使柱产生同向曲率时，取同号；使柱产生反向弯曲时，取异号。

表 8.4.10　E_{sc} 值（第一组钢材）（$\times 10^2$ N/mm^2）

钢 材		Q235						Q345						Q390					
混凝土		C30	C40	C50	C60	C70	C80	C30	C40	C50	C60	C70	C80	C30	C40	C50	C60	C70	C80
	0.04	309	382	438	502	572	637	278	334	377	427	481	530	274	326	366	412	462	507
	0.05	331	404	460	525	594	659	304	360	403	453	527	556	302	354	393	439	489	535
	0.06	353	426	482	546	616	581	331	386	429	478	531	581	330	381	420	466	516	560
	0.07	375	448	503	568	637	701	356	411	453	503	556	605	357	407	446	492	541	587
	0.08	396	469	524	588	658	722	381	435	477	526	580	629	383	433	472	517	566	612
含	0.09	418	489	545	608	679	742	405	459	501	550	603	652	408	458	496	541	590	636
	0.10	438	510	565	629	698	762	428	482	523	572	655	674	433	481	520	565	613	660
钢	0.11	458	529	584	648	718	781	451	504	545	594	646	696	457	505	543	587	636	681
	0.12	478	549	604	667	737	800	473	525	566	615	667	716	480	527	565	609	657	702
率	0.13	498	568	623	686	755	819	495	546	587	635	687	736	503	549	586	629	678	722
	0.14	517	587	641	704	773	837	516	567	607	654	706	755	525	570	606	650	697	742
ρ_s	0.15	536	605	659	722	791	855	537	586	626	673	725	773	546	590	626	669	717	761
	0.16	554	623	677	739	808	872	557	605	644	691	743	791	566	609	644	687	734	778
	0.17	573	640	694	756	825	888	576	623	662	709	760	808	586	627	662	704	751	795
	0.18	590	657	711	773	841	904	595	641	679	725	776	824	605	645	679	721	767	811
	0.19	608	674	727	789	857	920	613	658	696	741	792	839	623	662	696	737	783	826
	0.20	625	690	743	805	872	935	631	674	711	756	807	854	641	679	711	751	797	840

表 8.4.11 k_2 的值

ρ_s \ 混凝土	C30	C40	C50	C60	C70
0.04	1.187	1.173	1.163	1.156	1.150
0.05	1.223	1.207	1.195	1.187	1.180
0.06	1.255	1.238	1.225	1.216	1.210
0.07	1.285	1.266	1.252	1.243	1.230
0.08	1.312	1.292	1.277	1.267	1.260
0.09	1.337	1.316	1.301	1.290	1.280
0.10	1.360	1.338	1.322	1.311	1.300
0.11	1.381	1.359	1.342	1.331	1.320
0.12	1.401	1.378	1.361	1.349	1.340
0.13	1.419	1.396	1.378	1.366	1.350
0.14	1.436	1.412	1.394	1.382	1.370
0.15	1.451	1.427	1.410	1.397	1.390
0.16	1.466	1.442	1.424	1.411	1.400
0.17	1.479	1.455	1.437	1.424	1.410
0.18	1.492	1.467	1.449	1.436	1.420
0.19	1.503	1.479	1.461	1.447	1.440
0.20	1.514	1.490	1.471	1.458	1.450

③设计例题

【例 8.4.9】 一压弯钢管混凝土采用 Φ529×7,Q235 钢,C30 混凝土,两端偏心距均为 317mm。计算长度 $l = 11500mm$ 。已知计算压力 $N = 1350kN$ 。试验算钢管混凝土的稳定性 (等效弯矩系数 $\beta_m = 1.0$)。

【解】 1. 计算参数:钢管采用 Φ529×7

$$A_{sc} = \frac{\pi}{4}D^2 = \frac{\pi}{4} \times 529^2 = 219787(mm^2)$$

$$A_c = \pi\left(\frac{529}{2} - 7\right) = 208310(mm^2)$$

$$A_s = A_{sc} - A_c = 11477(mm^2)$$

$$\rho_s = \frac{A_s}{A_c} = \frac{11477}{208310} = 0.055$$

$$W_{sc} = 14533300(mm^2)$$

$$\lambda_{sc} = \frac{4l}{D} = \frac{4 \times 11500}{529} = 87$$

$$\xi = \rho_s \frac{f}{f_c} = 0.055 \times \frac{215}{14.3} = 0.83 < 0.85$$

则

$$\gamma_m = 1.2$$

2. 组合强度和组合模量

根据壁厚为 7mm,钢管板材属第一组,因此,钢管柱的组合轴压强度设计值 f_{sc} ,查表 8.4.7 得 $f_{sc} = 31.15N/mm^2$

查表 8.4.10,得

$$E_{sc} = 34200N/mm^2$$

194

查表 8.4.11,得 $\qquad k_2 = 1.24$

故 $\qquad E_{scm} = k_2 E_{sc} = 1.24 \times 34200 (\text{N}/\text{mm}^2)$

3. 公式选用条件

根据 $\qquad \lambda_{sc} = 87$

查表 8.4.9,得 $\qquad \varphi = 0.737$

$$0.2\varphi f_{sc} = 0.2 \times 0.737 \times 31.15 = 4.59 (\text{N}/\text{mm}^2)$$

$$\frac{N}{A_{sc}} = \frac{1350000}{219790} = 6.14 (\text{N}/\text{mm}^2)$$

显然 $\qquad \dfrac{N}{A_{sc}} > 0.2\varphi f_{sc}$

4. 承载力验算

$$\begin{aligned}
N_E &= \frac{\pi^2 E_{scm} A_{sc}}{\lambda_{sc}^2} \\
&= \frac{\pi^2 \times 1.24 \times 34200 \times 219790}{87^2} \\
&= 12141617 (\text{kN})
\end{aligned}$$

由公式: $\dfrac{N}{\varphi A_{sc}} + \dfrac{\beta_m M}{1.071 \times 1.2 W_{sc}\left(1 - 0.4\dfrac{N}{N_E}\right)} \leqslant f_{sc}$

$$\frac{1350000}{0.737 \times 219787} + \frac{1 \times 1350000 \times 317}{1.071 \times 1.2 \times 14533300\left(1 - \dfrac{0.4 \times 135000}{12141617}\right)}$$

$$= 8.33 + 23.98$$

$$= 32.31 < f_{sc} = 31.15$$

故不可靠。

此题目也未考虑混凝土徐变对 f_{sc} 的影响。

(3)偏心压、弯、剪柱

①圆钢管混凝土柱强度承载力设计公式

当 $\dfrac{N}{A_{sc}} < 0.2\sqrt{1 - \left(\dfrac{V}{V_0}\right)^2} f_{sc}$ 时, $\qquad \left(\dfrac{N}{1.4N_0} + \dfrac{M}{M_0}\right)^{1.4} + \left(\dfrac{V}{V_0}\right)^2 \leqslant 1$ $\qquad$ (8.4.50)

当 $\dfrac{N}{A_{sc}} \geqslant 0.2\sqrt{1 - \left(\dfrac{V}{V_0}\right)^2} f_{sc}$ 时, $\qquad \left(\dfrac{N}{N_0} + \dfrac{M}{1.071M_0}\right)^{1.4} + \left(\dfrac{V}{V_0}\right)^2 \leqslant 1$ $\qquad$ (8.4.51)

②圆钢管混凝土稳定承载力设计公式

当 $\dfrac{N}{A_{sc}} < 0.2\sqrt{1 - \left(\dfrac{V}{V_0}\right)^2} \varphi f_{sc}$ 时

$$\left[\frac{N}{1.4\varphi N_0} + \frac{\beta_m M}{\left(1 - \dfrac{0.4N}{N_E}\right)M_0}\right]^{1.4} + \left(\frac{V}{V_0}\right)^2 \leqslant 1 \qquad (8.4.52)$$

当 $\dfrac{N}{A_{sc}} \geqslant 0.2\sqrt{1 - \left(\dfrac{V}{V_0}\right)^2} \varphi f_{sc}$ 时

$$\left[\frac{N}{\varphi N_0} + \frac{\beta_{\mathrm{m}} M}{1.071\left(1 - \frac{0.4N}{N_E}\right)M_0}\right]^{1.4} + \left(\frac{V}{V_0}\right)^2 \leqslant 1 \qquad (8.4.53)$$

式中　$V_0 = \gamma_{\mathrm{v}} A_{\mathrm{sc}} f_{\mathrm{sc}}$

当 $\xi \geqslant 0.85$ 时　　　　　　　　$\gamma_{\mathrm{v}} = 0.85$，$\gamma_{\mathrm{m}} = 1.4$

当 $\xi < 0.85$ 时　　　　　　　　$\gamma_{\mathrm{v}} = 1.0$，$\gamma_{\mathrm{m}} = 1.2$

其余符号意义同前。

8.5　方钢管混凝土结构受压构件承载力计算[9]

在工程实际中，也有采用方形或矩形钢管混凝土的，尤其是在多层和高层民用建筑中更是如此。关于方钢管混凝土构件承载力的计算大都采用叠加法，有的考虑"紧箍效应"，有的忽略"紧箍效应"的影响。当然，与圆钢管混凝土构件相比，方钢管的"紧箍效应"显然要弱得多，受压承载力的提高幅度相对较小。这里因为在截面各边中点的位置，钢管对混凝土的约束作用很小，该处混凝土抗压强度提高不多。

试验结果表明，方钢管或矩形钢管混凝土短柱的极限承载力仍比单独空钢管柱与混凝土承载力之和大 10% ~ 50%。

下面仅介绍国家军用标准《战时军港抢修早强型组合结构技术规程》[GJB 4142—2000 (2001)]对不同受力状态下方钢管混凝土构件中的承载力计算公式。

8.5.1　轴心受压构件

1. 方钢管混凝土构件轴压强度承载力计算公式

$$N \leqslant f_{\mathrm{sc}} A_{\mathrm{sc}} \qquad (8.5.1)$$

式中　N——所计算构件的最大轴力设计值；

　　A_{sc}——方钢管混凝土构件的组合截面面积；

　　f_{sc}——方钢管混凝土轴心受压组合强度设计值，按下式计算：

$$f_{\mathrm{sc}} = k_1(1.212 + B_1 \xi_0 + C_1 \xi_0{}^2) f_{\mathrm{c}} \qquad (8.5.2)$$

式中　B_1、C_1——计算系数；

　　$B_1 = 0.138 f_{\mathrm{y}} / 215 + 0.7646$

　　$C_1 = -0.0727 f_{\mathrm{c}} / 15 + 0.0216$

　　ξ_0——构件截面约束效应系数设计值；

$$\xi_0 = A_{\mathrm{s}} f / A_{\mathrm{c}} f_{\mathrm{c}}$$

f、f_{c}——分别为钢管钢材强度设计值和管内混凝土抗压强度设计值；

A_{s}、A_{c}——分别为钢管和管内混凝土的截面面积；

　　k_1——钢材厚度组别换算系数，对于第一、二、三组钢材，k_1 分别取 1.0、0.96 和 0.93。

2. 方钢管混凝土轴压构件稳定承载力计算公式

$$N \leqslant \varphi f_{\mathrm{sc}} A_{\mathrm{sc}} \qquad (8.5.3)$$

式中　φ——轴心受压构件稳定系数，按以下公式计算或查表 8.5.1；

$$\left.\begin{array}{ll}\text{当 } \lambda \leqslant \lambda_0, & \varphi = 1.0 \\ \text{当 } \lambda_0 \leqslant \lambda \leqslant \lambda_{\mathrm{p}}, & \varphi = a\lambda^2 + b\lambda + c \\ \text{当 } \lambda > \lambda_{\mathrm{p}}, & \varphi = d/(\lambda + 35)^2\end{array}\right\} \tag{8.5.4}$$

其中,参数 a、b、c、d、e 按以下公式计算:

$$a = \frac{1 + (25 + 2\lambda_{\mathrm{p}})e}{(\lambda_{\mathrm{p}} - \lambda_0)^2}$$

$$b = e - 2a\lambda_{\mathrm{p}}$$

$$c = 1 - a\lambda_0^2 - b\lambda_0$$

$$d = \left(6300 + 7200 \times \frac{235}{f_{\mathrm{y}}}\right)\left(\frac{25}{f_{\mathrm{ck}} + 5}\right)^{0.3}\left(\frac{\rho_{\mathrm{s}}}{0.1}\right)^{0.1}$$

$$e = -\frac{d}{(\lambda_{\mathrm{p}} + 35)^3}$$

式中 λ ——构件的长细比,$\lambda = 2\sqrt{3}L/B$ $\qquad$ (8.5.5)

$\quad$ L ——构件的计算长度;

$\quad$ B ——方钢管截面的外边长;

$\quad$ f_{y} ——钢材的屈服强度;

$\quad$ f_{ck} ——混凝土立方体抗压强度的标准值;

$\quad$ ρ_{s} ——截面含钢率,$\rho_{\mathrm{s}} = A_{\mathrm{s}}/A_{\mathrm{c}}$;

$\quad$ λ_{p}、λ_0 ——分别为构件弹性和弹塑性失稳的界限长细比:

$$\lambda_{\mathrm{p}} = \pi\sqrt{E_{\mathrm{sc}}/f_{\mathrm{scp}}} \tag{8.5.6}$$

$$\lambda_0 = \pi\sqrt{E_{\mathrm{sch}}/f_{\mathrm{scy}}} \tag{8.5.7}$$

E_{sc}、E_{sch} ——钢管混凝土的轴压组合弹性模量和组合强化模量;

$$E_{\mathrm{sc}} = f_{\mathrm{scp}}/\varepsilon_{\mathrm{scp}}$$

$$E_{\mathrm{sch}} = 220\xi + 450$$

$$f_{\mathrm{scp}} = [0.263(f_{\mathrm{y}}/235) + 0.365(20/f_{\mathrm{ck}}) + 0.104]f_{\mathrm{scy}} \tag{8.5.8}$$

$$\varepsilon_{\mathrm{scp}} = 3.01 \times 10^{-6} f_{\mathrm{y}} \tag{8.5.9}$$

$$f_{\mathrm{scy}} = (1.212 + B\xi + C\xi^2)f_{\mathrm{ck}} \tag{8.5.10}$$

$$B = 0.138(f_{\mathrm{y}}/235) + 0.765$$

$$C = -0.0727(f_{\mathrm{ck}}/20 + 0.0216)$$

式中 f_{scp}、$\varepsilon_{\mathrm{scp}}$ ——方钢管混凝土构件轴压比例极限及其对应的比例极限应变;

$\qquad$ f_{scy} ——方钢管混凝土构件的抗压屈服极限;

$\qquad$ ξ ——方钢管构件截面约束效应系数的标准值;

$$\xi = f_{\mathrm{y}}A_{\mathrm{s}}/f_{\mathrm{ck}}A_{\mathrm{c}}$$

$\quad$ f_{y}、f_{ck} ——方钢管钢材的屈服极限与混凝土轴压抗压强度设计值。

8.5.2 纯弯构件

纯弯构件承载力可按以下公式计算:

$$M \leqslant \gamma_{\mathrm{m}}W_{\mathrm{sc}}f_{\mathrm{sc}} \tag{8.5.11}$$

式中 M ——所计算构件范围内的最大弯矩设计值;

f_{sc} ——钢管混凝土组合轴压强度设计值,按式(8.5.2)计算;

γ_m ——构件截面抗弯塑性发展系数;

$$\gamma_m = -0.2428\xi + 1.4103\sqrt{\xi}$$

W_{sc} ——钢管混凝土构件中截面抗弯模量,即:

$$W_{sc} = \frac{1}{6}B^3$$

8.5.3 单向压弯构件

钢管混凝土构件在一个平面内承受压弯荷载共同作用时,应分情况按下列公式进行构件强度验算和稳定性验算。

1. 构件强度承载力设计公式

(1)当 $N/A_{sc} \geqslant k_f f_{sc}$ 时

$$\frac{N}{N_0} + \frac{M(1-k_f)}{M_0} \leqslant 1 \tag{8.5.12}$$

(2)当 $N/A_{sc} < k_f f_{sc}$ 时,

$$\frac{2.797bN^2}{N_0^2} - \frac{1.124cN}{N_0} + \frac{M}{M_0} \leqslant 1 \tag{8.5.13}$$

2. 构件稳定承载力设计公式

(1)当 $N/A_{sc} \geqslant \varphi^3 k_f f_{sc}$ 时

$$\frac{N}{\varphi N_0} + \frac{\beta_m M(1 - k_f\varphi^2)}{k_n M_0} \leqslant 1 \tag{8.5.14}$$

(2)当 $N/A_{sc} < \varphi^3 k_f f_{sc}$ 时

$$\frac{2.797bN^2}{\varphi^3 N_0^2} - \frac{1.124cN}{N_0} + \frac{\beta_m M}{k_n M_0} \leqslant 1 \tag{8.5.15}$$

式中　N、M ——分别为构件轴力和弯矩设计值,参数 a、b、c、k_n、k_f 按如下公式确定:

$$a = (f_c/15)^{0.65}(215/f_y)^{0.38}(0.1/\rho_s)^{0.45}$$

$$b = (f_c/15)^{0.16}(215/f_y)^{0.89}(0.1/\rho_s)^{0.5}$$

$$c = (f_c/15)^{0.81}(215/f_y)^{1.27}(0.1/\rho_s)^{0.95}$$

$$k_n = 1 - 0.25N/N_E$$

$$k_f = 0.402a$$

其中　　　　　　　　　　$N_0 = f_{sc}A_{sc}$

$$M_0 = \gamma_m W_{sc} f_{sc}$$

$$N_E = \pi^2 E_{scm} A_{sc}/\lambda^2$$

由于　　　　　　　　$\lambda = 2\sqrt{3}L/B, A_{sc} = B^2$

即　　　　　　　　　$N_E = \pi^2 E_{scm} B^2 \left(\frac{B}{2\sqrt{3}L}\right)^2$

$$I_{scm} = \frac{1}{12}B^4$$

即　　　　　　　　　$N_E = \frac{\pi^2}{L^2} E_{scm} I_{scm}$

$$E_{scm} = \frac{E_s I_s + E_c I_c}{I_s + I_c}$$

式中　N_E ——方钢管混凝土压弯构件的欧拉临界力；

　E_{scm}、I_{scm} ——方钢管混凝土构件组合抗弯弹性模量和组合截面惯性矩；

　I_s、I_c ——分别为方钢管截面和管内混凝土截面的惯性矩；

　E_s、E_c ——分别为钢管管材和管内混凝土弹性模量；

　L ——方钢管混凝土压弯构件计算长度；

　β_m ——等效弯矩系数；

　φ ——轴心受压稳定系数，见表 8.5.1。

8.5.4　双向压弯构件

方钢管混凝土构件同时受到轴向压力 N，x 方向弯矩 M_x 和 y 方向弯矩 M_y 时，应按下式验算构件的承载力。

当 $N/A_{sc} \geqslant \varphi^3 k_f f_{sc}$ 时，

$$\frac{N}{\varphi N_0} + \frac{\beta_m \sqrt[1.8]{M_x^{1.8} + M_y^{1.8}}(1 - k_f \varphi^2)}{k_n M_0} \leqslant 1 \tag{8.5.16}$$

当 $N/A_{sc} < \varphi^3 k_f f_{sc}$ 时，

$$\frac{2.797 b N^2}{\varphi^3 N_0^2} - \frac{1.124 c N}{N_0} + \frac{\beta_m \sqrt[1.8]{M_x^{1.8} + M_y^{1.8}}}{k_n M_0} \leqslant 1 \tag{8.5.17}$$

表 8.5.1　方钢管混凝土轴心受压构件稳定系数 φ_s

钢材	混凝土	ρ_s	λ																		
			10	20	30	40	50	60	70	80	90	100	110	120	130	140	150	160	170	180	190	200
Q235	C30	0.05	1.0	0.97	0.90	0.84	0.78	0.73	0.68	0.63	0.59	0.55	0.51	0.45	0.39	0.35	0.31	0.28	0.26	0.23	0.21	0.19
		0.10	1.0	0.97	0.91	0.86	0.80	0.76	0.71	0.67	0.63	0.59	0.55	0.48	0.42	0.38	0.34	0.30	0.27	0.25	0.23	0.21
		0.15	1.0	0.97	0.92	0.87	0.82	0.78	0.73	0.69	0.65	0.61	0.57	0.50	0.44	0.39	0.35	0.32	0.29	0.26	0.24	0.22
		0.20	1.0	0.97	0.93	0.88	0.84	0.79	0.75	0.71	0.67	0.63	0.59	0.51	0.45	0.40	0.36	0.32	0.29	0.27	0.24	0.22
	C40	0.05	1.0	0.95	0.89	0.81	0.75	0.69	0.64	0.59	0.55	0.51	0.47	0.41	0.37	0.33	0.29	0.26	0.24	0.22	0.20	0.18
		0.10	1.0	0.95	0.89	0.83	0.77	0.72	0.67	0.62	0.58	0.54	0.50	0.44	0.39	0.35	0.31	0.28	0.25	0.23	0.21	0.19
		0.15	1.0	0.96	0.90	0.84	0.79	0.74	0.69	0.64	0.60	0.56	0.52	0.46	0.41	0.36	0.33	0.29	0.26	0.24	0.22	0.20
		0.20	1.0	0.96	0.90	0.85	0.80	0.75	0.70	0.66	0.62	0.58	0.54	0.48	0.42	0.37	0.33	0.30	0.27	0.25	0.23	0.21
	C50	0.05	1.0	0.94	0.86	0.80	0.73	0.67	0.61	0.56	0.52	0.48	0.45	0.40	0.35	0.31	0.28	0.25	0.23	0.21	0.19	0.17
		0.10	1.0	0.94	0.87	0.81	0.75	0.70	0.64	0.60	0.55	0.51	0.48	0.43	0.38	0.33	0.30	0.27	0.24	0.22	0.20	0.19
		0.15	1.0	0.95	0.88	0.82	0.77	0.71	0.66	0.62	0.57	0.54	0.50	0.44	0.39	0.35	0.31	0.28	0.25	0.23	0.21	0.19
		0.20	1.0	0.95	0.89	0.83	0.78	0.73	0.68	0.63	0.59	0.55	0.51	0.46	0.40	0.36	0.32	0.29	0.26	0.24	0.22	0.20
Q345	C30	0.05	1.0	0.96	0.89	0.83	0.77	0.72	0.66	0.62	0.57	0.49	0.42	0.37	0.33	0.29	0.26	0.23	0.21	0.19	0.18	0.16
		0.10	1.0	0.97	0.91	0.86	0.80	0.75	0.70	0.64	0.61	0.52	0.45	0.40	0.35	0.31	0.28	0.25	0.23	0.21	0.19	0.17
		0.15	1.0	0.97	0.92	0.87	0.83	0.78	0.73	0.68	0.64	0.55	0.47	0.41	0.37	0.32	0.29	0.26	0.24	0.22	0.20	0.18
		0.20	1.0	0.98	0.93	0.89	0.84	0.80	0.75	0.70	0.66	0.56	0.49	0.43	0.38	0.33	0.30	0.27	0.24	0.22	0.20	0.19
	C40	0.05	1.0	0.94	0.87	0.80	0.73	0.67	0.62	0.57	0.52	0.45	0.39	0.34	0.30	0.27	0.24	0.21	0.20	0.18	0.16	0.15
		0.10	1.0	0.95	0.88	0.82	0.76	0.71	0.65	0.61	0.56	0.49	0.42	0.37	0.33	0.29	0.26	0.23	0.21	0.19	0.18	0.16
		0.15	1.0	0.95	0.89	0.84	0.78	0.73	0.68	0.63	0.58	0.51	0.44	0.38	0.40	0.30	0.27	0.24	0.22	0.20	0.18	0.17
		0.20	1.0	0.96	0.90	0.85	0.80	0.75	0.70	0.65	0.60	0.52	0.46	0.40	0.35	0.31	0.28	0.25	0.23	0.21	0.19	0.17

【例 8.5.1】 某一方钢管混凝土柱,柱高 4500mm,截面尺寸为 B=500mm,t=25mm,钢材牌号 Q345,混凝土强度等级 C50,承受设计轴力 $N=7914$kN,承受弯矩设计值 $M_x=316$kN·m,$M_y=304$kN·m。试验算柱子的承载力。

【解】 1. 基本参数

采用 Q345 钢材,且厚度 $t=25$mm,属于钢材中的第二组,则 $f=295$N/mm²;$f_y=325$N/mm²,混凝土为 C50,则 $f_c=23.1$N/mm²。

$$A_{sc} = 500^2 = 250000(\text{mm}^2)$$

$$A_c = (500-50)^2 = 202500(\text{mm}^2)$$

$$A_s = A_{sc} - A_c = 250000 - 202500 = 47500(\text{mm}^2)$$

$$\rho_s = A_s/A_c = 47500/202500 = 0.2346$$

$$\xi_0 = \alpha f_y/f_c = 0.2346 \times \frac{295}{23.1} = 2.996$$

$$B_1 = \frac{0.138f}{215} + 0.7646 = 0.138 \times \frac{295}{215} + 0.7646 = 0.954$$

$$C_1 = \frac{-0.0727f_c}{15} + 0.0216 = -0.0727 \times \frac{23.1}{15} + 0.0216 = -0.09$$

2. 轴心受压组合强度设计值

$$\begin{aligned}
f_{sc} &= k_1(1.212 + B_1\xi_0 + C_1\xi_0^2)f_c \\
&= 0.96 \times (1.212 + 0.954 \times 2.996 - 0.09 \times 2.996^2) \times 23.1 \\
&= 72.35(\text{N/mm}^2)
\end{aligned}$$

3. 求稳定系数 φ

$$\lambda = \frac{2\sqrt{3}}{B}l = \frac{2 \times 1.732}{500} \times 4500 = 31.18$$

根据公式

$$\xi = \frac{f_y A_s}{f_{ck} A_c} = \rho_s \frac{f_y}{f_{ck}} = 0.2346 \times \frac{325}{32.4} = 2.353$$

$$E_{scm} = 220\xi + 450 = 220 \times 2.353 + 450 = 967.66(\text{N/mm}^2)$$

$$B = \frac{0.138f_y}{235} + 0.765 = 0.138 \times \frac{325}{235} + 0.765 = 0.956$$

$$C = \frac{-0.0727f_{ck}}{20} + 0.0216 = -0.0727 \times \frac{32.4}{20} + 0.0216 = -0.096$$

则

$$\begin{aligned}
f_{scy} &= (1.212 + B\xi + C\xi^2)f_{ck} \\
&= (1.212 + 0.956 \times 2.353 - 0.096 \times 2.353^2) \times 32.4 \\
&= 94.93(\text{N/mm}^2)
\end{aligned}$$

$$\begin{aligned}
f_{scp} &= [0.263(f_y/235) + 0.365(20/f_{ck}) + 0.104]f_{scy} \\
&= \left[0.263 \times \frac{325}{235} + 0.365 \times \frac{20}{32.4} + 0.104\right] \times 94.93 \\
&= 65.60(\text{N/mm}^2)
\end{aligned}$$

$$\begin{aligned}
\varepsilon_{scp} &= 3.01 \times 10^{-6} f_y = 3.01 \times 10^{-6} \times 325 \\
&= 9.78 \times 10^{-4}(\text{N/mm}^2)
\end{aligned}$$

那么
$$E_{sc} = \frac{f_{scp}}{\varepsilon_{scp}} = \frac{65.60}{9.78 \times 10^{-4}} = 6.71 \times 10^4 (N/mm^2)$$

根据公式
$$\lambda_p = \pi \sqrt{E_{sc}/f_{scp}} = 3.14 \times \sqrt{\frac{6.71 \times 10^4}{65.60}} = 100.42$$

$$\lambda_0 = \pi \sqrt{E_{scm}/f_{scy}} = 3.14 \times \sqrt{\frac{967.66}{94.93}} = 10.02$$

由于 $\lambda_0 < \lambda < \lambda_p$，则按公式 $\varphi = a\lambda^2 + b\lambda + c$，求出 a、b、c 三个系数后计算；或由规程 GJB 4142—2000(2001) 中表5；或参见表8.5.1，可得稳定系数 $\varphi = 0.88$。

4. 计算并判别
$$\gamma_m = -0.2428\xi + 1.4103\sqrt{\xi}$$
$$= -0.2428 \times 2.353 + 1.4103\sqrt{2.353}$$
$$= 1.592$$

$$W_{sc} = \frac{1}{6}B^3 = \frac{1}{6} \times 500^3 = 20833333(mm^3)$$

$$M_0 = \gamma_m W_{sc} f_{sc}$$
$$= 1.592 \times 20833333 \times 72.35 = 2399608294(N/mm^2)$$

取 $N = 7914kN$，$M_x = 316kN \cdot m$，$M_y = 304kN \cdot m$ 进行验算。

$$\frac{N}{A_{sc}} = \frac{7914 \times 10^3}{250000} = 31.65(N/mm^2)$$

$$\varphi^3 k_f f_{sc} = \varphi^3 \times 0.402 \times (f_c/15)^{0.65} \times (215/f_y)^{0.38} \times (0.1/\rho_s)^{0.45} f_{sc} = 16.96(N/mm^2)$$

则
$$N/A_{sc} > \varphi^3 k_f f_{sc}$$

又由规程 GJB 4142—2000(2001) 中表3，可得组合轴压弹性模量 $E_{scm} = 67503N/mm^2$

$$N_E = \frac{\pi^2}{\lambda^2}E_{scm}A_{sc} = \frac{3.14 \times 67503 \times 250000}{31.18^2} = 165740240(N) = 165740(kN)$$

5. 验算结果
$$\frac{N}{\varphi f_{sc} A_{sc}} + \frac{\beta_m \sqrt[1.8]{M_x^{1.8} + M_y^{1.8}}(1 - k_f \varphi^2)}{(1 - 0.25N/N_E)\gamma_m W_{sc} f_{sc}} = 0.63 < 1$$

满足要求。

8.6 矩形钢管混凝土结构受压杆件承载力计算[7]

目前,矩形钢管混凝土应用也越来越多,它同圆钢管与方钢管混凝土构件相比,"紧箍效应"显然更低一些。受压承载力提高的幅度也比二者相对较小。这是由于在截面长边中点位置,钢管对混凝土的约束作用更小,该处的混凝土抗压强度提高不是很多。对于管壁较薄,并考虑到长期荷载作用下混凝土徐变对承载力的影响因素,一般情况下,不考虑承载力提高这部分。

但在公寓、旅馆、办公楼等高层建筑中,采用矩形柱,有利于建筑平面布置和房间使用。且具有较大的截面惯性矩,较大的结构抗侧刚度,相对简单等优点。

下面仅介绍《矩形钢管混凝土结构技术规程》(CECS 159：2004)对不同受力状态下矩形

钢管混凝土构件的承载力计算方法。

8.6.1 轴心受压构件

1. 矩形钢管混凝土轴心受压构件承载力应满足下式要求

$$N \leqslant \frac{1}{\gamma} N_u \tag{8.6.1}$$

$$N_u = f A_s + f_c A_c \tag{8.6.2}$$

式中 N ——轴心压力设计值;

N_u ——轴心受压时截面受压承载力设计值;

γ ——系数,无地震作用时,$\gamma = \gamma_0$。

当钢管截面有削弱时,其净截面承载力应满足下式要求:

$$N \leqslant \frac{1}{\gamma} N_{um} \tag{8.6.3}$$

$$N_{um} = f A_{sn} + f_c A_c \tag{8.6.4}$$

式中 N_{um} ——轴心受压时净截面受压承载力设计值;

A_{sm} ——钢管的净截面面积。

2. 矩形钢管混凝土轴心受压构件稳定承载力计算公式

$$N \leqslant \frac{1}{\gamma} \varphi N_u \tag{8.6.5}$$

当 $\lambda \leqslant 0.215$ 时, $\qquad \varphi = 1 - 0.65\lambda_0^2 \tag{8.6.6}$

当 $\lambda > 0.215$ 时,

$$\varphi = \frac{1}{2\lambda_0^2} \left[0.965 + 0.3\lambda_0 + \lambda_0^2 - \sqrt{(0.965 + 0.3\lambda_0 + \lambda_0^2)^2 - 4\lambda_0^2} \right] \tag{8.6.7}$$

式中 φ ——轴心受压构件稳定系数,可由表 8.6.1 查得;

λ_0 ——构件相对长细比;按下式计算:

$$\lambda_0 = \frac{\lambda}{\pi} \sqrt{\frac{f_y}{E_s}} \tag{8.6.8}$$

$$\lambda = \frac{l_0}{r_0} \tag{8.6.9}$$

$$r_0 = \sqrt{\frac{I_s + I_c E_c / E_s}{A_s + f_c A_c / f}} \tag{8.6.10}$$

式中 f_y ——钢材屈服强度;

E_s、E_c ——分别为钢管和混凝土的弹性模量;

λ ——矩形钢管混凝土轴心受压构件长细比;

l_0 ——轴心受压构件计算长度;

r_0 ——矩形钢管混凝土轴心受压构件截面当量回转半径。

表 8.6.1 矩形轴心受压构件的稳定系数 φ

$\lambda = \sqrt{f_y/235}$	0	1	2	3	4	5	6	7	8	9
0	1.000	1.000	1.000	0.999	0.999	0.998	0.997	0.996	0.995	0.994
10	0.992	0.991	0.989	0.987	0.985	0.983	0.981	0.978	0.976	0.973

$\lambda = \sqrt{f_y/235}$	0	1	2	3	4	5	6	7	8	9
20	0.970	0.967	0.963	0.960	0.957	0.953	0.950	0.946	0.943	0.939
30	0.936	0.932	0.929	0.925	0.922	0.918	0.914	0.910	0.906	0.903
40	0.899	0.895	0.891	0.887	0.882	0.878	0.874	0.870	0.865	0.861
50	0.856	0.852	0.847	0.842	0.830	0.833	0.828	0.823	0.818	0.813
60	0.807	0.802	0.797	0.791	0.786	0.780	0.774	0.769	0.763	0.757
70	0.751	0.745	0.739	0.732	0.726	0.720	0.714	0.707	0.701	0.694
80	0.688	0.681	0.675	0.668	0.661	0.655	0.648	0.641	0.635	0.628
90	0.621	0.614	0.608	0.601	0.549	0.588	0.581	0.575	0.568	0.561
100	0.555	0.549	0.542	0.536	0.529	0.523	0.517	0.511	0.505	0.499
110	0.493	0.478	0.481	0.475	0.470	0.464	0.458	0.453	0.447	0.442
120	0.437	0.432	0.426	0.421	0.416	0.411	0.406	0.402	0.397	0.392
130	0.387	0.383	0.378	0.374	0.370	0.365	0.361	0.357	0.353	0.349
140	0.345	0.341	0.337	0.333	0.339	0.326	0.322	0.318	0.315	0.311
150	0.308	0.304	0.301	0.298	0.295	0.291	0.288	0.285	0.282	0.279
160	0.276	0.273	0.270	0.267	0.265	0.262	0.259	0.256	0.254	0.251
170	0.249	0.246	0.244	0.241	0.239	0.236	0.234	0.232	0.229	0.227
180	0.225	0.223	0.220	0.218	0.216	0.214	0.212	0.210	0.208	0.206
190	0.204	0.202	0.200	0.198	0.197	0.195	0.193	0.191	0.190	0.188
200	0.186	0.184	0.183	0.181	0.180	0.178	0.176	0.175	0.173	0.172
210	0.170	0.169	0.167	0.166	0.165	0.163	0.162	0.160	0.159	0.158
220	0.156	0.155	0.154	0.153	0.151	0.150	0.149	0.148	0.146	0.145
230	0.144	0.143	0.142	0.141	0.140	0.138	0.137	0.136	0.135	0.134
240	0.133	0.132	0.131	0.130	0.129	0.128	0.127	0.126	0.125	0.124
250	0.123	—	—	—	—	—	—	—	—	—

3. 矩形钢管混凝土轴心受拉构件的承载力计算公式

$$N \leqslant \frac{1}{\gamma} A_{sn} f \tag{8.6.11}$$

式中　N——轴心拉力设计值；

　　　f——钢材抗拉强度设计值。

8.6.2　单向压弯构件

1. 单向压弯构件的受力分析

弯矩作用在一个主平面内的矩形钢管混凝土压弯构件的强度，可以根据极限状态理论进行分析。矩形钢管混凝土压弯构件在破坏时，有 4 条假定：

(1)钢管壁没有局部屈曲；

(2)钢管应力达到屈服点；

(3)受压区混凝土应力达到极限强度；

(4)受拉区混凝土退出工作。

极限状态下的截面应力分布如图 8.6.1 所示。

根据极限状态理论可以推导出钢管混凝土压弯构件的 $N\text{-}M$ 相关公式。该公式为二次函数，曲线呈抛物线型，为设计方便，将其简化为两段折线，如图 8.6.2 所示。

在简化 N-M 相关的折线中,折线的转折点是将 M_u 代入实际相关曲线中得到的。简化曲线为:

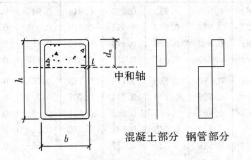

图 8.6.1　极限状态下的截面应力分布　　　图 8.6.2　N-M 相关曲线

当 $N/N_u < \alpha_c$ 时,　　　　　　　　 $M/M_u = 1$ 　　　　　　(8.6.12)

当 $N/N_u \geqslant \alpha_c$ 时,　　　　　 $\dfrac{M}{M_u} + (1-\alpha_c)\dfrac{M}{M_u} = 1$ 　　(8.6.13)

式中　α_c ——混凝土工作系数,按下式求得:

$$\alpha_c = \frac{f_c A_c}{f A_s + f_c A_c}$$ 　　　　(8.6.14)

式中　f、f_c ——钢管、混凝土的抗压强度设计值;

　　　A_s、A_c ——钢管、混凝土的截面面积。

α_c 应控制在 $0.1 \sim 0.7$ 之间。

公式中的 M_u 是只有弯矩作用时,截面受弯承载力设计值,可由塑性理论求得。在推导过程中略去了混凝土的抗拉强度,如图 8.6.1 所示,得到下式:

$$M_u = \left[0.5 A_s (h - 2t - d_n) + bt(t + d_n)\right] f$$ 　　(8.6.15)

$$d_n = \frac{A_s - 2bt}{(b - 2t)\dfrac{f_c}{f} + 4t}$$ 　　　　(8.6.16)

式中　h、b ——分别为矩形钢管截面垂直、平行于弯曲轴的边长;

　　　t ——钢管壁厚度;

　　　d_n ——管内混凝土受压区高度。

由于压弯构件的强度验算应采用净截面计算,因此,后面给出的承载力公式中就把 M_u 变成 M_{un},N_u 变成 N_{un},A_s 变成 A_{sn}。

2. 单向压弯构件的计算

(1)弯矩作用在一个主平面内的矩形钢管混凝土压弯构件,其承载力应满足下式要求:

$$\frac{N}{N_{un}} + (1-\alpha_c)\frac{M}{M_{un}} \leqslant \frac{1}{\gamma} \quad 且 \frac{M}{M_{un}} \leqslant \frac{1}{\gamma}$$ 　　(8.6.17)

$$M_{un} = \left[0.5 A_{sn} (h - 2t - d_n) + bt(t + d_n)\right] f$$ 　　(8.6.18)

$$d_n = \frac{A_s - 2bt}{(b - 2t)\dfrac{f_c}{f} + 4t}$$ 　　　　(8.6.19)

式中　N、M ——轴心压力及弯矩设计值;

　　　M_{un} ——只有弯矩作用时净截面的受弯承载力设计值;

204

　　　　　f ——钢材抗弯强度设计值。

　　其他符号意义同前。

　　（2）用在一个主平面内（绕 x 轴）和矩形钢管混凝土压弯构件，其弯矩作用平面内的稳定性应满足下式要求：

$$\frac{N}{\varphi_x N_u} + (1-\alpha_c)\frac{\beta M_x}{\left(1-0.8\dfrac{N}{N'_{Ex}}\right)M_{ux}} \leqslant \frac{1}{r} \quad \text{且} \frac{\beta M_x}{\left(1-0.8\dfrac{N}{N'_{Ex}}\right)M_{ux}} \leqslant \frac{1}{r} \quad (8.6.20)$$

$$M_{ux} = \left[0.5A_s(h-2t-d_n)+bt(t+d_n)\right]f \quad (8.6.21)$$

$$N'_{Ex} = \frac{N_{Ex}}{1.1} \quad (8.6.22)$$

$$N_{Ex} = \frac{\pi^2 E_s}{\lambda_x^2 f}N_u \quad (8.6.23)$$

同时，弯矩作用平面外的稳定性还应同时满足下式要求：

$$\frac{N}{\varphi_y N_u} + \frac{\beta M_x}{1.4 M_{ux}} \leqslant \frac{1}{\gamma} \quad (8.6.24)$$

式中　　φ_x、φ_y ——分别为弯矩作用平面内、弯矩作用平面外的轴心受压稳定系数，按式
　　　　　　　　（8.6.6）或（8.6.7）计算或查表8.6.1；

　　　　　E_s ——钢材的弹性模量；

　　　　　N_{Ex} ——欧拉临界力；

　　　　　M_{ux} ——只有弯矩 M_x 作用时截面的受弯承载力设计值；

　　　　　β ——等效弯矩系数。

　　对于等效弯矩系数应根据稳定性的计算方向按下列规定采用：

　　①在计算方向内有侧移框架柱和悬臂构件：$\beta = 1.0$；

　　②在计算方向内无侧移框架柱和两端支承的构件：

　　A. 无横向荷载作用时，$\beta = 0.65 + 0.35\dfrac{M_2}{M_1}$，$M_1$ 和 M_2 为端弯矩，使构件产生相同曲率时取同号；使构件产生反向曲率时取异号，$|M_1| \geqslant |M_2|$；

　　B. 有端弯矩和横向荷载作用时，使构件产生同向曲率时，$\beta = 1.0$；使构件产生反向曲率时，$\beta = 0.85$；

　　C. 无端弯矩但有横向荷载作用时，$\beta = 1.0$。

8.6.3　单向拉弯构件计算

　　当弯矩作用在一个主平面内的矩形钢管混凝土拉弯构件，其承载力应满足下式要求：

$$\frac{N}{fA_{sn}} + \frac{M}{M_{un}} \leqslant \frac{1}{\gamma} \quad (8.6.25)$$

8.6.4　纯弯构件计算

　　矩形钢管混凝土仅在单轴方向承受弯矩 M 作用时，其承载力满足下式要求：

$$\frac{M}{M_{un}} \leqslant \frac{1}{\gamma} \quad (8.6.26)$$

8.6.5 双向压弯构件

1. 弯矩作用在两个主平面的双轴矩形钢管混凝土构件，其承载力应满足下式要求：

$$\frac{N}{N_{un}} + (1 - \alpha_c)\frac{M_x}{M_{unx}} + (1 - \alpha_c)\frac{M_y}{M_{uny}} \leqslant \frac{1}{\gamma} \text{ 且} \frac{M_x}{M_{unx}} + \frac{M_y}{M_{uny}} \leqslant \frac{1}{\gamma} \qquad (8.6.27)$$

式中　M_x、M_y——分别为绕 x、y 轴作用的弯矩设计值；

　　M_{unx}、M_{uny}——分别为绕 x、y 轴净截面受弯承载力设计值，按式(8.6.18)计算。

2. 双轴压弯矩形钢管混凝土构件稳定性，按下列规定验算：

(1)绕主轴 x 轴的稳定性，应满足下式要求：

$$\frac{N}{\varphi_x N_u} + (1 - \alpha_c)\frac{\beta_x M_x}{\left(1 - 0.8\frac{N}{N'_{Ex}}\right)M_{ux}} + \frac{\beta_y M_y}{1.4 M_{uy}} \leqslant \frac{1}{\gamma} \qquad (8.6.28)$$

且同时应满足下式要求：

$$\frac{\beta_x M_x}{\left(1 - 0.8\frac{N}{N'_{Ex}}\right)M_{ux}} + \frac{\beta_y M_y}{1.4 M_{uy}} \leqslant \frac{1}{\gamma} \qquad (8.6.29)$$

(2)绕主轴 y 轴的稳定性，应满足下式要求：

$$\frac{N}{\varphi_y N_u} + (1 - \alpha_c)\frac{\beta_y M_y}{\left(1 - 0.8\frac{N}{N'_{Ey}}\right)M_{uy}} + \frac{\beta_x M_x}{1.4 M_{ux}} \leqslant \frac{1}{\gamma} \qquad (8.6.30)$$

且同时应满足下式要求：

$$\frac{\beta_y M_y}{\left(1 - 0.8\frac{N}{N'_{Ey}}\right)M_{uy}} + \frac{\beta_x M_x}{1.4 M_{ux}} \leqslant \frac{1}{\gamma} \qquad (8.6.31)$$

式中　φ_x、φ_y——分别为绕主轴 x 轴、绕主轴 y 轴的轴心受压稳定系数，按式(8.6.7)计算，或查表8.6.1；

　　β_x、β_y——分别为计算稳定方向对 M_x、M_y 的弯矩等效系数；

　　M_{ux}、M_{uy}——分别为绕 x、y 轴的受弯承载力设计值，按式(8.6.21)计算。

8.6.6 双向拉弯构件

弯矩作用在两个主平面内的双轴抗弯矩形钢管混凝土构件，其承载力应满足下式要求：

$$\frac{N}{f A_{sn}} + \frac{M_x}{M_{unx}} + \frac{M_y}{M_{uny}} \leqslant \frac{1}{\gamma} \qquad (8.6.32)$$

8.6.7 矩形钢管混凝土柱的剪力计算

矩形钢管混凝土柱的剪力可假定由钢管管壁承受，其剪切强度应同时满足下式要求：

$$V_x \leqslant 2t(b - 2t)f_v \qquad (8.6.33)$$
$$V_y \leqslant 2t(h - 2t)f_v \qquad (8.6.34)$$

式中　V_x、V_y——矩形钢管混凝土柱沿主轴 x 轴、主轴 y 轴的最大剪力设计值；

　　b——矩形钢管沿主轴 x 轴方向的边长；

　　h——矩形钢管沿主轴 y 轴方向的边长；

f_v——钢材的抗剪强度设计值。

【例 8.6.1】 某一矩形钢管混凝土柱,柱高 4500mm,截面尺寸为 $b \times h = 500\text{mm} \times 600\text{mm}$,$t = 25\text{mm}$,钢材牌号 Q345,混凝土强度等级 C50,承受轴向力设计值 $N = 18000\text{kN}$,试验算柱子的承载力。

【解】 1. 基本参数

采用 Q345 钢材,且厚度 $t = 25\text{mm}$,属于钢材中的第二组,则 $f = 295\text{N}/\text{mm}^2$,$f_y = 325\text{N}/\text{mm}^2$,$E_s = 206 \times 10^3 \text{N}/\text{mm}^2$;混凝土为 C50,则 $f_c = 23.1\text{N}/\text{mm}^2$,$E_c = 3.45 \times 10^4 \text{N}/\text{mm}^2$

$A_c = (b - 2t)(h - 2t) = (500 - 2 \times 25)(600 - 2 \times 25) = 450 \times 550 = 247500(\text{mm}^2)$

$A_s = b \times h - A_c = 500 \times 600 - 247500 = 52500(\text{mm}^2)$

第一组
$$\begin{cases} I_c = \dfrac{1}{12}(b - 2t)(h - 2t)^3 = \dfrac{1}{12} \times 450 \times 550^3 = 623906 \times 10^4 (\text{mm}^4) \\[2mm] I_s = \dfrac{1}{12}bh^3 - I_c = \dfrac{1}{12} \times 500 \times 600^3 - I_c = 900000 \times 10^4 - 623906 \times 10^4 \\[2mm] \qquad = 276094 \times 10^4 (\text{mm}^4) \end{cases}$$

第二组
$$\begin{cases} I_c = \dfrac{1}{12}(h - 2t)(b - 2t)^3 = \dfrac{1}{12} \times 550 \times 450^3 = 417656.25 \times 10^4 (\text{mm}^4) \\[2mm] I_s = \dfrac{1}{12}hb^3 - I_c = \dfrac{1}{12} \times 600 \times 500^3 - I_c = 625000 \times 10^4 - 417656.25 \times 10^4 \\[2mm] \qquad = 207343.75 \times 10^4 (\text{mm}^4) \end{cases}$$

(I_s,I_c 数据用第二组)

2. 用两种方法求稳定系数 φ

(1)公式法

由式(8.6.10)得
$$r_0 = \sqrt{\frac{I_s + I_c E_c / E_s}{A_s + f_c A_c / f}}$$

$$= \sqrt{\frac{207343.75 \times 10^4 + 417656.25 \times 10^4 \times 3.45 \times 10^4 / (206 \times 10^3)}{52500 + 247500 \times 23.1 / 295}}$$

$$= \sqrt{\frac{207343.75 \times 10^4 + 69947.3 \times 10^4}{7.188 \times 10^4}}$$

$$= \sqrt{35189.13}$$

$$= 187.59(\text{mm})$$

由式(8.6.9)
$$\lambda = \frac{l_0}{r_0} = \frac{4500}{187.59} = 23.99 \approx 24$$

由式(8.6.8)
$$\lambda_0 = \frac{\lambda}{\pi}\sqrt{\frac{f_y}{E_s}}$$

$$= \frac{24}{3.14} \times \sqrt{\frac{345}{206 \times 10^3}}$$

$$= \frac{24}{3.14} \times \sqrt{0.00167}$$

$$= 0.3123$$

由于 $\qquad\qquad\qquad \lambda_0 = 0.3123 > 0.215$

所以由式(8.6.7)

$$\varphi = \frac{1}{2\lambda_0^2}\left[0.965 + 0.3\lambda_0 + \lambda_0^2 - \sqrt{(0.965 + 0.3\lambda_0 + \lambda_0^2)^2 - 4\lambda_0^2}\right]$$

$$= \frac{1}{2 \times 0.3123^2}\left[0.965 + 0.3 \times 0.3123 + 0.3123^2 - \sqrt{(0.965 + 0.3 \times 0.3123 + 0.3123^2)^2 - 4 \times 0.3123^2}\right]$$

$$= \frac{1}{0.1951}\left[1.1562 - \sqrt{1.1562^2 - 4 \times 0.3123^2}\right]$$

$$= \frac{1}{0.1951}\left[1.1562 - 0.9730\right]$$

$$= 0.9391$$

(2)查表法

由 λ 值和 $\sqrt{f_y/235}$

由 $\lambda = 24$ ，$\sqrt{f_y/235} = \sqrt{345/235} = 1.212$

查表 8.6.1，得 $\varphi = 0.940$

(3)两种方法求的 φ 值一样。

3. 验算强度

由式(8.6.2) $\qquad\qquad N_u = fA_s + f_cA_c$

$$= 295 \times 52500 + 23.1 \times 247500$$

$$= 15487500 + 5717250$$

$$= 21204750(\text{N})$$

$$= 21204.75(\text{kN}) > N = 18000(\text{kN})$$

所以强度安全。

4. 稳定验算

$$N \leqslant \frac{1}{\gamma}\varphi N_u$$

由式(8.6.5)

$$= \frac{1}{1.0} \times 0.94 \times 21204.75$$

$$= 19932.47(\text{kN})$$

故稳定足够。

【例 8.6.2】 题同[例 8.6.1]的条件一样,仅在长边方向有一弯矩作用,且 $M_x = 90\text{kN} \cdot \text{m}$,试验算此柱是否安全。

【解】 1. 基本参数

同[例 8.6.1]一样。

2. 求稳定系数 φ

由于有弯矩作用,弯矩平面内稳定系数为 φ_x,弯矩平面外稳定系数 φ_y

由式(8.6.10) $\qquad r_0 = \sqrt{\dfrac{I_s + I_cE_c/E_s}{A_s + f_cA_c/f}}$ （I_s，I_c 数据用第一组）

$$r_{0x} = \sqrt{\frac{276094 \times 10^4 + 623906 \times 10^4 \times 3.45 \times 10^4/206 \times 10^3}{52500 + 247500 \times 23.1/295}}$$

208

$$= \sqrt{\frac{276094 \times 10^4 + 104489 \times 10^4}{7.188 \times 10^4}}$$

$$= \sqrt{52859} = 230$$

由式(8.6.9) $\quad \lambda_{0x} = \dfrac{l_{0x}}{r_{0x}} = \dfrac{4500}{230} = 19.57 \approx 20$

由 $\lambda_{0x} = 20$ 与 $\sqrt{f_y / 235} = \sqrt{345/235} = 1.212$

查表 8.6.1 得 $\varphi_{0x} = 0.966$

而 $\quad \varphi_{0y} = 0.940 \quad$ (利用[例 8.6.1]结果)

3. 承载力验算

由式(8.6.19) $\qquad d_n = \dfrac{A_s - 2bt}{(b - 2t)\dfrac{f_c}{f} + 4t}$

$$= \frac{52500 - 2 \times 500 \times 25}{(500 - 2 \times 25) \times \dfrac{23.1}{295} + 4 \times 25}$$

$$= 203.35$$

$$\approx 203$$

由式(8.6.14) $\qquad \alpha_c = \dfrac{f_c A_c}{f A_s + f_c A_c}$

$$= \frac{23.1 \times 247500}{295 \times 52500 + 23.1 \times 247500}$$

$$= 0.787$$

由式(8.6.15) $\quad M_u = [0.5 A_{sn}(h - 2t - d_n) + bt(t + d_n)]f$

$$= [0.5 \times 52500(600 - 2 \times 25 - 203) + 500 \times 25(25 + 203)] \times 295$$

$$= (9108750 + 2850000) \times 295$$

$$= 3527831250(\text{N} \cdot \text{mm})$$

$$= 3527.83(\text{kN} \cdot \text{m})$$

由式(8.6.17) $\dfrac{N}{N_{un}} + (1 - \alpha_c)\dfrac{M}{M_{un}} \leqslant \dfrac{1}{\gamma} \quad$ 且 $\dfrac{M}{M_{un}} \leqslant \dfrac{1}{\gamma}$

即 $\quad \dfrac{18000}{21204.75} + (1 - 0.787) \times \dfrac{90}{3527.83} = 0.8489 + 0.0054 = 0.854 < \dfrac{1}{\gamma} = 1$

同时 $\dfrac{M}{M_{un}} = \dfrac{90}{3527.83} = 0.026 < \dfrac{1}{\gamma}$

故承载力满足要求。

4. 稳定验算

(1)弯矩平面内验算:

由式(8.6.23) $\qquad N_{Ex} = \dfrac{\pi^2 E_s}{\lambda_x^2 f} N_u$

$$= 21204.75 \times \frac{3.14^2 \times 206 \times 10^3}{20^2 \times 295}$$

$$= 364987.2(\text{kN})$$

由式(8.6.22)
$$N'_{Ex} = \frac{N_{Ex}}{1.1}$$
$$= 331806.5(\text{kN})$$

此时
$$M_{ux} = M_{un} = 3527.83(\text{kN} \cdot \text{m})$$

由式(8.6.20)
$$\frac{N}{\varphi_x N_u} + (1 - \alpha_c)\frac{\beta M_x}{\left(1 - 0.8\frac{N}{N'_{Ex}}\right)M_{ux}} \leqslant \frac{1}{r}$$

$$\frac{18000}{0.966 \times 21204.75} + (1 - 0.787) \times \frac{1 \times 90}{\left(1 - 0.8 \times \frac{18000}{331806.5}\right) \times 3527.83}$$

$$= 0.8787 + 0.0057$$

$$= 0.8844 < \frac{1}{\gamma} = 1$$

并且还要满足式(8.6.20)
$$\frac{\beta M_x}{\left(1 - 0.8\frac{N}{N'_{Ex}}\right)M_{ux}} \leqslant \frac{1}{r}$$

即
$$\frac{1 \times 90}{\left(1 - 0.8 \times \frac{18000}{331806.5}\right) \times 3527.83} = 0.027 < \frac{1}{\gamma} = 1 \quad \text{满足要求。}$$

(2)弯矩平面外验算:

由式(8.6.24)
$$\frac{N}{\varphi_y N_u} + \frac{\beta M_x}{1.4 M_{ux}} \leqslant \frac{1}{\gamma}$$

$$\frac{18000}{0.940 \times 21204.75} + \frac{1 \times 90}{1.4 \times 3527.83}$$

$$= 0.903 + 0.018$$

$$= 0.921 < \frac{1}{\gamma} = 1 \qquad\qquad \text{满足要求。}$$

此题中的等效弯矩系数 β 均取为 1。

由于承载力和稳定均满足要求,故此柱安全。

【例 8.6.3】 同题目[例 8.6.2]的条件一样,但沿柱中 x 轴和 y 轴的设计剪力值 $V_x = 2680\text{kN}$, $V_y = 3000\text{kN}$。试验算此柱能否承受这样大的剪力。

【解】 由于采用的钢材为 Q345,且厚度 $t = 25\text{mm}$,即抗剪强度 $f_v = 170\text{N/mm}^2$ 且 $b \times h = 500\text{mm} \times 600\text{mm}$。

由式(8.6.33)、式(8.6.34)
$$V_x \leqslant 2t(b - 2t)f_v$$
$$V_y \leqslant 2t(h - 2t)f_v$$

即
$$2t(b - 2t)f_v = 2 \times 25(500 - 2 \times 25) \times 170 = 3825000(\text{N})$$
$$= 3825(\text{kN}) > 2680(\text{kN})$$

故满足要求。

$$2t(h - 2t)f_v = 2 \times 25(600 - 2 \times 25) \times 170$$
$$= 4675000(\text{N}) > V_y = 3000(\text{kN})$$

故满足要求。

根据计算结果,此柱能承受这么大的剪力。

8.7 格构式钢管混凝土柱的承载力计算[6]

对于轴心受压构件长度较大或荷载偏心较大的压弯构件中,为了能充分发挥钢管混凝土抗压性能好的特点以及节约材料,应采用格构式截面,把弯矩转化为轴向力。目前,在工业建筑的主厂房的框架或排架柱宜采用格构式。常用的格构式截面,有双肢柱、三肢柱和四肢柱等。

格构式钢管混凝土柱由柱肢和缀材组成,穿过柱肢的轴称为实轴,穿过缀材平面的轴称为虚轴,柱肢用缀材连接,缀材分缀板和缀条,又称平腹杆和斜腹杆。缀材采用空钢管,采用平腹杆体系时,平腹杆应与柱肢刚接并组成多层框架体系,各杆的零弯矩都在构件中点。采用斜腹杆时,认为腹杆与柱肢铰接,组成桁架体系。

下面介绍《钢管混凝土结构设计与施工规程》(CECS 28:90)对不同受力状态下格构式柱承载力的计算方法。

8.7.1 格构式柱的承载力计算

由双肢或多肢钢管混凝土柱肢组成的格构式柱如图 8.7.1 所示,应分别对单肢承载力和整体承载力两种情况进行计算。

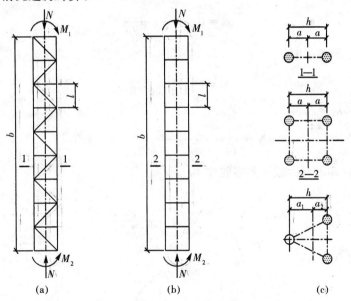

图 8.7.1 格构式柱

(a)等截面双肢柱;(b)等截面四肢柱;(c)三肢柱

1. 格构柱的单肢承载力计算

首先应按桁架确定其单肢轴向力,然后按压肢和拉肢分别进行承载力计算。

(1)压肢的承载力按第 8.4 节的方法计算,其长度在桁架平面内取格构式节间长度 l,如图 8.7.1 所示,在垂直于桁架平面方向则取侧向支撑点的间距。

(2)拉肢的承载力应按钢结构拉杆计算,不考虑混凝土的抗拉强度。

2. 格构柱的整体承载力计算

(1)格构柱整体承载力应满足下列要求：

$$N \leqslant N_u^*$$ (8.7.1)

式中 N_u^* ——格构柱的整体承载力设计值；

$$N_u^* = \varphi_i^* \varphi_e^* N_0^*$$ (8.7.2)

$$N_0^* = \sum_1^i N_{0i}$$ (8.7.3)

式中 N_{0i} ——格构柱各单肢柱的轴心受压短柱承载力设计值，按式(8.4.15)确定；

φ_i^* ——考虑长细比影响的整体承载力折减系数；

φ_e^* ——考虑偏心率影响的整体承载力折减系数。

在任何情况下都应满足下列条件：

$$\varphi_i^* \varphi_e^* \leqslant \varphi_0^*$$ (8.7.4)

式中 φ_0^* ——按轴心受压柱考虑的 φ_i^* 值。

(2) φ_e^* 的计算

格构柱考虑偏心率影响的整体承载力折减系数，应按下述情况考虑：

①对于对称截面的双肢柱和四肢柱

ε_b 按下式计算：

$$\varepsilon_b = 0.5 + \frac{\theta_t}{1 + \sqrt{\theta_t}}$$ (8.7.5)

当偏心率 $e_0/h \leqslant \varepsilon_b$ 时

$$\varphi_e^* = \frac{1}{1 + 2 e_0/h}$$ (8.7.6)

当偏心率 $e_0/h > \varepsilon_b$ 时

$$\varphi_e^* = \frac{\theta_t}{(1 + \sqrt{\theta_t} + \theta_t)(2e_0/h - 1)}$$ (8.7.7)

②对于三肢柱和不对称截面的多肢柱

ε_b 按下式计算：

$$\varepsilon_b = \frac{2N_0^t}{N_0^*}\left(0.5 + \frac{\theta_t}{\sqrt{\theta_t}}\right)$$ (8.7.8)

当偏心率 $e_0/h \leqslant \varepsilon_b$ 时

$$\varphi_e^* = \frac{1}{1 + e_0/a_t}$$ (8.7.9)

当偏心率 $e_0/h > \varepsilon_b$ 时

$$\varphi_e^* = \frac{\theta_t}{(1 + \sqrt{\theta_t} + \theta_t)(e_0/a_c - 1)}$$ (8.7.10)

式中 ε_b ——界限偏心率；

e_0 ——柱较大弯矩端的轴向压力对格构柱压强重心轴的偏心距，$e_0 = M_2/N$；M_2 为柱两端弯矩中的较大者；

h ——在弯矩作用平面内的柱肢垂心之间的距离；

a_t、a_c ——弯矩单独作用下的受拉区柱肢的重心、受压区柱肢重心至格构柱压强重心轴的距离,如图8.7.2所示。$a_t = hN_0^c / N_0^*$，$a_c = hN_0^t / N_0^*$，其中 N_0^c 为受压区各柱肢短柱轴心受压承载力设计值的总和，N_0^t 为受拉区各柱肢短柱轴心受压承载力设计值之总和，$N_0^* = N_0^c + N_0^t$；

θ_t ——受拉区柱肢的套箍指数，按式 $\theta_t = \dfrac{fA_s}{f_c A_c}$ 计算。

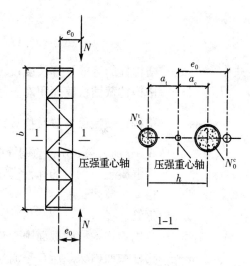

图8.7.2 格构柱计算简图

（3）计算

格构柱考虑长细比影响的整体承载力折减系数 φ_l^* 应按下式计算：

$$\varphi_l^* = 1 - 0.0575\sqrt{\lambda^* - 16} \quad (8.7.11)$$

当 $\lambda^* \leqslant 16$ 时，取 $\varphi_l^* = 1$ $\quad (8.7.12)$

格构柱的换算长细比 λ^* 应按下列情况考虑：

①双肢格构柱（图8.7.3a）

当缀件为缀板时，

$$\lambda_y^* = \sqrt{\left(l_e^* \middle/ \sqrt{\dfrac{I_y}{A_0}}\right)^2 + 16\left(\dfrac{l}{d}\right)^2} \quad (8.7.13)$$

当缀件为缀条时，

$$\lambda_y^* = \sqrt{\left(l_e^* \middle/ \sqrt{\dfrac{I_y}{A_0}}\right)^2 + 27A_0 / A_{1y}} \quad (8.7.14)$$

②四肢格构柱（图8.7.3b）

当缀件为缀板时，

$$\lambda_x^* = \sqrt{\left(l_e^* \middle/ \sqrt{\dfrac{I_x}{A_0}}\right)^2 + 16\left(\dfrac{l}{d}\right)^2} \quad (8.7.15)$$

$$\lambda_y^* = \sqrt{\left(l_e^* \middle/ \sqrt{\dfrac{I_y}{A_0}}\right)^2 + 16\left(\dfrac{l}{d}\right)^2} \quad (8.7.16)$$

当缀件为缀条时，

$$\lambda_x^* = \sqrt{\left(l_e^* \middle/ \sqrt{\dfrac{I_x}{A_0}}\right)^2 + 40A_0 / A_{1x}} \quad (8.7.17)$$

$$\lambda_y^* = \sqrt{\left(l_e^* \middle/ \sqrt{\dfrac{I_y}{A_0}}\right)^2 + 40A_0 / A_{1y}} \quad (8.7.18)$$

③缀件为缀条的三肢格柱（图8.7.3c）

$$\lambda_x^* = \sqrt{\left(l_e^* \middle/ \sqrt{\dfrac{I_x}{A_0}}\right)^2 + \dfrac{42A_0}{A_1(1.5 - \cos^2\alpha)}} \quad (8.7.19)$$

$$\lambda_y^* = \sqrt{\left(l_e^* \Big/ \sqrt{\dfrac{I_y}{A_0}}\right)^2 + \dfrac{42A_0}{A_1\cos^2\alpha}} \qquad (8.7.20)$$

式中　l_e^*——格构柱的等效计算长度；

I_x、I_y——格构柱截面换算面积对 x 轴、y 轴的惯性矩；

A_0——格构柱横截面各分肢换算截面面积之和，$A_0 = \sum\limits_{1}^{i} A_{si} + \dfrac{E_c}{E_s}\sum\limits_{1}^{i} A_{ci}$ ，其中 A_{si} ，

　　　　A_{ci} 分别为第 i 分肢的钢管横截面面积和钢管内混凝土截面面积，E_c 和 E_s 分别为混凝土与钢材的弹性模量；

l——格构柱节间长度；

d——钢管外径；

A_{1x}、A_{1y}——分别为格构柱横截面中垂直于 x 轴、y 轴的各斜缀条毛截面面积之和；

α——构件截面内缀条所在平面与 x 轴夹角，应在 $40°\sim70°$ 范围内。

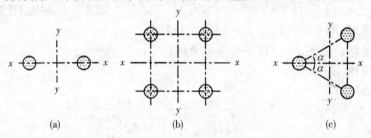

图 8.7.3　格构柱截面

(a)双肢格构柱；(b)四肢格构柱；(c)三肢格构柱

（4）l_e^* 的计算

①对于两支承点之间无横向力作用的格构式框架柱和构件，其等效计算长度应按下式计算：

$$l_e^* = kl_0^* \qquad (8.7.21)$$

$$l_0^* = \mu l^* \qquad (8.7.22)$$

式中　l_0^*——格构式柱或构件的计算长度；

l^*——格构柱或构件长度；

k——等效长度系数；

μ——框架柱的计算长度系数；

　　　　对无侧移框架柱按表 8.2.5 所确定，

　　　　对无侧移框架柱按表 8.2.6 所确定。

等效长度系数 k 应按下列规定计算（图 8.7.4）

对于轴心受压柱和杆件，　　　　　　$k = 1$ 　　　　　　　　　　　　　　(8.7.23)

对于无侧移框架柱，　　　$k = 0.5 + 0.3\beta + 0.2\beta^2$ 　　　　　　　　　(8.7.24)

对于有侧移框架柱，

当 $e_0/h \geqslant 0.5\varepsilon_b$ 时，　　　　　$k = 0.5$ 　　　　　　　　　　　　(8.7.25)

当 $e_0/h < 0.5\varepsilon_b$ 时　　　　　$k = 1 - (e_0/h)/\varepsilon_b$ 　　　　　　　　(8.7.26)

式中　β——柱两端弯矩设计值之较小者与较大者的比值；

$\beta = M_1/M_2$，$|M_1| \leqslant |M_2|$ ，单曲压弯者为正值，双曲压弯者为负值。

214

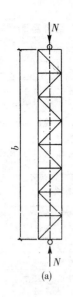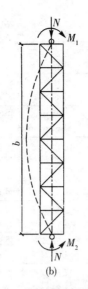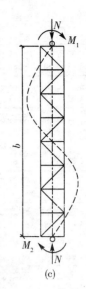

(a)　　　　　(b)　　　　　(c)

图 8.7.4　格构式无侧移框架柱

(a) 无压弯；(b)单曲压弯；(c)双曲压弯

②格构式悬臂柱的等效计算长度应按下式确定（图 8.7.5）

$$l_e^* = kH^* \qquad (8.7.27)$$

式中　H^*——格构式悬臂柱的长度；

　　　k——等效长度系数。

格构式悬臂柱的等效长度系数应按下列规定计算，并取其中较大者：

当嵌固端的偏心率 $e_0/h \geqslant 0.5\varepsilon_b$ 时，

$$k = 1 \qquad (8.7.28)$$

当嵌固端的偏心率 $e_0/h < \varepsilon_b$ 时，

$$k = 2 - 2(e_0/h)/\varepsilon_b \qquad (8.7.29)$$

当悬臂柱的自由端有力矩 M_1 作用时，

$$k = 1 + \beta \qquad (8.7.30)$$

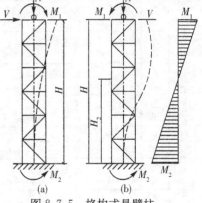

(a)　　　(b)

图 8.7.5　格构式悬臂柱

式中　β——悬臂柱自由端的力矩设计值 M_1 与嵌固端弯矩设计值 M_2 的比值，$\beta = M_1/M_2$，当 β 为负值（双曲压弯）时，则反弯点所分割的高度按 H_2 的子悬臂柱计算；

　　　ε_b——界限偏心率。

③单层厂房框架下端刚性固定的阶形格构柱，各阶柱段在框架平面内的等效计算长度应按下式计算：

$$l_{ei}^* = \mu_i H_i \qquad (8.7.31)$$

式中　H_i——相应各阶柱段的长度；

　　　μ_i——相应各阶柱段的计算长度系数。

计算长度系数 μ_i 应按下列规定采用：

A. 对于单阶柱

下段柱的计算长度系数 μ_2，当柱上端与横梁铰接时，按表 8.7.1 取用（柱上端为自由的单阶柱）并乘以表 8.7.5 的折减系数；当柱上端与横梁刚接时，按上端可移动但不能转动的单阶柱，

表 8.7.1 柱上端为自由的单阶柱下端的计算长度系数 μ

简图、公式：

$$k_1 = \frac{I_1}{I_2} \cdot \frac{H_2}{H_1}$$

$$\eta_1 = \frac{H_1}{H_2} \sqrt{\frac{N_1}{N_2} \cdot \frac{I_2}{I_1}}$$

N_1——上段柱的轴心力
N_2——下段柱的轴心力

（简图：上段柱惯性矩 I_1、高度 H_1；下段柱惯性矩 I_2、高度 H_2，柱下端固定）

$\eta_1 \backslash k_1$	0.06	0.07	0.08	0.09	0.10	0.12	0.14	0.16	0.18	0.20	0.22	0.24	0.26	0.28	0.30	0.32	0.34	0.36	0.38	0.40
0.20	2.00	2.01	2.01	2.01	2.01	2.01	2.01	2.01	2.01	2.02	2.02	2.02	2.02	2.02	2.02	2.03	2.03	2.03	2.03	2.03
0.25	2.01	2.01	2.01	2.01	2.01	2.02	2.02	2.02	2.02	2.03	2.03	2.03	2.03	2.04	2.04	2.04	2.04	2.05	2.05	2.05
0.30	2.01	2.01	2.02	2.02	2.02	2.02	2.03	2.03	2.03	2.04	2.04	2.05	2.05	2.05	2.06	2.06	2.07	2.07	2.07	2.08
0.35	2.02	2.02	2.02	2.02	2.03	2.03	2.04	2.04	2.05	2.05	2.06	2.07	2.07	2.08	2.08	2.09	2.09	2.10	2.10	2.11
0.40	2.03	2.03	2.03	2.03	2.03	2.04	2.05	2.06	2.07	2.07	2.08	2.09	2.09	2.10	2.11	2.12	2.12	2.13	2.14	2.14
0.45	2.03	2.03	2.04	2.04	2.05	2.06	2.07	2.08	2.09	2.10	2.11	2.11	2.12	2.13	2.14	2.15	2.16	2.17	2.18	2.19
0.50	2.04	2.04	2.05	2.06	2.06	2.07	2.09	2.10	2.11	2.12	2.13	2.15	2.16	2.17	2.18	2.19	2.20	2.22	2.23	2.24
0.55	2.05	2.06	2.06	2.07	2.08	2.10	2.11	2.13	2.14	2.16	2.17	2.18	2.20	2.21	2.23	2.24	2.26	2.27	2.28	2.30
0.60	2.06	2.07	2.08	2.09	2.10	2.12	2.14	2.16	2.18	2.19	2.21	2.23	2.25	2.26	2.28	2.30	2.31	2.33	2.35	2.36
0.65	2.08	2.09	2.10	2.11	2.13	2.15	2.17	2.19	2.22	2.24	2.26	2.28	2.30	2.32	2.34	2.36	2.38	2.40	2.42	2.44
0.70	2.10	2.11	2.13	2.14	2.16	2.18	2.21	2.24	2.26	2.29	2.31	2.34	2.36	2.38	2.41	2.43	2.45	2.47	2.50	2.52
0.75	2.12	2.14	2.16	2.18	2.19	2.23	2.26	2.29	2.32	2.35	2.37	2.40	2.43	2.46	2.48	2.51	2.53	2.56	2.58	2.60
0.80	2.15	2.17	2.20	2.22	2.24	2.27	2.31	2.34	2.38	2.41	2.44	2.47	2.50	2.53	2.56	2.59	2.62	2.64	2.67	2.70
0.85	2.19	2.22	2.24	2.26	2.29	2.33	2.37	2.41	2.45	2.48	2.52	2.55	2.58	2.62	2.65	2.68	2.71	2.74	2.77	2.80
0.90	2.24	2.27	2.29	2.32	2.35	2.39	2.44	2.48	2.52	2.56	2.60	2.63	2.67	2.71	2.74	2.77	2.81	2.84	2.87	2.90
0.95	2.30	2.33	2.36	2.38	2.41	2.46	2.51	2.56	2.60	2.64	2.68	2.72	2.76	2.80	2.84	2.87	2.91	2.94	2.98	3.01
1.00	2.36	2.39	2.43	2.46	2.48	2.54	2.59	2.64	2.69	2.73	2.77	2.82	2.86	2.90	2.94	2.97	3.01	3.05	3.08	3.12
1.1	2.51	2.55	2.58	2.62	2.65	2.71	2.76	2.82	2.87	2.92	2.97	3.01	3.06	3.10	3.15	3.19	3.23	3.27	3.31	3.35
1.2	2.69	2.72	2.76	2.79	2.83	2.89	2.95	3.01	3.07	3.12	3.17	3.22	3.27	3.32	3.37	3.42	3.46	3.51	3.55	3.59
1.3	2.87	2.91	2.95	2.98	3.02	3.09	3.15	3.21	3.27	3.33	3.39	3.44	3.49	3.55	3.60	3.65	3.70	3.74	3.79	3.84
1.4	3.07	3.11	3.14	3.18	3.22	3.29	3.36	3.42	3.48	3.55	3.61	3.66	3.72	3.78	3.83	3.89	3.94	3.99	4.04	4.09
1.5	3.27	3.31	3.35	3.38	3.42	3.50	3.57	3.63	3.70	3.77	3.83	3.89	3.95	4.01	4.07	4.13	4.18	4.24	4.29	4.35
1.6	3.47	3.51	3.55	3.59	3.63	3.71	3.78	3.85	3.92	3.99	4.07	4.12	4.18	4.25	4.31	4.37	4.43	4.49	4.55	4.61
1.7	3.67	3.72	3.76	3.80	3.84	3.92	4.00	4.07	4.14	4.22	4.29	4.36	4.42	4.49	4.55	4.62	4.68	4.74	4.81	4.87
1.8	3.88	3.92	3.97	4.01	4.05	4.13	4.21	4.29	4.37	4.44	4.52	4.59	4.66	4.73	4.80	4.87	4.93	5.00	5.07	5.13
1.9	4.09	4.13	4.18	4.22	4.26	4.35	4.43	4.51	4.59	4.67	4.75	4.83	4.90	4.98	5.05	5.12	5.19	5.26	5.33	5.39
2.0	4.29	4.34	4.39	4.43	4.48	4.57	4.65	4.74	4.82	4.90	4.99	5.07	5.14	5.22	5.30	5.37	5.44	5.52	5.59	5.66
2.1	4.50	4.55	4.60	4.65	4.69	4.78	4.87	4.97	5.05	5.14	5.22	5.30	5.39	5.47	5.55	5.62	5.70	5.78	5.85	5.93
2.2	4.71	4.76	4.81	4.86	4.91	5.00	5.09	5.19	5.28	5.37	5.46	5.54	5.63	5.71	5.80	5.88	5.96	6.04	6.12	6.19
2.3	4.92	4.97	5.02	5.07	5.12	5.22	5.32	5.42	5.51	5.60	5.69	5.78	5.87	5.96	6.05	6.13	6.22	6.30	6.38	6.46
2.4	5.13	5.18	5.24	5.29	5.34	5.44	5.54	5.64	5.74	5.84	5.93	6.03	6.12	6.21	6.30	6.39	6.47	6.56	6.65	6.73
2.5	5.34	5.39	5.45	5.50	5.56	5.66	5.77	5.87	5.97	6.07	6.17	6.27	6.36	6.46	6.55	6.64	6.73	6.82	6.91	7.00
2.6	5.55	5.61	5.66	5.72	5.77	5.88	5.99	6.10	6.20	6.31	6.41	6.51	6.61	6.71	6.80	6.90	6.99	7.09	7.18	7.27
2.7	5.76	5.82	5.88	5.93	5.99	6.10	6.22	6.33	6.43	6.54	6.65	6.75	6.85	6.96	7.06	7.16	7.25	7.35	7.45	7.54
2.8	5.97	6.03	6.09	6.15	6.21	6.33	6.44	6.55	6.67	6.78	6.89	6.99	7.10	7.21	7.31	7.41	7.51	7.61	7.71	7.81
2.9	6.18	6.24	6.30	6.37	6.43	6.55	6.67	6.78	6.90	7.01	7.13	7.24	7.35	7.46	7.56	7.67	7.77	7.88	7.98	8.08
3.0	6.39	6.45	6.52	6.58	6.64	6.77	6.89	7.00	7.13	7.25	7.37	7.48	7.59	7.71	7.82	7.93	8.04	8.14	8.25	8.35

续表

$\eta \backslash k_1$	0.45	0.50	0.55	0.60	0.65	0.70	0.75	0.80	0.85	0.90	0.95	1.0	1.1	1.2	1.3	1.4	1.5	1.6	1.7	1.8	1.9	2.0
0.20	2.04	2.04	2.05	2.05	2.05	2.06	2.06	2.07	2.07	2.07	2.08	2.08	2.09	2.10	2.11	2.12	2.12	2.13	2.14	2.15	2.16	2.16
0.25	2.06	2.07	2.07	2.08	2.09	2.09	2.10	2.10	2.11	2.12	2.12	2.13	2.14	2.16	2.17	2.18	2.19	2.21	2.22	2.23	2.26	2.26
0.30	2.09	2.10	2.11	2.12	2.12	2.13	2.14	2.15	2.16	2.17	2.18	2.19	2.21	2.23	2.25	2.26	2.28	2.30	2.32	2.34	2.35	2.37
0.35	2.12	2.13	2.15	2.16	2.17	2.19	2.20	2.21	2.23	2.24	2.25	2.26	2.29	2.31	2.34	2.36	2.39	2.41	2.44	2.46	2.48	2.51
0.40	2.16	2.18	2.20	2.21	2.23	2.25	2.27	2.28	2.30	2.32	2.33	2.35	2.38	2.41	2.44	2.48	2.51	2.54	2.57	2.60	2.63	2.66
0.45	2.21	2.23	2.25	2.28	2.30	2.32	2.34	2.36	2.38	2.40	2.42	2.44	2.48	2.52	2.56	2.60	2.64	2.68	2.71	2.75	2.79	2.82
0.50	2.27	2.29	2.32	2.35	2.37	2.40	2.43	2.45	2.48	2.50	2.53	2.55	2.60	2.65	2.69	2.74	2.79	2.83	2.87	2.92	2.96	3.00
0.55	2.33	2.36	2.40	2.43	2.46	2.49	2.52	2.55	2.58	2.61	2.64	2.67	2.73	2.78	2.84	2.89	2.94	2.99	3.04	3.09	3.14	3.19
0.60	2.40	2.44	2.48	2.52	2.55	2.59	2.63	2.66	2.70	2.73	2.76	2.80	2.86	2.92	2.99	3.05	3.10	3.16	3.22	3.27	3.33	3.38
0.65	2.48	2.53	2.57	2.61	2.66	2.70	2.74	2.78	2.82	2.85	2.89	2.93	3.00	3.07	3.14	3.21	3.28	3.34	3.40	3.46	3.52	3.58
0.70	2.57	2.62	2.67	2.72	2.76	2.81	2.86	2.90	2.94	2.99	3.03	3.07	3.15	3.23	3.30	3.38	3.45	3.52	3.59	3.66	3.73	3.79
0.75	2.66	2.72	2.77	2.83	2.88	2.93	2.98	3.03	3.08	3.12	3.17	3.22	3.30	3.39	3.47	3.55	3.63	3.71	3.79	3.86	3.93	4.00
0.80	2.76	2.82	2.88	2.94	3.00	3.06	3.11	3.16	3.22	3.27	3.32	3.37	3.46	3.55	3.64	3.73	3.82	3.90	3.98	4.06	4.14	4.22
0.85	2.87	2.93	3.00	3.06	3.13	3.18	3.24	3.30	3.36	3.41	3.47	3.52	3.62	3.72	3.82	3.91	4.01	4.10	4.18	4.27	4.35	4.44
0.90	2.98	3.05	3.12	3.19	3.25	3.32	3.38	3.44	3.50	3.56	3.62	3.68	3.79	3.90	4.00	4.10	4.20	4.29	4.39	4.48	4.57	4.66
0.95	3.09	3.17	3.24	3.32	3.39	3.45	3.52	3.59	3.65	3.72	3.78	3.84	3.96	4.07	4.18	4.29	4.39	4.49	4.59	4.69	4.79	4.88
1.00	3.21	3.29	3.37	3.45	3.52	3.59	3.67	3.74	3.80	3.87	3.94	4.00	4.13	4.25	4.36	4.48	4.59	4.70	4.80	4.90	5.01	5.10
1.1	3.45	3.54	3.63	3.71	3.80	3.88	3.96	4.04	4.11	4.19	4.26	4.33	4.47	4.60	4.74	4.86	4.98	5.10	5.22	5.34	5.45	5.56
1.2	3.70	3.80	3.90	3.99	4.08	4.17	4.26	4.34	4.43	4.51	4.59	4.67	4.82	4.97	5.11	5.25	5.39	5.52	5.65	5.77	5.90	6.02
1.3	3.95	4.06	4.17	4.27	4.37	4.47	4.56	4.66	4.75	4.84	4.92	5.01	5.18	5.34	5.49	5.65	5.79	5.94	6.08	6.21	6.35	6.48
1.4	4.21	4.33	4.45	4.56	4.66	4.77	4.87	4.97	5.07	5.17	5.26	5.36	5.54	5.71	5.88	6.04	6.20	6.36	6.51	6.66	6.80	6.94
1.5	4.48	4.60	4.73	4.85	4.96	5.07	5.19	5.29	5.40	5.50	5.60	5.70	5.90	6.08	6.27	6.44	6.61	6.78	6.94	7.10	7.26	7.41
1.6	4.74	4.88	5.01	5.14	5.26	5.38	5.50	5.62	5.73	5.84	5.95	6.05	6.26	6.46	6.65	6.84	7.03	7.20	7.38	7.55	7.71	7.88
1.7	5.01	5.16	5.30	5.43	5.56	5.69	5.82	5.94	6.06	6.18	6.29	6.41	6.63	6.84	7.05	7.25	7.44	7.63	7.82	8.00	8.17	8.35
1.8	5.29	5.44	5.58	5.73	5.87	6.00	6.14	6.26	6.39	6.52	6.64	6.76	6.99	7.22	7.44	7.65	7.86	8.06	8.26	8.45	8.64	8.82
1.9	5.56	5.72	5.87	6.02	6.17	6.31	6.45	6.59	6.73	6.86	6.99	7.11	7.36	7.60	7.83	8.06	8.27	8.49	8.70	8.90	9.10	9.29
2.0	5.83	6.00	6.16	6.32	6.48	6.63	6.78	6.92	7.06	7.20	7.34	7.47	7.73	7.98	8.23	8.46	8.69	8.92	9.14	9.35	9.56	9.76
2.1	6.11	6.28	6.45	6.62	6.78	6.94	7.10	7.25	7.40	7.54	7.69	7.83	8.10	8.37	8.62	8.87	9.11	9.35	9.58	9.80	10.02	10.24
2.2	6.38	6.57	6.75	6.92	7.09	7.26	7.42	7.58	7.74	7.89	8.04	8.19	8.47	8.75	9.02	9.28	9.53	9.78	10.02	10.26	10.49	10.71
2.3	6.66	6.85	7.04	7.27	7.40	7.57	7.74	7.91	8.07	8.23	8.39	8.54	8.84	9.13	9.41	9.69	9.95	10.21	10.46	10.71	10.95	11.19
2.4	6.94	7.14	7.33	7.52	7.71	7.89	8.07	8.24	8.41	8.58	8.74	8.90	9.22	9.52	9.81	10.10	10.37	10.64	10.91	11.17	11.42	11.66
2.5	7.21	7.42	7.63	7.82	8.02	8.21	8.40	8.57	8.75	8.92	9.09	9.26	9.59	9.90	10.21	10.51	10.80	11.08	11.35	11.62	11.88	12.14
2.6	7.49	7.71	7.92	8.13	8.33	8.52	8.72	8.90	9.09	9.27	9.45	9.62	9.96	10.29	10.61	10.92	11.22	11.51	11.80	12.08	12.35	12.62
2.7	7.77	8.00	8.22	8.43	8.64	8.84	9.04	9.24	9.43	9.62	9.80	9.98	10.33	10.68	11.01	11.33	11.64	11.94	12.24	12.53	12.81	13.09
2.8	8.05	8.28	8.51	8.73	8.95	9.16	9.37	9.57	9.77	9.96	10.16	10.34	10.71	11.06	11.41	11.74	12.06	12.38	12.69	12.99	13.28	13.57
2.9	8.33	8.57	8.81	9.04	9.26	9.48	9.69	9.90	10.11	10.31	10.51	10.70	11.09	11.45	11.80	12.15	12.49	12.81	13.13	13.44	13.75	14.05
3.0	8.61	8.86	9.10	9.34	9.56	9.80	10.02	10.24	10.45	10.66	10.86	11.07	11.46	11.84	12.20	12.56	12.91	13.25	13.58	13.90	14.22	14.52

简 图

$$k_1 = \frac{I_1}{I_2} \cdot \frac{H_2}{H_1}$$

$$\eta_1 = \frac{H_1}{H_2}\sqrt{\frac{N_1}{N_2} \cdot \frac{I_2}{I_1}}$$

N_1——上段柱的轴心力
N_2——下段柱的轴心力

注： 表中的计算长度 μ 值系按右式计算得：$k_1 \eta_1 \cdot \dfrac{\pi}{\mu} \cdot \tan\dfrac{\pi}{\mu} - 1 = 0$。

表 8.7.2 柱上端可移动但不能转动的单阶柱下端的计算长度系数 μ

简图及参数：

$$k_1 = \frac{I_1}{I_2} \cdot \frac{H_2}{H_1}$$

$$\eta_1 = \frac{H_1}{H_2}\sqrt{\frac{N_1}{N_2} \cdot \frac{I_2}{I_1}}$$

N_1 —— 上段柱的轴心力

N_2 —— 下段柱的轴心力

$\eta \backslash k_1$	0.06	0.07	0.08	0.09	0.10	0.12	0.14	0.16	0.18	0.20	0.22	0.24	0.26	0.28	0.30	0.32	0.34	0.36	0.38	0.40
0.20	1.96	1.95	1.94	1.93	1.93	1.91	1.90	1.89	1.88	1.86	1.85	1.84	1.83	1.82	1.81	1.80	1.79	1.78	1.77	1.76
0.25	1.96	1.95	1.94	1.94	1.93	1.92	1.90	1.89	1.88	1.87	1.86	1.85	1.83	1.82	1.81	1.80	1.79	1.79	1.78	1.77
0.30	1.96	1.95	1.95	1.94	1.93	1.92	1.91	1.89	1.88	1.87	1.86	1.85	1.84	1.83	1.82	1.81	1.80	1.79	1.78	1.77
0.35	1.96	1.95	1.95	1.94	1.93	1.92	1.91	1.90	1.89	1.88	1.87	1.86	1.85	1.84	1.83	1.82	1.81	1.80	1.79	1.78
0.40	1.96	1.96	1.95	1.94	1.94	1.93	1.92	1.90	1.89	1.88	1.87	1.87	1.87	1.85	1.84	1.83	1.82	1.81	1.80	1.79
0.45	1.96	1.96	1.95	1.94	1.94	1.93	1.92	1.90	1.89	1.88	1.87	1.87	1.87	1.85	1.84	1.83	1.82	1.81	1.80	1.80
0.50	1.96	1.96	1.95	1.95	1.94	1.93	1.92	1.91	1.90	1.89	1.88	1.87	1.87	1.85	1.85	1.84	1.83	1.82	1.81	1.81
0.55	1.97	1.96	1.96	1.95	1.94	1.93	1.92	1.92	1.91	1.90	1.89	1.88	1.87	1.86	1.86	1.85	1.84	1.83	1.83	1.82
0.60	1.97	1.96	1.96	1.95	1.95	1.94	1.93	1.92	1.91	1.90	1.90	1.89	1.88	1.87	1.87	1.86	1.85	1.85	1.84	1.83
0.65	1.97	1.97	1.96	1.96	1.95	1.94	1.94	1.93	1.92	1.91	1.91	1.90	1.89	1.88	1.88	1.87	1.87	1.86	1.85	1.85
0.70	1.97	1.97	1.97	1.96	1.96	1.95	1.94	1.94	1.93	1.92	1.92	1.91	1.90	1.90	1.89	1.89	1.88	1.87	1.87	1.86
0.75	1.98	1.97	1.97	1.97	1.96	1.96	1.95	1.94	1.94	1.93	1.93	1.93	1.92	1.91	1.91	1.90	1.90	1.89	1.89	1.88
0.80	1.98	1.98	1.98	1.97	1.97	1.96	1.96	1.95	1.95	1.94	1.94	1.94	1.93	1.93	1.92	1.92	1.91	1.91	1.91	1.90
0.85	1.99	1.98	1.98	1.98	1.98	1.97	1.97	1.96	1.96	1.96	1.95	1.95	1.95	1.94	1.94	1.94	1.93	1.93	1.93	1.92
0.90	1.99	1.99	1.99	1.98	1.98	1.98	1.98	1.97	1.97	1.97	1.97	1.96	1.96	1.96	1.96	1.96	1.95	1.95	1.95	1.95
0.95	1.99	1.99	1.99	1.99	1.99	1.99	1.99	1.99	1.99	1.98	1.98	1.98	1.98	1.98	1.98	1.98	1.98	1.97	1.97	1.97
1.00	2.00	2.00	2.00	2.00	2.00	2.00	2.00	2.00	2.00	2.00	2.00	2.00	2.00	2.00	2.00	2.00	2.00	2.00	2.00	2.00
1.1	2.01	2.01	2.02	2.02	2.02	2.02	2.03	2.03	2.03	2.04	2.04	2.04	2.04	2.05	2.05	2.05	2.05	2.06	2.06	2.06
1.2	2.03	2.03	2.04	2.04	2.04	2.05	2.06	2.07	2.07	2.08	2.08	2.09	2.10	2.10	2.11	2.11	2.12	2.12	2.13	2.13
1.3	2.05	2.05	2.06	2.07	2.07	2.08	2.10	2.11	2.12	2.13	2.14	2.15	2.16	2.16	2.17	2.18	2.19	2.19	2.20	2.21
1.4	2.07	2.08	2.09	2.10	2.11	2.12	2.14	2.16	2.17	2.18	2.20	2.21	2.22	2.23	2.24	2.25	2.26	2.27	2.28	2.29
1.5	2.10	2.11	2.12	2.14	2.15	2.17	2.19	2.21	2.23	2.25	2.26	2.28	2.29	2.31	2.32	2.34	2.35	2.36	2.37	2.38
1.6	2.13	2.15	2.16	2.18	2.19	2.22	2.25	2.27	2.30	2.32	2.34	2.36	2.37	2.39	2.41	2.42	2.44	2.45	2.47	2.48
1.7	2.17	2.19	2.21	2.23	2.25	2.28	2.31	2.34	2.37	2.39	2.42	2.44	2.46	2.48	2.50	2.52	2.53	2.55	2.57	2.58
1.8	2.22	2.25	2.27	2.29	2.31	2.35	2.39	2.42	2.45	2.48	2.50	2.53	2.55	2.57	2.59	2.61	2.63	2.65	2.67	2.69
1.9	2.28	2.31	2.34	2.36	2.38	2.42	2.46	2.50	2.53	2.56	2.59	2.62	2.65	2.67	2.69	2.72	2.74	2.76	2.78	2.80
2.0	2.35	2.38	2.41	2.43	2.46	2.50	2.55	2.59	2.62	2.66	2.69	2.72	2.75	2.77	2.80	2.82	2.85	2.87	2.89	2.91
2.1	2.42	2.46	2.49	2.51	2.54	2.59	2.63	2.68	2.71	2.75	2.78	2.82	2.85	2.88	2.90	2.93	2.95	2.98	3.00	3.02
2.2	2.51	2.54	2.57	2.60	2.63	2.68	2.73	2.77	2.81	2.85	2.89	2.92	2.95	2.98	3.01	3.04	3.07	3.09	3.12	3.14
2.3	2.59	2.63	2.66	2.69	2.72	2.77	2.82	2.87	2.91	2.95	2.99	3.03	3.06	3.09	3.12	3.15	3.18	3.21	3.23	3.26
2.4	2.68	2.72	2.75	2.78	2.81	2.87	2.92	2.97	3.01	3.05	3.09	3.13	3.17	3.20	3.24	3.27	3.30	3.33	3.35	3.38
2.5	2.77	2.81	2.84	2.87	2.91	2.96	3.02	3.07	3.11	3.16	3.20	3.24	3.28	3.31	3.35	3.38	3.41	3.44	3.47	3.50
2.6	2.87	2.90	2.94	2.97	3.00	3.06	3.12	3.17	3.22	3.27	3.31	3.35	3.39	3.43	3.46	3.50	3.53	3.56	3.59	3.62
2.7	2.97	3.00	3.04	3.07	3.10	3.16	3.22	3.28	3.33	3.37	3.42	3.46	3.50	3.54	3.58	3.62	3.65	3.68	3.72	3.75
2.8	3.06	3.10	3.14	3.17	3.20	3.27	3.33	3.38	3.43	3.48	3.53	3.58	3.62	3.66	3.70	3.73	3.77	3.80	3.84	3.87
2.9	3.16	3.20	3.24	3.27	3.31	3.37	3.43	3.49	3.54	3.59	3.64	3.69	3.73	3.78	3.82	3.85	3.89	3.93	3.96	3.99
3.0	3.26	3.30	3.34	3.37	3.41	3.47	3.54	3.60	3.65	3.70	3.75	3.81	3.85	3.89	3.93	3.97	4.01	4.05	4.09	4.12

η_1 \ k_1	0.45	0.50	0.55	0.60	0.65	0.70	0.75	0.80	0.85	0.90	0.95	1.0	1.1	1.2	1.3	1.4	1.5	1.6	1.7	1.8	1.9	2.0
0.20	1.74	1.72	1.70	1.68	1.66	1.65	1.63	1.62	1.60	1.59	1.58	1.56	1.54	1.52	1.50	1.48	1.46	1.45	1.43	1.42	1.40	1.39
0.25	1.75	1.73	1.71	1.69	1.67	1.65	1.64	1.62	1.61	1.60	1.58	1.57	1.55	1.53	1.51	1.49	1.47	1.46+	1.44	1.43	1.41	1.40
0.30	1.75	1.73	1.71	1.70	1.68	1.66	1.65	1.63	1.62	1.61	1.59	1.58	1.56	1.54	1.52	1.50	1.48	1.47	1.45	1.44	1.43	1.41
0.35	1.76	1.74	1.72	1.70	1.69	1.67	1.65	1.64	1.63	1.62	1.61	1.59	1.57	1.55	1.53	1.51	1.50	1.48	1.47	1.45	1.44	1.43
0.40	1.77	1.75	1.73	1.72	1.70	1.68	1.67	1.66	1.64	1.63	1.62	1.61	1.59	1.57	1.55	1.52	1.52	1.50	1.49	1.47	1.46	1.45
0.45	1.78	1.76	1.74	1.73	1.71	1.70	1.68	1.67	1.66	1.65	1.64	1.62	1.60	1.59	1.57	1.55	1.54	1.52	1.51	1.50	1.48	1.47
0.50	1.79	1.77	1.76	1.74	1.73	1.71	1.70	1.69	1.68	1.67	1.65	1.64	1.62	1.61	1.59	1.57	1.56	1.55	1.53	1.52	1.51	1.50
0.55	1.80	1.79	1.77	1.76	1.74	1.73	1.72	1.71	1.70	1.69	1.68	1.67	1.65	1.63	1.62	1.60	1.59	1.58	1.56	1.55	1.54	1.53
0.60	1.82	1.80	1.79	1.78	1.76	1.75	1.74	1.73	1.72	1.71	1.70	1.69	1.67	1.66	1.64	1.63	1.62	1.61	1.60	1.59	1.58	1.57
0.65	1.83	1.82	1.81	1.80	1.78	1.77	1.76	1.75	1.74	1.74	1.73	1.72	1.70	1.69	1.68	1.67	1.65	1.64	1.63	1.62	1.62	1.61
0.70	1.85	1.84	1.83	1.82	1.81	1.80	1.79	1.78	1.77	1.77	1.76	1.75	1.74	1.72	1.71	1.70	1.69	1.68	1.67	1.67	1.66	1.65
0.75	1.87	1.86	1.85	1.84	1.83	1.83	1.82	1.81	1.80	1.80	1.79	1.78	1.77	1.76	1.75	1.74	1.74	1.73	1.72	1.71	1.71	1.70
0.80	1.89	1.88	1.88	1.87	1.86	1.86	1.85	1.84	1.84	1.83	1.83	1.82	1.81	1.80	1.80	1.79	1.78	1.78	1.77	1.76	1.76	1.75
0.85	1.92	1.91	1.90	1.90	1.89	1.89	1.88	1.88	1.87	1.87	1.87	1.86	1.85	1.85	1.84	1.84	1.83	1.83	1.82	1.82	1.82	1.81
0.90	1.94	1.94	1.93	1.93	1.93	1.92	1.92	1.92	1.91	1.91	1.91	1.91	1.90	1.90	1.89	1.89	1.89	1.88	1.88	1.88	1.87	1.87
0.95	1.97	1.97	1.97	1.96	1.96	1.96	1.96	1.96	1.96	1.95	1.95	1.95	1.95	1.95	1.94	1.94	1.94	1.94	1.94	1.94	1.94	1.93
1.00	2.00	2.00	2.00	2.00	2.00	2.00	2.00	2.00	2.00	2.00	2.00	2.00	2.00	2.00	2.00	2.00	2.00	2.00	2.00	2.00	2.00	2.00
1.1	2.07	2.07	2.08	2.08	2.08	2.09	2.09	2.09	2.10	2.10	2.10	2.10	2.11	2.11	2.12	2.12	2.12	2.13	2.13	2.13	2.14	2.14
1.2	2.14	2.15	2.16	2.17	2.18	2.18	2.19	2.20	2.20	2.21	2.21	2.22	2.23	2.24	2.24	2.25	2.26	2.26	2.27	2.27	2.28	2.28
1.3	2.22	2.24	2.25	2.26	2.28	2.29	2.30	2.31	2.31	2.32	2.33	2.34	2.35	2.36	2.38	2.39	2.39	2.40	2.41	2.42	2.42	2.43
1.4	2.31	2.33	2.35	2.37	2.38	2.40	2.41	2.42	2.43	2.44	2.45	2.46	2.48	2.50	2.51	2.52	2.54	2.55	2.56	2.57	2.58	2.58
1.5	2.41	2.43	2.46	2.48	2.49	2.51	2.53	2.54	2.56	2.57	2.58	2.59	2.62	2.64	2.65	2.67	2.68	2.70	2.71	2.72	2.73	2.74
1.6	2.51	2.54	2.57	2.59	2.61	2.63	2.65	2.67	2.68	2.70	2.71	2.73	2.75	2.78	2.80	2.81	2.83	2.85	2.86	2.87	2.89	2.90
1.7	2.62	2.65	2.68	2.71	2.73	2.75	2.78	2.80	2.82	2.83	2.85	2.87	2.89	2.92	2.94	2.96	2.98	3.00	3.02	3.03	3.05	3.06
1.8	2.73	2.76	2.80	2.83	2.85	2.88	2.91	2.93	2.95	2.97	2.99	3.00	3.04	3.07	3.09	3.11	3.14	3.16	3.17	3.19	3.21	3.22
1.9	2.84	2.88	2.92	2.95	2.98	3.01	3.04	3.06	3.08	3.11	3.12	3.15	3.18	3.21	3.24	3.27	3.29	3.31	3.33	3.35	3.37	3.38
2.0	2.96	3.00	3.04	3.08	3.11	3.14	3.17	3.20	3.22	3.25	3.27	3.29	3.33	3.36	3.39	3.42	3.45	3.47	3.49	3.51	3.53	3.55
2.1	3.07	3.12	3.16	3.20	3.24	3.27	3.30	3.33	3.36	3.39	3.41	3.43	3.47	3.51	3.54	3.57	3.60	3.63	3.65	3.67	3.69	3.71
2.2	3.20	3.25	3.29	3.33	3.37	3.41	3.44	3.47	3.50	3.53	3.55	3.58	3.62	3.66	3.70	3.73	3.76	3.79	3.81	3.83	3.86	3.88
2.3	3.32	3.37	3.42	3.46	3.50	3.54	3.58	3.61	3.64	3.67	3.70	3.72	3.77	3.81	3.85	3.89	3.92	3.95	3.97	4.00	4.02	4.04
2.4	3.44	3.50	3.55	3.59	3.64	3.68	3.72	3.75	3.78	3.82	3.84	3.87	3.92	3.97	4.01	4.04	4.08	4.11	4.14	4.16	4.18	4.21
2.5	3.56	3.62	3.68	3.73	3.77	3.82	3.86	3.89	3.93	3.96	3.99	4.02	4.07	4.12	4.16	4.20	4.24	4.27	4.30	4.33	4.35	4.37
2.6	3.69	3.75	3.81	3.86	3.91	3.95	4.00	4.03	4.07	4.11	4.14	4.17	4.22	4.27	4.32	4.36	4.40	4.43	4.46	4.49	4.52	4.54
2.7	3.82	3.88	3.94	4.00	4.05	4.09	4.14	4.18	4.22	4.25	4.29	4.32	4.38	4.43	4.47	4.52	4.56	4.59	4.62	4.65	4.68	4.71
2.8	3.94	4.01	4.07	4.13	4.18	4.23	4.28	4.32	4.36	4.40	4.43	4.47	4.53	4.58	4.63	4.68	4.72	4.75	4.79	4.82	4.85	4.88
2.9	4.07	4.14	4.21	4.27	4.32	4.37	4.42	4.46	4.51	4.55	4.58	4.62	4.68	4.74	4.79	4.84	4.88	4.93	4.95	4.98	5.02	5.04
3.0	4.20	4.27	4.34	4.40	4.46	4.51	4.56	4.61	4.65	4.69	4.73	4.77	4.83	4.89	4.95	4.99	5.04	5.08	5.12	5.15	5.18	5.21

简图

$$k_1 = \frac{I_1}{I_2} \cdot \frac{H_2}{H_1}$$

$$\eta_1 = \frac{H_1}{H_2}\sqrt{\frac{N_1}{N_2} \cdot \frac{I_2}{I_1}}$$

N_1——上段柱的轴心力

N_2——下段柱的轴心力

注：表中的计算长度 μ 值按右式计算得：$\tan\dfrac{\pi\eta_1}{\mu} + k_1\eta_1\tan\dfrac{\pi}{\mu} = 0$。

表 8.7.3　柱上端为自由的双阶柱下段的计算长度系数 μ

简图	η_1	k_1＼k_2 (η_2)	0.05											0.10										
			0.2	0.3	0.4	0.5	0.6	0.7	0.8	0.9	1.0	1.1	1.2	0.2	0.3	0.4	0.5	0.6	0.7	0.8	0.9	1.0	1.1	1.2
	0.2	0.2	2.02	2.03	2.04	2.05	2.05	2.06	2.07	2.08	2.09	2.10	2.10	2.03	2.03	2.04	2.05	2.06	2.07	2.08	2.08	2.09	2.10	2.11
		0.4	2.08	2.11	2.15	2.19	2.22	2.25	2.29	2.32	2.35	2.39	2.42	2.09	2.12	2.16	2.19	2.23	2.26	2.29	2.33	2.36	2.39	2.42
		0.6	2.20	2.29	2.37	2.45	2.52	2.60	2.67	2.73	2.80	2.87	2.93	2.21	2.30	2.38	2.46	2.53	2.60	2.67	2.74	2.81	2.87	2.93
		0.8	2.42	2.57	2.71	2.83	2.95	3.06	3.17	3.27	3.37	3.47	3.56	2.44	2.58	2.71	2.84	2.96	3.07	3.17	3.28	3.37	3.47	3.56
		1.0	2.75	2.95	3.13	3.30	3.45	3.60	3.74	3.87	4.00	4.13	4.25	2.76	2.96	3.14	3.30	3.46	3.60	3.74	3.88	4.01	4.13	4.25
		1.2	3.13	3.38	3.60	3.80	4.00	4.18	4.35	4.51	4.67	4.82	4.97	3.15	3.39	3.61	3.81	4.00	4.18	4.35	4.52	4.68	4.83	4.98
	0.4	0.2	2.04	2.05	2.05	2.06	2.07	2.08	2.09	2.09	2.10	2.11	2.12	2.07	2.07	2.08	2.08	2.09	2.10	2.11	2.12	2.12	2.13	2.14
		0.4	2.10	2.14	2.17	2.20	2.24	2.27	2.31	2.34	2.37	2.40	2.43	2.14	2.17	2.20	2.23	2.26	2.30	2.33	2.36	2.39	2.42	2.46
		0.6	2.24	2.32	2.40	2.47	2.54	2.62	2.68	2.75	2.82	2.88	2.94	2.28	2.36	2.43	2.50	2.57	2.64	2.71	2.77	2.84	2.90	2.96
		0.8	2.47	2.60	2.73	2.85	2.97	3.08	3.19	3.29	3.39	3.48	3.57	2.53	2.65	2.77	2.88	3.00	3.10	3.21	3.31	3.40	3.50	3.56
		1.0	2.79	2.98	3.15	3.32	3.47	3.62	3.75	3.89	4.02	4.14	4.26	2.85	3.02	3.19	3.34	3.49	3.64	3.77	3.91	4.03	4.16	4.28
		1.2	3.18	3.41	3.62	3.82	4.01	4.19	4.36	4.52	4.68	4.83	4.98	3.24	3.45	3.65	3.85	4.03	4.21	4.38	4.54	4.70	4.85	4.99
	0.6	0.2	2.09	2.09	2.10	2.10	2.11	2.12	2.12	2.13	2.14	2.14	2.15	2.22	2.19	2.18	2.17	2.18	2.18	2.19	2.19	2.20	2.20	2.21
		0.4	2.17	2.19	2.22	2.25	2.28	2.31	2.34	2.38	2.41	2.44	2.47	2.31	2.30	2.31	2.33	2.35	2.38	2.41	2.44	2.47	2.49	2.52
		0.6	2.32	2.38	2.45	2.52	2.59	2.66	2.72	2.79	2.85	2.91	2.97	2.48	2.49	2.54	2.60	2.66	2.72	2.78	2.84	2.90	2.96	3.02
		0.8	2.56	2.67	2.79	2.90	3.01	3.11	3.22	3.32	3.41	3.50	3.60	2.72	2.78	2.87	2.97	3.07	3.17	3.27	3.36	3.46	3.55	3.64
		1.0	2.88	3.04	3.20	3.36	3.50	3.65	3.78	3.91	4.04	4.16	4.26	3.04	3.15	3.28	3.42	3.56	3.70	3.83	3.95	4.08	4.20	4.31
		1.2	3.26	3.46	3.66	3.86	4.04	4.22	4.38	4.55	4.70	4.85	5.00	3.40	3.56	3.74	3.91	4.09	4.26	4.42	4.58	4.73	4.88	5.03
	0.8	0.2	2.29	2.24	2.22	2.21	2.21	2.22	2.22	2.22	2.23	2.23	2.24	2.63	2.49	2.43	2.40	2.38	2.37	2.37	2.36	2.36	2.37	2.37
		0.4	2.37	2.34	2.34	2.36	2.38	2.40	2.43	2.45	2.48	2.51	2.54	2.71	2.59	2.55	2.54	2.54	2.55	2.57	2.59	2.61	2.63	2.65
		0.6	2.52	2.52	2.56	2.61	2.67	2.73	2.79	2.85	2.91	2.96	3.02	2.86	2.76	2.76	2.78	2.82	2.86	2.91	2.96	3.01	3.07	3.12
		0.8	2.74	2.79	2.88	2.98	3.08	3.17	3.27	3.36	3.46	3.55	3.63	3.04	3.02	3.06	3.13	3.20	3.29	3.37	3.46	3.54	3.63	3.71
		1.0	3.04	3.15	3.28	3.42	3.56	3.69	3.82	3.95	4.07	4.19	4.31	3.33	3.35	3.44	3.55	3.67	3.79	3.90	4.03	4.15	4.26	4.37
		1.2	3.39	3.55	3.73	3.91	4.08	4.25	4.42	4.58	4.73	4.88	5.02	3.65	3.73	3.86	4.02	4.18	4.34	4.49	4.64	4.79	4.94	5.08

简图：

$k_1 = \dfrac{I_1}{I_3} \cdot \dfrac{H_3}{H_1}$

$k_2 = \dfrac{I_2}{I_3} \cdot \dfrac{H_3}{H_2}$

$\eta_1 = \dfrac{H_1}{H_3}\sqrt{\dfrac{N_1}{N_3} \cdot \dfrac{I_3}{I_1}}$

$\eta_2 = \dfrac{H_2}{H_3}\sqrt{\dfrac{N_2}{N_3} \cdot \dfrac{I_3}{I_2}}$

N_1——上段柱的轴心力

N_2——中段柱的轴心力

N_3——下段柱的轴心力

$$k_1 = \frac{I_1}{I_3} \cdot \frac{H_3}{H_1}$$

$$k_2 = \frac{I_2}{I_3} \cdot \frac{H_3}{H_2}$$

$$\eta_1 = \frac{H_1}{H_3}\sqrt{\frac{N_1}{N_3} \cdot \frac{I_3}{I_1}}$$

$$\eta_2 = \frac{H_2}{H_3}\sqrt{\frac{N_2}{N_3} \cdot \frac{I_3}{I_2}}$$

N_1——上段柱的轴心力

N_2——中段柱的轴心力

N_3——下段柱的轴心力

η_1	k_2 (即 η_2)	0.05											0.10										
k_1		0.2	0.3	0.4	0.5	0.6	0.7	0.8	0.9	1.0	1.1	1.2	0.2	0.3	0.4	0.5	0.6	0.7	0.8	0.9	1.0	1.1	1.2
1.0	0.2	2.69	2.57	2.51	2.48	2.46	2.45	2.45	2.44	2.44	2.44	2.44	3.18	2.95	2.84	2.77	2.73	2.70	2.68	2.67	2.66	2.65	2.65
	0.4	2.75	2.64	2.60	2.59	2.59	2.59	2.60	2.62	2.63	2.65	2.67	3.24	3.03	2.93	2.88	2.84	2.84	2.84	2.84	2.85	2.86	2.87
	0.6	2.86	2.78	2.77	2.79	2.83	2.87	2.91	2.96	3.01	3.06	3.10	3.36	3.16	3.09	3.07	3.08	3.09	3.12	3.15	3.19	3.23	3.27
	0.8	3.04	3.01	3.05	3.11	3.19	3.27	3.35	3.44	3.52	3.61	3.69	3.52	3.37	3.34	3.36	3.41	3.46	3.53	3.60	3.67	3.75	3.82
	1.0	3.29	3.32	3.41	3.52	3.64	3.76	3.89	4.01	4.13	4.24	4.35	3.74	3.64	3.67	3.74	3.83	3.93	4.03	4.14	4.25	4.35	4.46
	1.2	3.60	3.69	3.83	3.99	4.15	4.31	4.47	4.62	4.77	4.92	5.06	4.00	3.97	4.05	4.17	4.31	4.45	4.59	4.73	4.87	5.01	5.14
1.2	0.2	2.16	3.00	2.92	2.87	2.84	2.81	2.80	2.79	2.78	2.77	2.77	3.77	3.47	3.32	3.23	3.17	3.12	3.09	3.07	3.05	3.04	3.03
	0.4	3.21	3.05	2.98	2.94	2.92	2.90	2.90	2.90	2.90	2.91	2.92	3.82	3.53	3.39	3.31	3.26	3.22	3.20	3.19	3.19	3.19	3.19
	0.6	3.30	3.15	3.10	3.08	3.08	3.10	3.12	3.15	3.18	3.22	3.26	3.91	3.64	3.51	3.45	3.42	3.42	3.42	3.43	3.45	3.48	3.50
	0.8	3.43	3.32	3.30	3.33	3.37	3.43	3.49	3.56	3.63	3.71	3.78	4.04	3.80	3.71	3.68	3.69	3.72	3.76	3.81	3.86	3.92	3.98
	1.0	3.62	3.57	3.60	3.68	3.77	3.87	3.98	4.09	4.20	4.31	4.42	4.21	4.02	3.97	3.99	4.05	4.12	4.20	4.29	4.39	4.48	4.58
	1.2	3.88	3.88	3.98	4.11	4.25	4.39	5.54	4.68	4.83	4.97	5.10	4.43	4.30	4.31	4.38	4.48	4.60	4.72	4.85	4.98	5.11	5.24
1.4	0.2	3.66	3.46	3.36	3.29	3.25	3.23	3.20	3.19	3.18	3.17	3.16	4.37	4.01	3.82	3.71	3.63	3.58	3.54	3.51	3.49	3.47	3.45
	0.4	3.70	3.50	4.40	3.35	3.31	3.29	3.27	3.26	3.26	3.26	3.26	4.41	4.06	3.88	3.77	3.70	3.66	3.63	3.60	3.59	3.58	3.57
	0.6	3.77	3.58	3.49	3.45	3.43	3.42	3.42	3.43	3.45	3.47	3.49	4.48	4.15	3.98	3.89	3.83	3.80	3.79	3.78	3.79	3.80	3.81
	0.8	3.87	3.70	3.64	3.63	3.64	3.67	3.70	3.75	3.81	3.86	3.92	4.59	4.28	4.13	4.07	4.04	4.04	4.06	4.08	4.12	4.16	4.21
	1.0	4.02	3.89	3.87	3.90	3.96	4.04	4.12	4.22	4.31	4.41	4.51	4.74	4.45	4.35	4.32	4.34	4.38	4.43	4.50	4.58	4.66	4.74
	1.2	4.23	4.15	4.19	4.27	4.39	4.51	4.64	4.77	4.91	5.04	5.17	4.92	4.69	4.63	4.65	4.72	4.80	4.90	5.10	5.13	5.24	5.36

η₂ = 0.30

η₁	k₂	k₁=0.2	0.3	0.4	0.5	0.6	0.7	0.8	0.9	1.0	1.1	1.2
0.2	0.2	2.05	2.05	2.06	2.07	2.08	2.09	2.09	2.10	2.11	2.12	2.13
	0.4	2.12	2.15	2.18	2.21	2.25	2.28	2.31	2.35	2.38	2.41	2.44
	0.6	2.25	2.33	2.41	2.48	2.56	2.63	2.69	2.76	2.83	2.89	2.95
	0.8	2.49	2.62	2.75	2.87	2.98	3.09	3.20	3.30	3.39	3.49	3.58
	1.0	2.82	3.00	3.17	3.33	3.48	3.63	3.76	3.90	4.02	4.15	4.27
	1.2	3.20	3.43	3.64	3.83	4.02	4.20	4.37	4.53	4.69	4.84	4.99
0.4	0.2	2.26	2.21	2.20	2.19	2.19*	2.20	2.20	2.21	2.21	2.22	2.23
	0.4	2.36	2.33	2.33	2.35	2.38	2.40	2.43	2.46	2.49	2.51	2.54
	0.6	2.54	2.54	2.58	2.63	2.69	2.75	2.81	2.87	2.93	2.99	3.04
	0.8	2.79	2.83	2.91	3.01	3.10	3.20	3.30	3.39	3.48	3.57	3.66
	1.0	3.11	3.20	3.32	3.46	3.59	3.72	3.85	3.98	4.10	4.22	4.33
	1.2	3.47	3.60	3.77	3.95	4.12	4.28	4.45	4.60	4.75	4.90	5.04
0.6	0.2	2.93	2.68	2.57	2.52	2.49	2.47	2.46	2.45	2.45	2.45	2.45
	0.4	3.02	2.79	2.71	2.67	2.66	2.66	2.67	2.69	2.70	2.72	2.74
	0.6	3.17	2.98	2.93	2.93	2.95	2.98	3.02	3.07	3.11	3.16	3.21
	0.8	3.37	3.24	3.23	3.27	3.33	3.41	3.48	3.56	3.64	3.72	3.80
	1.0	3.63	3.56	3.60	3.69	3.79	3.90	4.01	4.12	4.23	4.34	4.45
	1.2	3.04	3.92	4.02	4.15	4.29	4.43	4.58	4.72	4.87	5.01	5.14
0.8	0.2	3.78	3.38	3.18	3.06	2.98	2.93	2.89	2.86	2.84	2.83	2.82
	0.4	3.85	3.47	3.28	3.18	3.12	3.09	3.07	3.06	3.06	3.06	3.06
	0.6	3.96	3.61	3.46	3.39	3.36	3.35	3.36	3.38	3.41	3.44	3.47
	0.8	4.12	3.82	3.70	3.67	3.68	3.72	3.76	3.82	3.88	3.94	4.01
	1.0	4.32	4.07	4.01	4.03	4.08	4.16	4.24	4.33	4.43	4.52	4.62
	1.2	4.57	4.38	4.38	4.44	4.54	4.66	4.78	4.90	5.03	5.16	5.29

η₂ = 0.20

η₁	k₂	k₁=0.2	0.3	0.4	0.5	0.6	0.7	0.8	0.9	1.0	1.1	1.2
0.2	0.2	2.04	2.04	2.05	2.06	2.07	2.08	2.08	2.09	2.10	2.11	2.12
	0.4	2.10	2.13	2.17	2.20	2.24	2.27	2.30	2.34	2.37	2.40	2.43
	0.6	2.23	2.31	2.39	2.47	2.54	2.61	2.68	2.75	2.82	2.88	2.94
	0.8	2.46	2.60	2.73	2.85	2.97	3.08	3.18	3.29	3.38	3.48	3.57
	1.0	2.79	2.98	3.15	3.32	3.47	3.61	3.75	3.89	4.02	4.14	4.26
	1.2	3.18	3.41	3.62	3.82	4.01	4.19	4.36	4.52	4.68	4.83	4.98
0.4	0.2	2.15	2.13	2.13	2.14	2.14	2.15	2.15	2.16	2.17	2.17	2.18
	0.4	2.24	2.24	2.26	2.29	2.32	2.35	2.38	2.41	2.44	2.47	2.50
	0.6	2.40	2.44	2.50	2.56	2.63	2.69	2.76	2.82	2.88	2.94	3.00
	0.8	2.66	2.74	2.84	2.95	3.05	3.15	3.25	3.35	3.44	3.53	3.62
	1.0	2.98	3.12	3.25	3.40	3.54	3.68	3.81	3.94	4.07	4.19	4.30
	1.2	3.35	3.53	3.71	3.90	4.08	4.25	4.41	4.57	4.73	4.87	5.02
0.6	0.2	2.57	2.42	2.37	2.24	2.33	2.32	2.32	2.32	2.32	2.32	2.33
	0.4	2.67	2.54	2.50	2.50	2.51	2.52	2.54	2.56	2.58	2.61	2.63
	0.6	2.83	2.74	2.73	2.76	2.80	2.85	2.90	2.96	3.01	3.06	3.12
	0.8	3.06	3.01	3.05	312	3.20	3.29	3.38	3.46	3.55	3.63	3.72
	1.0	3.34	3.35	3.44	3.56	3.68	3.80	3.92	4.04	4.15	4.27	4.38
	1.2	3.67	3.74	3.88	4.03	4.19	4.35	4.50	4.65	4.80	4.94	5.08
0.8	0.2	3.25	2.96	2.82	2.74	2.69	2.66	2.64	2.62	2.61	2.61	2.60
	0.4	3.33	3.05	2.93	2.87	2.84	2.83	2.83	2.83	2.84	2.85	2.87
	0.6	3.45	3.21	3.12	3.10	3.10	3.12	3.14	3.18	3.22	3.26	3.30
	0.8	3.63	3.44	3.39	3.41	3.45	3.56	3.57	3.64	3.71	3.79	3.86
	1.0	3.86	3.73	3.73	3.80	3.88	3.98	4.08	4.18	4.29	4.39	4.50
	1.2	4.13	4.07	4.13	4.24	4.36	4.50	4.64	4.78	4.91	5.05	5.18

简图

$k_1 = \dfrac{I_1}{I_3} \cdot \dfrac{H_3}{H_1}$

$k_2 = \dfrac{I_2}{I_3} \cdot \dfrac{H_3}{H_2}$

$\eta_1 = \dfrac{H_1}{H_3}\sqrt{\dfrac{N_1}{N_3} \cdot \dfrac{I_3}{I_1}}$

$\eta_2 = \dfrac{H_2}{H_3}\sqrt{\dfrac{N_2}{N_3} \cdot \dfrac{I_3}{I_2}}$

N_1——上段柱的轴心力

N_2——中段柱的轴心力

N_3——下段柱的轴心力

续表

η_1	k_2	0.20											0.30										
	k_1	0.2	0.3	0.4	0.5	0.6	0.7	0.8	0.9	1.0	1.1	1.2	0.2	0.3	0.4	0.5	0.6	0.7	0.8	0.9	1.0	1.1	1.2
1.0	0.2	4.00	3.60	3.39	3.26	3.18	3.13	3.08	3.05	3.03	3.01	3.00	4.68	4.15	3.86	3.69	3.57	3.49	3.43	3.38	3.35	3.32	3.30
	0.4	4.06	3.67	3.48	3.37	3.30	3.26	3.23	3.21	3.21	3.20	3.20	4.73	4.21	3.94	3.78	3.68	3.61	3.57	3.54	3.51	3.50	3.49
	0.6	4.15	3.79	3.63	3.54	3.50	3.48	3.49	3.50	3.51	3.54	3.57	4.82	4.33	4.08	3.95	3.87	3.83	3.80	3.80	3.80	3.81	3.83
	0.8	4.29	3.97	3.84	3.80	3.79	3.81	3.85	3.90	3.95	4.01	4.07	4.94	4.49	4.28	4.18	4.14	4.13	4.14	4.17	4.20	4.25	4.29
	1.0	4.48	4.21	4.13	4.13	4.17	4.23	4.31	4.39	4.48	4.57	4.66	5.10	4.70	4.53	4.48	4.48	4.51	4.56	4.62	4.70	4.77	4.85
	1.2	4.70	4.49	4.47	4.52	4.60	4.71	4.82	4.94	5.07	5.19	5.31	5.30	4.95	4.84	4.83	4.88	4.96	5.05	5.15	5.26	5.37	5.84
1.2	0.2	4.76	4.26	4.00	3.83	3.72	3.65	3.59	3.54	3.51	3.48	3.46	5.58	4.93	4.57	4.35	4.20	4.10	4.01	3.95	3.90	3.86	3.83
	0.4	4.81	4.32	4.07	3.91	3.82	3.75	3.70	3.67	3.65	3.63	3.62	5.62	4.98	4.64	4.43	4.29	4.19	4.12	4.07	4.03	4.01	3.98
	0.6	4.89	4.43	4.19	4.05	3.98	3.93	3.91	3.89	3.89	3.90	3.91	5.70	5.08	4.75	4.56	4.44	4.37	4.32	4.29	4.27	4.26	4.26
	0.8	5.00	4.57	4.36	4.26	4.21	4.20	4.21	4.23	4.26	4.30	4.34	5.80	5.21	4.91	4.75	4.66	4.61	4.59	4.59	4.60	4.62	4.65
	1.0	5.15	4.76	4.59	4.53	4.53	4.55	4.60	4.66	4.73	4.80	4.88	5.93	5.38	5.12	5.00	4.95	4.94	4.95	4.99	5.03	5.09	5.15
	1.2	5.34	5.00	4.88	4.87	4.91	4.98	5.07	5.17	5.27	5.38	5.49	6.10	5.59	5.38	5.31	5.30	5.33	5.39	5.46	5.54	5.63	5.73
1.4	0.2	5.53	4.94	4.62	4.42	4.29	4.19	4.12	4.06	4.02	3.98	3.95	6.49	5.72	5.30	5.03	4.85	4.72	4.62	4.54	4.48	4.43	4.38
	0.4	5.57	4.99	4.68	4.49	4.36	4.27	4.21	4.16	4.13	4.10	4.08	6.53	5.77	5.35	5.10	4.93	4.80	4.71	4.64	4.59	4.55	4.51
	0.6	5.64	5.07	4.78	4.60	4.49	4.42	4.38	4.35	4.33	4.32	4.32	6.59	5.85	5.45	5.21	5.05	4.95	4.87	4.82	4.78	4.76	4.74
	0.8	5.74	5.19	4.92	4.77	4.69	4.64	4.62	4.62	4.63	4.65	4.67	6.68	5.96	5.59	5.37	5.24	5.15	5.10	5.08	5.06	5.06	5.07
	1.0	5.86	5.35	5.12	5.00	4.95	4.94	4.96	4.99	5.03	5.09	5.15	6.79	6.10	5.76	5.58	5.48	5.43	5.41	5.41	5.44	5.47	5.51
	1.2	6.02	5.55	5.36	5.29	5.28	5.31	5.37	5.44	5.52	5.61	5.71	6.93	6.28	5.98	5.84	5.78	5.76	5.79	5.83	5.89	5.95	6.03

简　图

$k_1 = \dfrac{I_1}{I_3} \cdot \dfrac{H_3}{H_1}$

$k_2 = \dfrac{I_2}{I_3} \cdot \dfrac{H_3}{H_2}$

$\eta_1 = \dfrac{H_1}{H_3}\sqrt{\dfrac{N_1}{N_3} \cdot \dfrac{I_3}{I_1}}$

$\eta_2 = \dfrac{H_2}{H_3}\sqrt{\dfrac{N_2}{N_3} \cdot \dfrac{I_3}{I_2}}$

N_1——上段柱的轴心力

N_2——中段柱的轴心力

N_3——下段柱的轴心力

注：表中的计算长度系数 μ 值按下式算得：

$$\frac{\eta_1 k_1}{\eta_2 k_2} \cdot \tan\frac{\pi\eta_2}{\mu} + \eta_1 k_1 \cdot \tan\frac{\pi\eta_1}{\mu} + \eta_2 k_2 \cdot \tan\frac{\pi\eta_2}{\mu} \cdot \tan\frac{\pi}{\mu} - 1 = 0。$$

表 8.7.4 柱上端为自由的双阶柱下段的计算长度系数 μ

η₁	k₁ \ k₂ η₂	0.05											0.10										
		0.2	0.3	0.4	0.5	0.6	0.7	0.8	0.9	1.0	1.1	1.2	0.2	0.3	0.4	0.5	0.6	0.7	0.8	0.9	1.0	1.1	1.2
0.2	0.2	1.99	1.99	2.00	2.00	2.01	2.02	2.02	2.03	2.04	2.05	2.06	1.96	1.96	1.97	1.97	1.98	1.98	1.99	2.00	2.00	2.01	2.02
	0.4	2.03	2.06	2.09	2.12	2.16	2.19	2.22	2.25	2.29	2.32	2.35	2.00	2.02	2.05	2.08	2.11	2.14	2.17	2.20	2.23	2.26	2.29
	0.6	2.12	2.20	2.28	2.36	2.43	2.50	2.57	2.64	2.71	2.77	2.83	2.07	2.14	2.22	2.29	2.36	2.43	2.50	2.56	2.63	2.69	2.75
	0.8	2.28	2.43	2.57	2.70	2.82	2.94	3.04	3.15	3.25	3.34	3.43	2.20	2.35	2.48	2.61	2.73	2.84	2.94	3.05	3.14	3.24	3.33
	1.0	2.53	2.76	2.96	3.13	3.29	3.44	3.59	3.72	3.85	3.98	4.10	2.41	2.64	2.83	3.01	3.17	3.32	3.46	3.59	3.72	3.85	3.97
	1.2	2.86	3.15	3.39	3.61	3.80	3.99	4.16	4.33	4.49	4.64	4.79	2.70	2.99	3.23	3.45	3.65	3.84	4.01	4.18	4.34	4.49	4.64
0.4	0.2	1.99	1.99	2.00	2.01	2.01	2.02	2.03	2.04	2.04	2.05	2.06	1.96	1.97	1.97	1.98	1.98	1.99	2.00	2.00	2.01	2.02	2.03
	0.4	2.03	2.06	2.09	2.13	2.16	2.19	2.23	2.26	2.29	2.32	2.35	2.00	2.03	2.06	2.09	2.12	2.15	2.18	2.21	2.24	2.27	2.30
	0.6	2.12	2.20	2.28	2.36	2.44	2.51	2.58	2.64	2.71	2.77	2.84	2.08	2.15	2.23	2.30	2.37	2.44	2.51	2.57	2.64	2.70	2.76
	0.8	2.29	2.44	2.58	2.71	2.83	2.94	3.05	3.15	3.25	3.35	3.44	2.21	2.36	2.49	2.62	2.73	2.85	2.95	3.05	3.15	3.24	3.34
	1.0	2.54	2.77	2.96	3.14	3.30	3.45	3.59	3.73	3.85	3.98	4.10	2.43	2.65	2.84	3.02	3.18	3.33	3.47	3.60	3.73	3.85	3.97
	1.2	2.87	3.15	3.40	3.61	3.81	3.99	4.17	4.33	4.49	4.65	4.79	2.71	3.00	3.24	3.46	3.66	3.85	4.02	4.19	4.34	4.49	4.64
0.6	0.2	1.99	1.98	2.00	2.01	2.02	2.03	2.04	2.04	2.05	2.06	2.07	1.97	1.98	1.98	1.99	1.99	2.00	2.01	2.02	2.02	2.03	2.04
	0.4	2.04	2.07	2.10	2.13	2.17	2.20	2.23	2.27	2.30	2.33	2.36	2.01	2.04	2.07	2.10	2.13	2.16	2.19	2.22	2.26	2.29	2.32
	0.6	2.13	2.21	2.29	2.36	2.45	2.52	2.59	2.65	2.72	2.78	2.84	2.09	2.17	2.24	2.32	2.39	2.46	2.52	2.59	2.65	2.71	2.77
	0.8	2.30	2.45	2.59	2.72	2.84	2.95	3.06	3.16	3.26	3.35	3.44	2.23	2.38	2.51	2.64	2.75	2.86	2.97	3.07	3.16	3.26	3.35
	1.0	2.56	2.78	2.97	3.15	3.31	3.46	3.60	3.73	3.86	3.99	4.11	2.45	2.68	2.86	3.03	3.19	3.34	3.48	3.61	3.74	3.86	3.98
	1.2	2.89	3.17	3.41	3.62	3.82	4.00	4.18	4.34	4.50	4.65	4.80	2.74	3.02	3.26	3.48	3.67	3.86	4.03	4.20	4.35	4.50	4.65
0.8	0.2	2.00	2.01	2.02	2.02	2.03	2.04	2.05	2.05	2.06	2.07	2.08	1.99	1.99	2.00	2.01	2.01	2.02	2.03	2.04	2.04	2.05	2.06
	0.4	2.05	2.08	2.12	2.15	2.18	2.21	2.25	2.28	2.31	2.34	2.37	2.03	2.06	2.09	2.12	2.15	2.19	2.22	2.25	2.28	2.31	2.34
	0.6	2.15	2.23	2.31	2.39	2.46	2.53	2.60	2.67	2.73	2.79	2.85	2.12	2.19	2.27	2.34	2.41	2.48	2.55	2.61	2.67	2.73	2.79
	0.8	2.32	2.47	2.61	2.73	2.85	2.96	3.07	3.17	3.27	3.36	3.45	2.27	2.41	2.54	2.66	2.78	2.89	2.99	3.09	3.18	3.28	3.37
	1.0	2.59	2.80	2.99	3.16	3.32	3.47	3.61	3.74	3.87	3.99	4.11	2.49	2.70	2.89	3.06	3.21	3.36	3.50	3.63	3.76	3.88	4.00
	1.2	2.92	3.19	3.42	3.63	3.83	4.01	4.18	4.35	4.51	4.66	4.81	2.78	3.05	3.29	3.50	3.69	3.88	4.05	4.21	4.37	4.52	4.65

简图：

$$k_1 = \frac{I_1}{I_3} \cdot \frac{H_3}{H_1}$$

$$k_2 = \frac{I_2}{I_3} \cdot \frac{H_3}{H_2}$$

$$\eta_1 = \frac{H_1}{H_3}\sqrt{\frac{N_1}{N_3} \cdot \frac{I_3}{I_1}}$$

$$\eta_2 = \frac{H_2}{H_3}\sqrt{\frac{N_2}{N_3} \cdot \frac{I_3}{I_2}}$$

N_1——上段柱的轴心力

N_2——中段柱的轴心力

N_3——下段柱的轴心力

η₁	k₁ \ k₂	0.05											0.10										
		0.2	0.3	0.4	0.5	0.6	0.7	0.8	0.9	1.0	1.1	1.2	0.2	0.3	0.4	0.5	0.6	0.7	0.8	0.9	1.0	1.1	1.2
1.0	0.2	2.02	2.02	2.03	2.04	2.05	2.05	2.06	2.07	2.08	2.09	2.09	2.01	2.02	2.03	2.04	2.04	2.05	2.06	2.07	2.07	2.08	2.09
	0.4	2.07	2.10	2.14	2.17	2.20	2.23	2.26	2.30	2.33	2.36	2.39	2.06	2.10	2.13	2.16	2.19	2.22	2.25	2.28	2.31	2.34	2.37
	0.6	2.17	2.26	2.33	2.41	2.48	2.55	2.62	2.68	2.75	2.81	2.87	2.16	2.24	2.31	2.38	2.45	2.51	2.58	2.64	2.70	2.76	2.82
	0.8	2.36	2.50	2.63	2.76	2.87	2.98	3.08	3.19	3.28	3.38	3.47	2.32	2.46	2.58	2.70	2.81	2.92	3.02	3.12	3.21	3.30	3.39
	1.0	2.62	2.83	3.01	3.18	3.34	3.48	3.62	3.75	3.88	4.01	4.12	2.55	2.75	2.93	3.09	3.25	3.39	3.53	3.66	3.78	3.90	4.02
	1.2	2.95	3.21	3.44	3.65	3.82	4.02	4.20	4.36	4.52	4.67	4.81	2.84	3.10	3.32	3.53	3.72	3.90	4.07	4.23	4.39	4.54	4.68
1.2	0.2	2.04	2.05	2.06	2.06	2.07	2.08	2.09	2.09	2.10	2.11	2.12	2.07	2.08	2.08	2.09	2.09	2.10	2.11	2.11	2.12	2.13	2.13
	0.4	2.10	2.13	2.17	2.20	2.23	2.26	2.29	2.32	2.35	2.38	2.41	2.13	2.16	2.18	2.21	2.24	2.27	2.30	2.33	2.35	2.38	2.41
	0.6	2.22	2.29	2.37	2.44	2.51	2.58	2.64	2.71	2.77	2.83	2.89	2.24	2.30	2.37	2.43	2.50	2.56	2.63	2.68	2.74	2.80	2.86
	0.8	2.41	2.54	2.67	2.78	2.90	3.00	3.11	3.20	3.30	3.39	3.48	2.41	2.53	2.64	2.75	2.86	2.96	3.06	3.15	3.24	3.33	3.42
	1.0	2.68	2.87	3.04	3.21	3.36	3.50	3.64	3.77	3.90	4.02	4.14	2.64	2.82	2.98	3.14	3.29	3.43	3.56	3.69	3.81	3.93	4.04
	1.2	3.00	3.25	3.47	3.67	3.86	4.04	4.21	4.37	4.53	4.68	4.83	2.92	3.16	3.37	3.57	3.76	3.93	4.10	4.26	4.41	4.56	4.70
1.4	0.2	2.10	2.10	2.10	2.11	2.11	2.12	2.13	2.13	2.14	2.15	2.15	2.20	2.18	2.17	2.17	2.17	2.18	2.18	2.19	2.19	2.20	2.20
	0.4	2.17	2.19	2.21	2.24	2.27	2.30	2.33	2.36	2.39	2.41	2.44	2.26	2.26	2.27	2.29	2.32	2.34	2.37	2.39	2.42	2.44	2.47
	0.6	2.29	2.35	2.41	2.48	2.55	2.61	2.67	2.74	2.80	2.86	2.91	2.37	2.41	2.46	2.51	2.57	2.63	2.68	2.74	2.80	2.85	2.91
	0.8	2.48	2.60	2.71	2.82	2.93	3.03	3.13	3.23	3.32	3.41	3.50	2.53	2.62	2.72	2.82	2.92	3.01	3.11	3.20	3.29	3.37	3.46
	1.0	2.74	2.92	3.08	3.24	3.39	3.53	3.66	3.79	3.92	4.04	4.15	2.75	2.90	3.05	3.20	3.34	3.47	3.60	3.72	3.84	3.96	4.07
	1.2	3.06	3.29	3.50	3.70	3.89	4.06	4.23	4.39	4.55	4.70	4.84	3.02	3.23	3.43	3.62	3.80	3.97	4.13	4.29	4.44	4.59	4.73

简 图

$k_1 = \dfrac{I_1}{I_3} \cdot \dfrac{H_3}{H_1}$

$k_2 = \dfrac{I_2}{I_3} \cdot \dfrac{H_3}{H_2}$

$\eta_1 = \dfrac{H_1}{H_3}\sqrt{\dfrac{N_1}{N_3} \cdot \dfrac{I_3}{I_1}}$

$\eta_2 = \dfrac{H_2}{H_3}\sqrt{\dfrac{N_2}{N_3} \cdot \dfrac{I_3}{I_2}}$

N_1——上段柱的轴心力

N_2——中段柱的轴心力

N_3——下段柱的轴心力

225

简 图

$$k_1 = \frac{I_1}{I_3} \cdot \frac{H_3}{H_1}$$

$$k_2 = \frac{I_2}{I_3} \cdot \frac{H_3}{H_2}$$

$$\eta_1 = \frac{H_1}{H_3}\sqrt{\frac{N_1}{N_3} \cdot \frac{I_3}{I_1}}$$

$$\eta_2 = \frac{H_2}{H_3}\sqrt{\frac{N_2}{N_3} \cdot \frac{I_3}{I_2}}$$

N_1——上段柱的轴心力

N_2——中段柱的轴心力

N_3——下段柱的轴心力

η_1	k_2	$k_1=0.20$											$k_1=0.30$										
$\eta_2\rightarrow$		0.2	0.3	0.4	0.5	0.6	0.7	0.8	0.9	1.0	1.1	1.2	0.2	0.3	0.4	0.5	0.6	0.7	0.8	0.9	1.0	1.1	1.2
0.2	0.2	1.94	1.93	1.93	1.93	1.93	1.93	1.94	1.94	1.95	1.95	1.96	1.92	1.91	1.90	1.89	1.89	1.89	1.90	1.90	1.90	1.90	1.91
	0.4	1.96	1.98	1.99	2.02	2.04	2.07	2.09	2.12	2.15	2.17	2.20	1.95	1.95	1.96	1.97	1.99	2.01	2.04	2.06	2.08	2.11	2.13
	0.6	2.02	2.07	2.13	2.19	2.26	2.32	2.38	2.44	2.50	2.56	2.62	1.99	2.03	2.08	2.13	2.18	2.24	2.29	2.35	2.41	2.46	2.52
	0.8	2.12	2.23	2.35	2.47	2.58	2.68	2.78	2.88	2.98	3.07	3.15	2.07	2.16	2.27	2.37	2.47	2.57	2.66	2.75	2.84	2.93	3.01
	1.0	2.28	2.47	2.65	2.82	2.97	3.12	3.26	3.39	3.51	3.63	3.75	2.20	2.37	2.53	2.69	2.83	2.97	3.10	3.23	3.35	3.46	3.57
	1.2	2.50	2.77	3.01	3.22	3.42	3.60	3.77	3.93	4.09	4.23	4.38	2.39	2.63	2.85	3.05	3.24	3.42	3.58	3.74	3.89	4.03	4.17
0.4	0.2	1.93	1.93	1.93	1.93	1.94	1.94	1.95	1.95	1.96	1.96	1.97	1.92	1.91	1.91	1.90	1.90	1.91	1.91	1.91	1.92	1.92	1.92
	0.4	1.97	1.98	2.00	2.03	2.05	2.08	2.11	2.13	2.16	2.19	2.22	1.95	1.96	1.97	1.99	2.01	2.03	2.05	2.08	2.10	2.12	2.15
	0.6	2.03	2.08	2.14	2.21	2.27	2.33	2.40	2.46	2.52	2.58	2.63	2.00	2.04	2.09	2.14	2.20	2.26	2.31	2.37	2.42	2.48	2.53
	0.8	2.13	2.25	2.37	2.48	2.59	2.70	2.80	2.90	2.99	3.08	3.17	2.08	2.18	2.28	2.39	2.49	2.59	2.68	2.77	2.86	2.95	3.03
	1.0	2.29	2.49	2.67	2.83	2.99	3.13	3.27	3.40	3.53	3.64	3.76	2.22	2.39	2.55	2.71	2.85	2.99	3.12	3.24	3.36	3.48	3.59
	1.2	2.52	2.79	3.02	3.23	3.43	3.61	3.78	3.94	4.10	4.24	4.39	2.41	2.65	2.87	3.07	3.26	3.43	3.60	3.75	3.90	4.04	4.18
0.6	0.2	1.95	1.95	1.95	1.95	1.96	1.96	1.97	1.97	1.98	1.98	1.99	1.93	1.93	1.92	1.92	1.93	1.93	1.93	1.94	1.94	1.95	1.95
	0.4	1.98	2.00	2.02	2.05	2.08	2.10	2.13	2.16	2.19	2.21	2.24	1.96	1.97	1.99	2.01	2.03	2.06	2.08	2.11	2.13	2.16	2.18
	0.6	2.04	2.10	2.17	2.23	2.30	2.36	2.42	2.48	2.54	2.60	2.66	2.02	2.06	2.12	2.17	2.23	2.29	2.35	2.40	2.46	2.51	2.57
	0.8	2.15	2.27	2.39	2.51	2.62	2.72	2.82	2.92	3.01	3.10	3.19	2.11	2.21	2.32	2.42	2.52	2.62	2.71	2.80	2.89	2.98	3.06
	1.0	2.32	2.52	2.70	2.86	3.01	3.16	3.29	3.42	3.55	3.66	3.78	2.25	2.42	2.59	2.74	2.88	3.02	3.15	3.27	3.39	3.50	3.61
	1.2	2.55	2.82	3.05	3.26	3.45	3.63	3.80	3.96	4.11	4.26	4.40	2.44	2.69	2.91	3.11	3.29	3.46	3.62	3.78	3.93	4.07	4.20
0.8	0.2	1.97	1.97	1.98	1.98	1.99	1.99	2.00	2.01	2.01	2.02	2.03	1.96	1.95	1.96	1.96	1.97	1.97	1.98	1.98	1.99	1.99	2.00
	0.4	2.00	2.03	2.06	2.08	2.11	2.14	2.17	2.20	2.22	2.25	2.28	1.99	2.01	2.03	2.05	2.08	2.10	2.13	2.15	2.18	2.21	2.23
	0.6	2.08	2.14	2.21	2.27	2.34	2.40	2.46	2.52	2.58	2.64	2.69	2.05	2.10	2.16	2.22	2.28	2.34	2.40	2.45	2.51	2.56	2.61
	0.8	2.19	2.32	2.44	2.55	2.66	2.76	2.86	2.96	3.05	3.13	3.22	2.15	2.26	2.37	2.47	2.57	2.67	2.76	2.85	2.94	3.02	3.10
	1.0	2.37	2.57	2.74	2.90	3.05	3.19	3.33	3.45	3.58	3.69	3.81	2.30	2.48	2.64	2.79	2.93	3.07	3.19	3.31	3.43	3.54	3.65
	1.2	2.61	2.87	3.09	3.30	3.49	3.66	3.83	3.99	4.14	4.29	4.42	2.50	2.74	2.96	3.15	3.33	3.50	3.66	3.81	3.96	4.10	4.23

简图	$k_1\backslash k_2$		0.20											0.30										
	η_1	η_2	0.2	0.3	0.4	0.5	0.6	0.7	0.8	0.9	1.0	1.1	1.2	0.2	0.3	0.4	0.5	0.6	0.7	0.8	0.9	1.0	1.1	1.2
	1.0	0.2	2.01	2.02	2.03	2.03	2.04	2.05	2.05	2.06	2.07	2.07	2.08	2.01	2.02	2.02	2.03	2.04	2.04	2.05	2.06	2.06	2.07	2.07
		0.4	2.06	2.09	2.11	2.14	2.17	2.20	2.23	2.25	2.28	2.31	2.33	2.05	2.08	2.10	2.13	2.16	2.18	2.21	2.23	2.26	2.28	2.31
		0.6	2.14	2.21	2.27	2.34	2.40	2.46	2.52	2.58	2.63	2.69	2.74	2.13	2.19	2.25	2.30	2.36	2.42	2.47	2.53	2.58	2.63	2.68
		0.8	2.27	2.39	2.51	2.62	2.72	2.82	2.91	3.00	3.09	3.18	3.26	2.24	2.35	2.45	2.55	2.65	2.74	2.83	2.92	3.00	3.08	3.16
		1.0	2.46	2.64	2.81	2.96	3.10	3.24	3.37	3.50	3.61	3.73	3.84	2.40	2.57	2.72	2.86	3.00	3.13	3.25	3.37	3.48	3.59	3.70
		1.2	2.69	2.94	3.15	3.35	3.53	3.71	3.87	4.02	4.17	4.32	4.46	2.60	2.83	3.03	3.22	3.39	3.56	3.71	3.86	4.01	4.14	4.28
	1.2	0.2	2.13	2.12	2.12	2.13	2.13	2.14	2.14	2.15	2.15	2.16	2.16	2.17	2.16	2.16	2.16	2.16	2.16	2.17	2.17	2.18	2.18	2.19
		0.4	2.18	2.19	2.21	2.24	2.26	2.29	2.31	2.34	2.36	2.38	2.41	2.22	2.22	2.24	2.26	2.28	2.30	2.32	2.34	2.36	2.39	2.41
		0.6	2.27	2.32	2.37	2.43	2.49	2.54	2.60	2.65	2.70	2.76	2.81	2.29	2.33	2.38	2.43	2.48	2.53	2.58	2.62	2.67	2.72	2.77
		0.8	2.41	2.50	2.60	2.70	2.80	2.89	2.98	3.07	3.15	3.23	3.32	2.41	2.49	2.58	2.67	2.75	2.84	2.92	3.00	3.08	3.16	3.23
		1.0	2.59	2.74	2.89	3.04	3.17	3.30	3.43	3.55	3.66	3.78	3.89	2.56	2.69	2.83	2.96	3.09	3.21	3.33	3.44	3.55	3.66	3.76
		1.2	2.81	3.03	3.23	3.42	3.59	3.76	3.92	4.07	4.22	4.36	4.49	2.74	2.94	3.13	3.30	3.47	3.63	3.78	3.92	4.06	4.20	4.33
	1.4	0.2	2.35	2.31	2.29	2.28	2.27	2.27	2.27	2.27	2.27	2.28	2.28	2.45	2.40	2.37	2.35	2.35	2.34	2.34	2.34	2.34	2.34	2.34
		0.4	2.40	2.37	2.37	2.38	2.39	2.41	2.43	2.45	2.47	2.49	2.51	2.48	2.45	2.44	2.44	2.45	2.46	2.48	2.49	2.51	2.53	2.55
		0.6	2.48	2.49	2.52	2.56	2.61	2.65	2.70	2.75	2.80	2.85	2.89	2.55	2.54	2.56	2.60	2.63	2.67	2.71	2.75	2.80	2.84	2.88
		0.8	2.60	2.66	2.73	2.82	2.90	2.98	3.07	3.15	3.23	3.31	3.38	2.64	2.68	2.74	2.81	2.89	2.96	3.04	3.11	3.18	3.25	3.33
		1.0	2.77	2.88	3.01	3.14	3.26	3.38	3.50	3.62	3.73	3.84	3.94	2.77	2.87	2.98	3.09	3.20	3.32	3.43	3.53	3.64	3.74	3.84
		1.2	2.97	3.15	3.33	3.50	3.67	3.8.	3.98	4.13	4.27	4.41	4.54	2.94	3.09	3.26	3.41	3.57	3.72	3.86	4.00	4.13	4.26	4.39

$k_1 = \dfrac{I_1}{I_3} \cdot \dfrac{H_3}{H_1}$

$k_2 = \dfrac{I_2}{I_3} \cdot \dfrac{H_3}{H_2}$

$\eta_1 = \dfrac{H_1}{H_3}\sqrt{\dfrac{N_1}{N_3} \cdot \dfrac{I_3}{I_1}}$

$\eta_2 = \dfrac{H_2}{H_3}\sqrt{\dfrac{N_2}{N_3} \cdot \dfrac{I_3}{I_2}}$

N_1——上段柱的轴心力

N_2——中段柱的轴心力

N_3——下段柱的轴心力

注：表中的计算长度系数 μ 值按下式算得：

$$\frac{\eta_1 k_1}{\eta_2 k_2} \cdot \cot\frac{\pi\eta_1}{\mu} \cdot \cot\frac{\pi\eta_2}{\mu} + \frac{\eta_1 k_1}{(\eta_2 k_2)^2} \cdot \cot\frac{\pi\eta_1}{\mu} \cdot \cot\frac{\pi}{\mu} + \frac{1}{\eta_2 k_2} \cdot \cot\frac{\pi\eta_2}{\mu} \cdot \cot\frac{\pi}{\mu} - 1 = 0_\circ$$

即按表 8.7.2 的 μ 值采用,再乘以表 8.7.5 的折减系数。

上端柱的计算长度系数 μ_1,应按下式计算:

$$\mu_1 = \mu_2 / \eta_1 \tag{8.7.32}$$

式中　η_1 ——参数,按表 8.7.1 或表 8.7.2 中的公式计算。

B. 对于双阶柱

下段柱的计算长度系数 μ_3,当柱上端与横梁铰接时,按表 8.7.3 取用(柱上端为自由的双阶柱),并乘以表 8.7.5 的折减系数;当柱上端与横梁刚接时,按上端可移动但不能转动的双阶柱,即按表 8.7.4 的 μ 值采用,再乘以表 8.7.5 的折减系数。

表 8.7.5　单层厂房阶形柱计算长度的折减系数

厂　房　类　型				折减系数
单跨和多跨	纵向温度区段内一个柱列的柱子数	屋面情况	厂房两侧是否有通常的屋盖纵向水平支撑	
单跨	等于或少于 6 个	—		0.9
	多于 6 个	非大型屋面板屋面	无纵向水平支撑	
			有纵向水平支撑	
		大型屋面板屋面	—	0.8
多跨	—	非大型屋面板屋面	无纵向水平支撑	
			有纵向水平支撑	
		大型屋面板屋面	—	0.7

上端柱和中段柱的计算长度系数 μ_1 和 μ_2,按下式计算:

$$\mu_1 = \mu_2 / \eta_1 \tag{8.7.33}$$

$$\mu_2 = \mu_3 / \eta_2 \tag{8.7.34}$$

式中　η_1,η_2 ——参数,按表 8.7.3 或表 8.7.4 中的公式计算。

8.7.2　格构柱缀材的构造与计算

格构柱缀材的构造与计算,应符合《钢结构设计规范》(GB 50017—2003)的有关规定。格构柱的缀材,应能承受下列剪力中的较大者,剪力 V 值可以为沿格构柱全长不变。

实际作用于格构柱的横向剪力设计值:

$$V = N_0^* / 85 \tag{8.7.35}$$

式中　N_0^* ——格构柱轴心受压短柱承载力设计值,公式如下:

$$N_0^* = \sum_1^i N_{0i}$$

【例 8.7.1】　一个轴心受压格构柱,采用四肢格构柱,柱的计算长度为 $l_{0x} = 18000mm$,$l_{0y} = 36000mm$,格构柱节间长度为 1500mm。采用 Q235 钢材($f = 215N/mm^2$,$f_v = 120N/mm^2$,$E_s = 206 \times 10^3 N/mm^2$),C30 混凝土($f_c = 14.3N/mm^2$,$E_c = 3 \times 10^4 N/mm^2$),截面如图 8.7.6 所示,求其承载力。

【解】　1. 整体稳定

(1)基本参数

钢管 Φ219×5

228

查表8.2.3得：

$A_{sc} = 367.7 \text{cm}^2 = 367.7 \times 10^2 \text{mm}^2$

$A_s = 36.6 \text{cm}^2 = 33.6 \times 10^2 \text{mm}^2$

$A_c = 343.1 \text{cm}^2 = 343.1 \times 10^2 \text{mm}^2$

$I_{sc} = 11291.4 \text{cm}^4 = 11291.4 \times 10^4 \text{mm}^4$

$\rho_s = 0.098$

钢管 $\Phi152 \times 4$

查表8.2.3得：$A_1 = 18.6 \text{cm}^2 = 1860 \text{mm}^2$

钢管 $\Phi76 \times 3$

查表8.2.3得：$A_1 = 6.88 \text{cm}^2 = 688 \text{mm}^2$

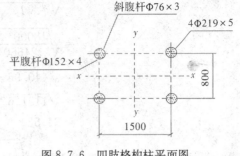

图8.7.6　四肢格构柱平面图

（2）对 x 轴、y 轴的惯性矩

$$I_x = \sum_{i=1}^{m} (I_{sc} + a^2 A_{sc})$$
$$= 4 \times (I_{sc} + 400^2 A_{sc})$$
$$= 4 \times (11291.4 \times 10^4 + 400^2 \times 376.7 \times 10^2)$$
$$= 2456045 \times 10^4 (\text{mm}^4)$$

$$I_y = \sum_{i=1}^{m} (I_{sc} + b^2 A_{sc})$$
$$= 4 \times (I_{sc} + 750^2 A_{sc})$$
$$= 4 \times (11291.4 \times 10^4 + 750^2 \times 376.7 \times 10^2)$$
$$= 8520915.6 \times 10^4 (\text{mm}^4)$$

（3）确定有效计算长度 l_e^*

由于题目已给定计算长度 $l_{0x} = 18000 \text{mm}$，$l_{0y} = 36000 \text{mm}$

则　　$l_e^* = kl_0^*$，又由于是轴心受压，所以 $k = 1$

即　　$l_{e0x}^* = l_{0x} = 18000 \text{mm}$

$l_{e0y}^* = l_{0y} = 36000 \text{mm}$

（4）计算换算长细比 λ^*

$$A_0 = \sum_1^i A_{si} + \frac{E_c}{E_s} \sum_1^i A_{ci}$$
$$= 4 \times 33.6 \times 10^2 + \frac{3 \times 10^4}{206 \times 10^3} \times 4 \times 343.1 \times 10^2$$
$$= 13440 + 19986.4$$
$$= 33426.4 (\text{mm}^2)$$

$l = 1500 \text{mm}$　　$A_{1x} = A_{1y} = 2752 \text{mm}^2$　　$d = 219 \text{mm}$

①当缀件为平腹杆体系时，

根据式（8.7.15）或式（8.7.16）：

$$\lambda_x^* = \sqrt{\left(l_{ex}^* \Big/ \sqrt{\frac{I_x}{A_0}}\right)^2 + 16\left(\frac{l}{d}\right)^2}$$

229

$$= \sqrt{\frac{18000^2 A_0}{I_x} + 16 \times \left(\frac{1500}{219}\right)^2}$$

$$= \sqrt{\frac{18000^2 \times 33426.4}{2456045 \times 10^4} + 16 \times \left(\frac{1500}{219}\right)^2}$$

$$= \sqrt{440.96 + 750.61}$$

$$= \sqrt{1191.6}$$

$$= 34.52$$

同理
$$\lambda_y^* = \sqrt{\left(l_{ey}^* / \sqrt{\frac{I_y}{A_0}}\right)^2 + 16 \times \left(\frac{l}{d}\right)^2}$$

$$= \sqrt{\frac{36000^2 A_0}{I_y} + 16 \times \left(\frac{1500}{219}\right)^2}$$

$$= \sqrt{\frac{36000^2 \times 33426.4}{8520915.6 \times 10^4} + 16 \times \left(\frac{1500}{219}\right)^2}$$

$$= \sqrt{508.4 + 750.1}$$

$$= \sqrt{1258.5}$$

$$= 35.48$$

②当缀件为斜腹杆体系时,

根据式(8.7.17)或式(8.7.18):

$$\lambda_x^* = \sqrt{\left(l_{ex}^* / \sqrt{\frac{I_x}{A_0}}\right)^2 + 40 A_0 / A_{1x}}$$

$$= \sqrt{\frac{18000^2 A_0}{I_x} + 40 \times \frac{A_0}{A_{1x}}}$$

$$= \sqrt{\frac{18000^2 \times 33426.4}{2456045 \times 10^4} + 40 \times \frac{33426.4}{2752}}$$

$$= \sqrt{440.96 + 485.85}$$

$$= \sqrt{926.81}$$

$$= 30.44$$

$$\lambda_y^* = \sqrt{\left(l_{ey}^* / \sqrt{\frac{I_y}{A_0}}\right)^2 + 40 A_0 / A_{1y}}$$

$$= \sqrt{\frac{36000^2 A_0}{I_y} + 40 \times \frac{A_0}{A_{1y}}}$$

$$= \sqrt{508.4 + 485.85}$$

$$= \sqrt{994.25}$$

$$= 31.53$$

(5)计算长细比影响整体承载力折减系数 φ_l^*

①当缀件为平腹杆体系时,

根据式
$$\varphi_l^* = 1 - 0.0575\sqrt{\lambda_x^* - 16}$$

则
$$\varphi_{lx}^* = 1 - 0.0575\sqrt{\lambda_x^* - 16}$$
$$= 1 - 0.0575 \times \sqrt{34.52 - 16}$$
$$= 1 - 0.0575 \times 4.303$$
$$= 0.753$$

同理
$$\varphi_{ly}^* = 1 - 0.0575\sqrt{\lambda_y^* - 16}$$
$$= 1 - 0.0575 \times \sqrt{35.48 - 16}$$
$$= 0.746$$

②当缀件为斜腹杆体系时，

根据式(8.7.11)
$$\varphi_l^* = 1 - 0.0575\sqrt{\lambda^* - 16}$$
则
$$\varphi_{lx}^* = 1 - 0.0575\sqrt{\lambda_x^* - 16}$$
$$= 1 - 0.0575 \times \sqrt{30.44 - 16}$$
$$= 1 - 0.29$$
$$= 0.782$$

同理
$$\varphi_{ly}^* = 1 - 0.0575\sqrt{\lambda_y^* - 16}$$
$$= 1 - 0.0575 \times \sqrt{31.53 - 16}$$
$$= 1 - 0.227$$
$$= 0.773$$

(6)计算承载力

根据式(8.7.2)，$N_u^* = \varphi_l^* \varphi_e^* N_0^*$

由于是轴压，所以 $\varphi_e^* = 1$

根据式(8.7.3)，$N_0^* = \sum_1^i N_0$

根据式(8.4.15)，$N_0 = f_c A_c (1 + \sqrt{\theta} + \theta)$

根据式(8.4.15b)，$\theta = \dfrac{f A_s}{f_c A_c} = \rho \dfrac{f}{f_c} = 0.098 \times \dfrac{215}{14.3} = 1.473$

$$N_0 = 14.3 \times 34310 \times (1 + \sqrt{1.473} + 1.473)$$
$$= 1808803(\text{N}) = 1808.8(\text{kN})$$

$$N_0^* = 4N_0$$

①当缀件为平腹杆体系时，
$$N_u^* = \varphi_l^* \varphi_e^* N_0^*$$
$$N_{ux}^* = \varphi_{lx}^* \varphi_{ex}^* N_0^*$$
$$= 0.753 \times 1 \times 4 \times 1808.8$$
$$= 5448.1(\text{kN})$$

同理
$$N_{uy}^* = \varphi_{ly}^* \varphi_{ey}^* N_0^*$$
$$= 0.746 \times 1 \times 4 \times 1808.8$$
$$= 5397.5(\text{kN})$$

②当缀件为斜腹杆体系时，

$$N_{ux}^* = \varphi_{lx}^* \varphi_{ex}^* N_0^*$$
$$= 0.782 \times 1 \times 4 \times 1808.8$$
$$= 5657.93(kN)$$

同理
$$N_{uy}^* = \varphi_{ly}^* \varphi_{ey}^* N_0^*$$
$$= 0.773 \times 1 \times 4 \times 1808.8$$
$$= 5592.8(kN)$$

因此，承载力决定于平面外稳定，承载力为 $N_{uy} = 5397.5$ kN。

2. 单肢稳定

通常不必进行单肢稳定验算，单肢稳定能够保证，但应满足下列条件：

平腹杆格构式构件 $\lambda_1 \leqslant 40$ 且 $\lambda_1 \leqslant 0.5\lambda_{max}$

斜腹杆格构式构件 $\lambda_1 \leqslant 0.7\lambda_{max}$

式中 λ_{max}——构件在 x 和 y 轴方向换算长细比的较大值；

       λ_1——单肢长细比。

通过计算能够满足要求。

3. 腹杆承载力计算

(1)斜腹杆：

钢管 $\Phi 76 \times 3$

$$A_1 = 6.88 cm^2 = 688 mm^2$$
$$I_1 = 45.91 cm^4 = 459100 mm^4$$
$$i_1 = \sqrt{I_1/A_1} = \sqrt{459100/688} = 25.8(mm)$$

设计剪力：根据公式(8.7.35)得
$$V = N_0^*/85 = 4N_0/85 = 4 \times 1808.8/85 = 85.12(kN)$$

斜腹杆长度：
$$l_1 = \sqrt{1.5^2 + 1.5^2} = 2121(mm)$$
$$\lambda_1 = \frac{l_1}{i_1} = \frac{2121}{25.8} = 82.2$$

由于管内无混凝土，属于空钢管查《钢结构设计规范》(GB 50017—2003)得 $\varphi_d = 0.76$
则斜腹杆的承载力， $N_d = \varphi_d f A_1 = 0.76 \times 215 \times 688$
$$= 112419(N)$$
$$= 112.4(kN)$$

实际受到的轴心力为
$$N = \frac{V}{2\cos 45°} = \frac{1}{2} \times 85.12 \times \frac{1}{0.707} = 60.2(kN) < N_d$$

满足要求。

(2)平腹杆验算

钢管 $\Phi 152 \times 4$

$$A_1 = 1860 mm^2$$
$$I_1 = 5095915 mm^4$$
$$i_1 = \sqrt{I_1/A_1} = \sqrt{5095915/1860} = 52.34(mm)$$

$$l_1 = 750\text{mm} \qquad W_1 = 67051.4\text{mm}^3$$

水平杆所受剪力：

$$T = \frac{2 \times 750}{800} \cdot \frac{V}{4}$$

$$= \frac{2 \times 750}{800} \times \frac{85.12}{4}$$

$$= 39.9(\text{kN})$$

$$M_1 = \frac{800}{2} \times T$$

$$= \frac{800}{2} \times 39.9$$

$$= 15960(\text{kN} \cdot \text{mm})$$

$$= 15.96(\text{kN} \cdot \text{m})$$

$$\sigma = \frac{M_1}{W_1} = \frac{15960 \times 10^6}{670751.1} = 238(\text{N/mm}) > f = 215(\text{N/mm}^2)$$

$$\tau = \frac{T}{A_1} = \frac{39.9 \times 10^3}{1860} = 21.5(\text{N/mm}^2) < f_v = 120(\text{N/mm}^2)$$

从以上可看出水平腹杆不满足要求($\sigma > f$)，可以把管壁加厚，变为 $\Phi152 \times 5$ 即可。

8.8 钢管混凝土局部受压时的承载力计算[13]

局部承压是工程结构中一种常见的受力情况，即力的作用面积小于支承的截面面积或底面积，如图 8.8.1 所示。

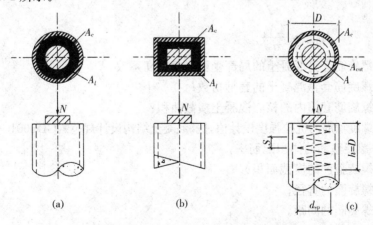

图 8.8.1　钢管混凝土局部受压示意图

(a)圆钢管混凝土；(b)矩形钢管混凝土；(c)配有螺旋箍筋的混凝土

钢管混凝土柱在局部压力作用下，钢管一方面通过界面粘结力与混凝土共同作用，承担轴向力；另一方面通过约束混凝土的横向而承担环向拉力。在这样的复合受力状态下，钢管会发生局部曲鼓而减小对混凝土的约束作用，从而使构件不能继续承载。

钢管混凝土的局部受压工作性能有如下特点：

(1)钢管混凝土对核心混凝土的约束作用有利于局压强度提高；

（2）钢管若发生屈曲会降低对核心区混凝土的约束作用；

（3）钢管与混凝土的界面粘结会对局部压力的扩散产生有利影响。

8.8.1 圆钢管混凝土局部受压计算

1. 钢管混凝土的局部受压应满足下列条件：

$$N \leqslant N_{ul} \tag{8.8.1}$$

式中　N——轴向压力设计值；

　　N_{ul}——钢管混凝土在局部受压下的承载力设计值，公式如下：

$$N_{ul} = f_c A_l (1 + \theta + \sqrt{\theta}) \beta \tag{8.8.2}$$

$$\beta = \sqrt{A_c / A_l} \tag{8.8.3}$$

$$\theta = \frac{f A_s}{f_c A_c} \tag{8.8.4}$$

式中　A_l——局部受压面积；

　　β——钢管混凝土的局部受压强度提高系数，当 β 值大于 3 时，取等于 3；

　　θ——钢管混凝土套箍系数；

　　A_c——钢管内混凝土的截面面积；

　　f_c——混凝土的抗压强度设计值。

2. 配有螺旋箍筋加强的钢管混凝土在局部受压下的承载力设计值，按下列公式计算：

$$N_{ul} = f_c A_l \left[(1 + \theta + \sqrt{\theta}) \beta + (\sqrt{\theta_{sp}} + \theta_{sp}) \beta_{sp} \right] \tag{8.8.5}$$

$$\beta_{sp} = \sqrt{A_{cor} / A_l} \tag{8.8.6}$$

$$\theta_{sp} = \frac{\rho_{v,sp} f_{sp}}{f_c} \tag{8.8.7}$$

$$\rho_{v,sp} = \frac{4 A_{sp}}{s d_{sp}} \tag{8.8.8}$$

式中　β_{sp}——螺旋筋套箍混凝土的局部受压强度提高系数；

　　θ_{sp}——螺旋筋套箍混凝土的套箍指数；

　　A_{cor}——螺旋筋套箍内的核心混凝土横截面积；

　　f_{sp}——螺旋箍筋的抗拉强度设计值，按《混凝土结构设计规范》（GB 50010—2002）取值；

　　$\rho_{v,sp}$——螺旋箍筋的体积配筋率；

　　A_{sp}——螺旋箍筋的横截面积；

　　d_{sp}——螺旋圈的直径；

　　s——螺旋圈的间距。

8.8.2 方钢管混凝土局压承载力计算公式

$$N \leqslant N_{ul} \tag{8.8.9}$$

$$N_{ul} = f_c A_l (1.18 + 0.85 \xi) \beta_{lc} \tag{8.8.10}$$

其中

$$\xi = \frac{f A_s}{f_c A_c} \tag{8.8.11}$$

$$\beta_{lc} = \sqrt{A_c / A_l} \tag{8.8.12}$$

式中 N_{ul} ——钢管混凝土局压承载力设计值；

        β_{lc} ——钢管混凝土局部受压强度提高系数，β_{lc} 大于 4 时，取值等于 4；

    f ，f_c ——分别为钢管和混凝土强度设计值；

    A_s ，A_c ——分别为钢管和混凝土的截面面积。

8.9 钢管混凝土构件的变形验算

8.9.1 变形计算方法

钢管混凝土构件或结构在正常使用极限状态下的变形，可采用结构力学的方法进行计算。

8.9.2 刚度取值

处于钢管中的混凝土，在受压时，因受到钢管的约束，处于三向受压状态，其弹性极限会增高，在受拉时，因受到钢管的约束，其抗拉强度和弹性极限也会增高。因此，在计算钢管混凝土的综合刚度时，混凝土的弹性模量，不管受拉还是受压，均按《混凝土结构设计规范》（GB 50010—2002）中的规定取值。

钢管混凝土构件或结构在正常使用极限状态下的刚度可按下列规定取值：

1. 钢管混凝土构件的轴压和拉伸刚度：

$$EA = E_s A_s + E_c A_c \tag{8.9.1}$$

2. 钢管混凝土构件的弯曲刚度：

$$EI = E_s I_s + E_c I_c \tag{8.9.2}$$

3. 钢管混凝土构件的剪切刚度：

$$GA = G_s A_s + G_c A_c \tag{8.9.3}$$

式中 A_s 、I_s ——分别为钢管截面面积和对其重心轴的惯性矩；

    A_c 、I_c ——分别为钢管内混凝土的截面面积和对其重心轴的惯性矩；

    E_s 、E_c ——分别为钢材和混凝土的弹性模量；

    G_s 、G_c ——分别为钢材和混凝土的剪切模量。

在矩形钢管混凝土结构技术规程（CECS 159：2004）中，对矩形钢管混凝土构件的刚度取值如下：

轴向刚度 $EA = E_s A_s + E_c A_c$ (8.9.4)

弯曲刚度 $EI = E_s I_s + 0.8 E_c I_c$ (8.9.5)

8.10 钢管混凝土梁、柱节点受力性能及节点构造

1. 节点的分类

按受力性能特点不同，钢管混凝土梁、柱节点可主要分为以下几种类型：

(1)铰接节点：梁只传递支座反力给混凝土柱。

(2)半刚性节点：在受力过程中梁和钢管混凝土柱轴线的夹角发生改变，即二者之间有相对转角位移。

(3)刚性节点：节点在受力过程中，梁和钢管混凝土柱轴线夹角保证不变，即无角位移。

2. 节点的形式及设计要求

节点的形式应构造简单、整体性好、传力明确、安全可靠、节约材料和便于施工。

节点的设计应满足承载力、刚度、稳定性以及抗震设防要求,保证力的准确和可靠传递,使钢管和核心混凝土共同作用,使节点具有必要的延性,能保证焊接质量,并避免出现应力集中和过大约束力。

8.10.1 梁、柱铰接节点受力性能及节点构造

1. 因为梁只传递支座反力(即梁端剪力)给钢管混凝土柱,因此,不管是钢梁、钢筋混凝土梁还是组合梁,只需要在钢管混凝土柱上设置牛腿传递剪力即可[10]。

(1)当剪力较小时

若为钢梁,可利用焊在钢管外壁的竖向连接钢板作为牛腿来传递剪力,竖向钢板与钢梁之间采用高强螺栓连接,如图 8.10.1a 所示。

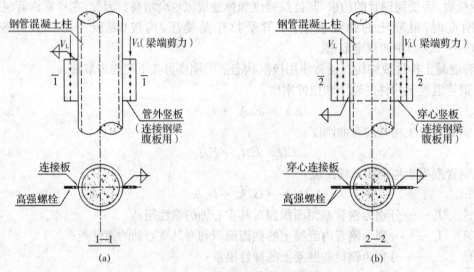

图 8.10.1　钢梁端部剪力传递
(a)管外竖板;(b)穿心竖板

若为钢筋混凝土梁或组合梁,可采用焊接于柱钢管上的钢牛腿来传递剪力,根据使用的不同要求,钢牛腿可以设置成暗牛腿(图 8.10.2a)或明牛腿(图 8.10.2b)。

(2)当剪力较大时

若为钢梁,竖向连接板宜穿过钢管中心,可预先在钢管壁上开设竖向槽口,将连接竖板插入后,用双面贴角钢焊缝焊上,如图 8.10.1b 所示。

若为钢筋混凝土梁或组合梁,钢牛腿的腹板宜穿过钢管中心,可预先在钢管壁上开竖槽,将腹板插入后,用双面贴角钢焊焊上。

2. 铰接节点构造[13]

(1)若为钢梁,构造较为简单,采用焊接或螺栓连接,并且符合《钢结构设计规范》(GB 50017—2003)中的规定,如图 8.10.3 所示。

(2)若为钢筋混凝土梁或组合梁,当剪力较小时,可采用单 T 形钢牛腿,由顶板和腹板组成,用剖口焊与管壁焊接;当剪力较大时,可采用双 T 形钢牛腿,由顶板和两块腹板组成,必要

时,可在牛腿下方增设底板,如图 8.10.4、图 8.10.5 所示。

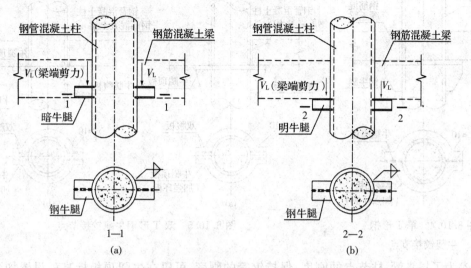

图 8.10.2　传递混凝土梁端剪力的管外钢牛腿
(a)暗牛腿;(b)明牛腿

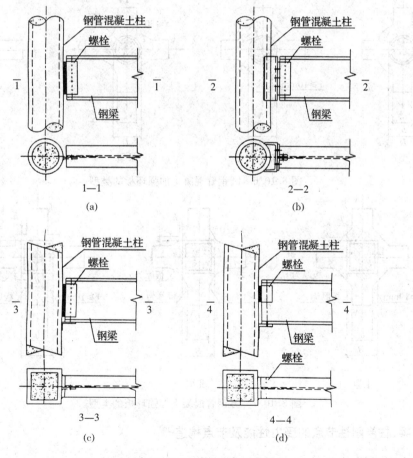

图 8.10.3　铰接节点的形式

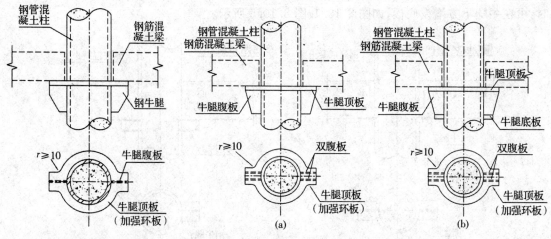

图 8.10.4　单 T 形钢　　　　　　　　图 8.10.5　双 T 形钢牛腿铰接节点
牛腿铰接节点

（3）为了提高梁、柱节点的刚度，保持钢管的刚度，可以在牛腿顶板标高处设置加劲环板（或称加强环板），把同标高的几个牛腿连为一体，如图 8.10.6、图 8.10.7 所示。

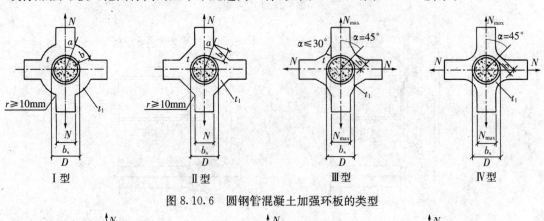

图 8.10.6　圆钢管混凝土加强环板的类型

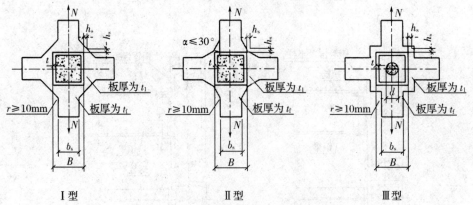

图 8.10.7　方钢管混凝土加强环板的类型

8.10.2　梁、柱半刚性节点的受力性能及节点构造[10]

对于半刚性梁、柱节点，由于受力过程中梁和钢管混凝土轴线夹角发生改变，会引起结构

238

内力重分布,结构受力比较复杂,且变形较大。

目前在工程中采用的半刚性节点是钢管混凝土环梁和钢管组成的节点,如图 8.10.8 所示,其构造特点是:

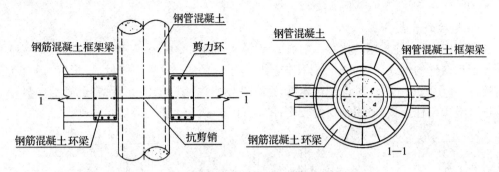

图 8.10.8　钢管混凝土柱 - 钢筋混凝土环梁节点

(1)在梁截面高度处围绕钢管混凝土柱设置一圈钢筋混凝土环梁,用以实现梁端弯矩的传递与平衡。

(2)在环梁的中、下部,于钢管的外边面贴焊一圈或二圈环形钢筋,用以实现梁端剪力的传递。

(3)框架梁的底面和顶面纵向钢筋弯折锚固于环梁内。

8.10.3　梁、柱刚性节点的受力性能及节点构造

梁、柱刚性节点的形式在我国建筑工程中应用较广。在受力过程中,梁和钢管混凝土轴线夹角要始终保持不变,梁端的弯矩、轴力和剪力通过合理的构造措施安全可靠地传给钢管混凝土柱。

要保证梁、柱刚性节点,根据设计和施工要求,可采用加强环板式、锚板式或穿心牛腿等节点形式。根据试验研究及工程实践,加强环板式节点形式是最成熟,应用面较广的一种形式,如图 8.10.6,图 8.10.7 所示。

1. 加强环板式节点的特点

(1)梁的内力(弯矩、剪力和轴力)能可靠地传递给管柱,节点安全有效;

(2)钢管壁受力均匀,并能保证钢管的圆形不变;

(3)加强环板能与管柱共同工作,增强了节点抗侧移刚度;

(4)便于管内混凝土的浇灌。

2. 加强环板的类型

圆钢管混凝土结构节点的加强环板类型一般有 4 种,如图 8.10.6 所示;方形和矩形钢管混凝土结构的加强环板类型一般有 3 种,如图 8.10.7 所示。

3. 加强环板的构造

(1) $0.25 \leqslant b_s / D \leqslant 0.75$(圆钢管混凝土柱环板)

$0.25 \leqslant b_s / B \leqslant 0.75$(方形和矩形钢管混凝土柱环板)

(2)对于圆钢管混凝土柱　　　　　　$0.1 \leqslant b / D \leqslant 0.35$, $b / t_1 \leqslant 10$

对于方形和矩形钢管混凝土柱　　　　$t_1 \geqslant t_f$

另外,对于 Ⅰ 型加强环板　　　　$h_s / D \geqslant 0.15 t_f / t_1$

对于Ⅱ型加强环板 $h_s/D \geqslant 0.1 t_f/t_1$

式中 t_f——和环板相连的翼缘厚度。

8.10.4 其他节点构造[5]

1. 柱与柱的节点

在实际工程中,柱与柱的连接一般有6种形式,如图8.10.9所示。不管哪种形式连接都必须保证对接件的轴线对中。6种对接连接中,图8.10.9a、b节约钢材,外形好,适合工厂加工对接;图8.10.9c、d构件对位相对容易,适合现场操作;图8.10.9e无焊接,适合室外小直径架构柱肢或预制柱连接,但用钢材量较多;图8.10.9f适合大直径直缝焊管连接。

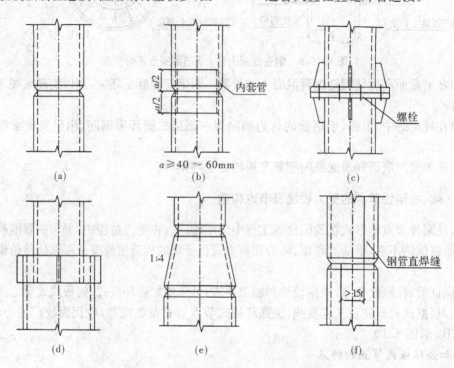

图 8.10.9　钢管混凝土柱与柱的节点形式
(a)剖口对焊;(b)内套管对焊;(c)法兰盘对焊;
(d)十字变径对焊;(e)变径对焊;(f)直焊缝钢管对焊

2. 柱与基础的节点

柱与基础的连接有两种形式:一是铰接,二是刚接。

对于钢管混凝土铰接柱脚,按照《钢结构设计规范》(GB 50017—2003)的要求进行设计。

对于钢管混凝土刚接柱脚又分为两种形式:一是柱脚为插入杯口式,二是柱脚为锚固式。

(1)对于插入杯口式柱脚,基础设计及基础杯口的构造要求同钢筋混凝土。柱子插入杯口的深度h应符合如下要求:

①当圆钢管外直径D或方形、矩形钢管边长$D \leqslant 4$时,h大约取$(2\sim3)D$;

②当$D \geqslant 1000$mm 时,h大约取$(1\sim2)D$;

③当400mm$< D <1000$mm 时,h取中间值。

当柱子出现拉力时,应按下式验算混凝土的抗剪强度,如图8.10.10所示。

$$N \leqslant C_0 h f_t \tag{8.10.1}$$

式中 f_t ——混凝土抗拉强度设计值;

C_0 ——柱子周长,对圆钢管混凝土柱,$C_0 = \pi d_0$;对于方形或矩形钢管混凝土柱 $C_0 = 2(b_0 + d_0)$,如图 8.10.11 所示;

h ——柱子插入杯口的深度。

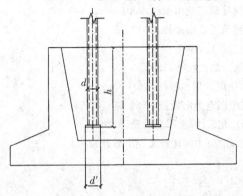

图 8.10.10 插入杯口式柱脚构造

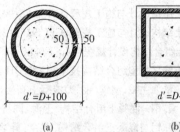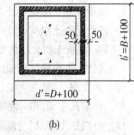

图 8.10.11 柱脚环板构造

(a)圆钢管混凝土柱;(b)方形矩形钢管混凝土柱

(2)对于钢板或钢靴梁锚固式柱脚设计,应按《钢结构设计规范》(GB 50017—2003)执行。埋入土中部分的钢管混凝土柱,应以混凝土包围,厚度不小于 50mm,高出地面不小于 200mm。当不满足抗拔力时,宜考虑在钢管外壁加焊栓钉或短粗锚筋等措施。

参 考 文 献

1　混凝土结构设计规范(GB 50010—2002).北京:中国建筑工业出版社,2002
2　钢结构设计规范(GB 50017—2003).北京:中国建筑工业出版社,2003
3　型钢混凝土组合结构技术规程(JGJ 138—2001).北京:中国建筑工业出版社,2001
4　高层建筑混凝土结构技术规程(JGJ 3—2002).北京:中国建筑工业出版社,2002
5　钢骨混凝土结构设计规程(YB 9082—97).北京:冶金工业出版社,1998
6　钢管混凝土结构设计与施工规程(CECS 28:90).北京:中国计划出版社,1992
7　矩形混凝土结构设计与施工规程(CECS 159:2004).北京:中国计划出版社,2004
8　钢 - 混凝土组合结构设计规程(DL/T 5085—1999).北京:中国电力出版社,1999
9　战时军港抢修早强型组合结构技术规程(GJB 4142—2000).北京:解放军总后勤部,2001
10　刘大海,杨翠如主编.型钢(钢管)混凝土高楼计算和构造.北京:中国建筑工业出版社,2003
11　林宗凡主编.钢 - 混凝土组合结构.上海:同济大学出版社,2004
12　赵鸿铁主编.钢与混凝土组合结构.北京:科学出版社,2001
13　韩林海,杨有富主编.现代混凝土结构技术.北京:中国建筑工业出版社,2004
14　钟善铜主编.钢管混凝土结构.北京:清华大学出版社,2003
15　组合结构设计.北京:中国建筑工业出版社,2000
16　周学军,王敦强主编.组合结构设计与施工.山东:山东科技出版社,2003
17　王连广主编.钢与混凝土组合结构理论与设计.北京:科学出版社,2005
18　冷弯薄壁型钢结构技术规范(GB 50018—2002).北京:中国计划出版社,2002
19　高层民用建筑钢结构技术规程(JGJ 99—1998).北京:中国建筑工业出版社,1998